精品课程新形态教材
21世纪应用型人才培养教材
创新型人才培养精品教材



# 信息技术

主编　霍成义　郭　萍

XINXI JISHU

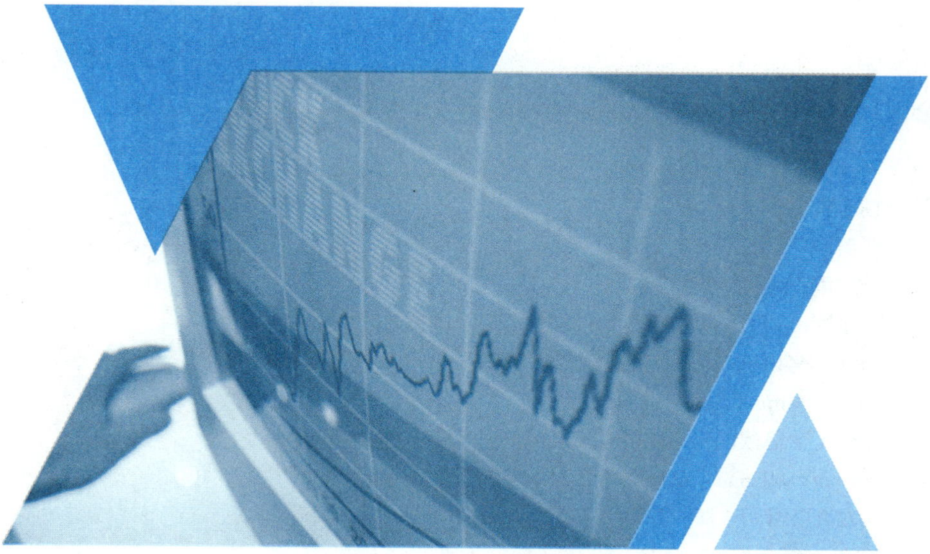

哈爾濱工業大學出版社
HARBIN INSTITUTE OF TECHNOLOGY PRESS

## 内容简介

本书以项目式排列、任务式分解、步骤式操作，将“课程思政”内化于项目教学中，结合多年的信息技术课程教学经验，将基本操作和实用技术融入任务中，充分强调实践操作，培养解决实际问题的能力。本书主要介绍了信息技术基础知识、Windows 操作系统的使用、Office 2016 的使用、网络与 Internet 应用、信息安全基础及新一代信息技术等内容。

本书可作为“计算机应用基础”或“信息技术”课程的教学用书，也可作为各大院校师生、各类培训、计算机从业人员和爱好者的参考用书。


### 图书在版编目（CIP）数据

信息技术 / 霍成义，郭萍主编．— 哈尔滨：哈尔滨工业大学出版社，2023.3（2024.7 重印）

ISBN 978-7-5767-0533-1

Ⅰ．①信… Ⅱ．①霍… ②郭… Ⅲ．①电子计算机-高等学校-教材 Ⅳ．①TP3

中国国家版本馆 CIP 数据核字（2023）第 057103 号

责任编辑　杨秀华
封面设计　唐韵设计
出版发行　哈尔滨工业大学出版社
社　　址　哈尔滨市南岗区复华四道街 10 号　邮编 150006
传　　真　0451-86414749
网　　址　http://hitpress.hit.edu.cn
印　　刷　涿州汇美亿浓印刷有限公司
开　　本　787mm×1092mm　1/16　印张 15　字数 333 千字
版　　次　2023 年 3 月第 1 版　2024 年 7 月第 2 次印刷
书　　号　ISBN 978-7-5767-0533-1
定　　价　46.90 元

# 编写委员会

主　编：霍成义　郭　萍
副主编：魏　荣　李少儒

# 前　言

本书以项目式排列、任务式分解、步骤式操作，将所学的理论融入实践操作中，将更广泛的知识以“项目拓展”体现，以满足更高的学习需求。

本书特色如下：

(1) 思政育人。本书根据党的二十大精神，秉承“育人为本、以德为先、促进学生的全面发展”，充分发掘课程教学全过程中蕴含的“思政”元素，将人民至上、自信自立、守正创新、问题导向、系统观念、胸怀天下的思想融入到日常课堂教学之中，让学生在潜移默化中深受教育与浸染，培养学生胸怀祖国、服务人民的爱国精神，勇攀高峰、敢为人先的创新精神，引导学生努力把科技自立自强信念自觉融入人生追求之中，努力把自我发展融入到推动全面建成社会主义现代化强国、实现第二个百年奋斗目标、以中国式现代化全面推进中华民族伟大复兴的实践中。

(2) 任务引领。本书以精心设计的整体项目为载体，将大纲的知识点融入各项目的任务中。

(3) 实践性强。本书以“理论够用、突出实践”和“精讲多练”为原则，内容的组织极富操作性、强调实践知识。

(4) 便于自学。本书每个项目都有详细的操作步骤和操作截图，且在截图上圈出了操作提示，简单易懂，使用者可在较短的学时内掌握知识点和操作技能。

本书是项目化课程教学改革的研究成果，由长期担任计算机基础教学、教学经验丰富的一线计算机教师编写完成。本书由霍成义、郭萍担任主编，魏荣、李少儒担任副主编。其中项目一、项目二、项目三由郭萍编写，项目四、项目五由李少儒编写，项目六、项目七、项目八由霍成义编写，项目考核由魏荣编写，全书由霍成义审校、修改和统稿。

本书可作为“计算机应用基础”或“信息技术”等课程的教学用书，也可作为各大院校师生、各类培训、计算机从业人员和爱好者的参考用书。

本书在编写过程中参考了大量国内外相关文献，在此表示衷心感谢。同时由于编者水平有限，书中难免存在疏漏和不足之处，敬请读者批评指正，以期修订更新。此外，编者还为广大一线教师提供了服务于本书的教学资源库，有需要者可致电 13810085723 或发邮件至 3806909879@ qq. com。

编者

# 目　录

# 项目一 信息技术基础

## 项目分析

新一代信息技术无疑是当今世界创新活跃、渗透性强、影响广泛的技术，正在全球范围内引发新一轮的科技革命，并以前所未有的速度转化为现实生产力，引领科技、经济和社会的高速发展。本项目主要通过计算机的发展历程、信息的表示与存储、计算机系统、计算机特点及其应用、使用鼠标和键盘等内容讲述信息技术基础知识。

## 课程思政

通过信息表示与存储的学习，培养学生养成认真务实的态度，养成一丝不苟的好习惯；通过学习我国计算机、芯片和超级计算机的高速发展取得的巨大成就，了解我国计算机前沿技术发展情况，激发学生爱国之情和民族自豪感，增强学生“四个自信”。

# 项目实施

## 任务一 计算机的发展历程

### 任务要求

计算机是一种能对各种信息进行高速处理的工具或电子机器，是20世纪人类最伟大的科技发明之一。本任务要求了解计算机的诞生及发展阶段，了解计算机的发展趋势等相关知识。

### 任务实施

#### 1. 计算机的产生和发展

1946年，第一台计算机ENIAC在美国宾夕法尼亚大学研制成功，标志着电子计算机时代的到来。自其诞生至今，计算机技术得到迅猛的发展。根据计算机所采用的物理器件，可将现代计算机的发展划分为4个阶段：电子管时代、晶体管时代、中小规模集成电路时代、大规模和超大规模集成电路时代。

(1)第一代计算机(1946~1957年)：电子管计算机阶段，主要特点是采用电子管作为计算机的逻辑元件，内存储器采用水银延迟线，外存储器采用磁鼓、纸带和卡片，运算速度只有每秒几千次到几万次，内存储器容量只有几千字节，使用二进制表示的机器语言或汇编语言编写程序，主要用于军事和科研部门进行数值计算。

(2)第二代计算机(1958~1964年)：晶体管计算机阶段，用晶体管代替了电子管，大量采用磁芯作为内存储器，采用磁盘、磁带作为外存储器，体积减小，功耗降低，运算速度提高到每秒几十万次，内存容量扩展到几十万字节。同时，计算机软件技术也有了很大提高，开始使用操作系统，并出现了FORTRAN、COBOL等高级程序设计语言。其应用也从单纯的数值计算扩展到数据处理、工业控制、商业应用等领域。

(3)第三代计算机(1965~1974年)：集成电路计算机阶段，主存储器采用半导体存储器，体积大大减小，功耗、价格进一步降低，而速度及可靠性相应地提高。到20世纪60年代末，它的运算速度已达每秒几百万次，应用领域有了较大的扩展。同时，在这一阶段，操作系统日趋成熟，各种小型计算机大量涌现。

(4)第四代计算机(1975年~现在)：大规模集成电路计算机时代，计算机走向微型化，性能大幅度提高，为网络化创造了条件。在软件方面，出现了数据库系统、分布式操作系统等，应用软件的开发已发展为一个庞大的产业。

### 2. 计算机的发展趋势

因为计算机采用电流作为数据传输的信号，而电流主要靠电子的迁移而产生，电子最基本的通路是原子；一个原子的直径大约等于 1 nm，目前芯片的制造工艺已经达到90 nm 甚至更小，也就是说一条传输电流的导线的直径即为 90 个原子并排的长度。那么最终晶体管的尺寸将接近纳米级，即达到一个原子的直径长度。但是这样的电路是极不稳定的，因为电流极易造成原子迁移，那么电路也就断路了。

由于晶体管计算机存在上述物理极限，因而世界上许多国家在很早的时候就开始了各种非晶体管计算机的研究，如超导计算机、生物计算机、光子计算机和量子计算机等，这类计算机也被称为第五代计算机或新一代计算机，它们能在更大程度上模仿人的智能，这类技术也是目前世界各国计算机发展技术研究的重点。

### 3. 中国计算机的发展

(1) 主要奠基人。

提到中国计算机，就不能不提起华罗庚教授，他是我国计算技术的奠基人和最主要的开拓者之一。华罗庚在美国普林斯顿高级研究院任访问研究员时，就和冯·诺依曼、哥尔德斯坦等人交往甚密。华罗庚在数学上的造诣和成就深受冯·诺依曼等人的赞赏。当时，冯·诺依曼正在设计世界上第一台存储程序的通用电子数字计算机。冯·诺依曼让华罗庚参观实验室，并常和他讨论有关学术问题。这时，华罗庚的心里已经开始勾画中国电子计算机事业的蓝图了。

1950 年，华罗庚毅然决定放弃在美国的优厚待遇，奔向祖国的怀抱。1952 年华罗庚在中国科学院数学所内建立了中国第一个电子计算机科研小组。1956 年筹建中科院计算技术研究所时，华罗庚教授担任筹备委员会主任。

(2) 主要成就。

中国的计算机事业起步于 20 世纪 50 年代中期，经过科研人员艰苦卓绝的奋斗，中国自主研发的计算机为国防和科研事业做出了重要贡献，并且推动了计算机产业的发展。主要成就包括：

1958 年，中国科学院计算所研制成功我国第一台小型电子管通用计算机——103 机，标志着我国第一台计算机的诞生。

1965 年，中国科学院计算所研制成功第一台大型晶体管计算机——109 乙，之后推出 109 丙机，该机在两弹试验中发挥了重要作用。

1974 年，清华大学等单位联合设计、研制成功采用集成电路的 DJS-130 小型计算机，运算速度达每秒 100 万次。

1983 年，国防科技大学研制成功运算速度每秒上亿次的“银河”巨型机，这是我国高速计算机研制的一个重要里程碑。

1985 年，电子工业部计算机管理局研制成功与 IBM PC 机兼容的长城 0520CH 微型机。

1992 年，国防科技大学研制出银河-I 通用并行巨型机，峰值速度达每秒 4 亿次浮点运算(相当于每秒 10 亿次基本运算操作)，为共享主存储器的四处理机向量机，其中央处理机是采用中小规模集成电路自行设计的，总体上达到 20 世纪 80 年代中后期国际先进水平。

2001 年，中科院计算所研制成功我国第一款通用 CPU——“龙芯”芯片。

2002 年，曙光公司推出完全自主知识产权的“龙腾”服务器，采用了“龙芯-1”CPU、曙光公司和中科院计算所联合研发的服务器专用主板及曙光 Linux 操作系统，它是国内第一台完全实现自主知识产权的产品，在国防、安全等部门将发挥重大作用。

2013 年 11 月，国际 TOP500 组织公布了最新全球超级计算机 500 强排行榜榜单，中国国防科学技术大学研制的“天河二号”以比第二名美国的“泰坦”快近一倍的速度再度轻松登上榜首。在一年时间内“天河二号”都是全球最快的超级计算机。

2016 年 6 月，在法兰克福世界超算大会上，国际 TOP500 组织发布的榜单显示，“神威·太湖之光”超级计算机系统登顶榜单之首，不仅速度比第二名“天河二号”快出近两倍，其效率也提高 3 倍；11 月 14 日，在美国盐湖城公布的新一期 TOP500 榜单中，“神威·太湖之光”以较大的运算速度优势轻松蝉联冠军；11 月 18 日，我国科研人员依托“神威·太湖之光”超级计算机的应用成果首次荣获“戈登·贝尔”奖，实现了我国高性能计算应用成果在该奖项上零的突破。

2017 年 6 月 19 日，全球超级计算机 500 强榜单公布，“神威·太湖之光”以每秒 9.3 亿亿次的浮点运算速度第三次夺冠。

2017 年 5 月 3 日，中国科学院率先宣告了世界上第一台超越经典计算机的量子计算机诞生。这个“世界首台”是货真价实的“中国造”，为最终实现超越经典计算能力的量子计算奠定了基础。

截至目前，中国既研制出了世界上计算速度最快的高性能计算机，也成为了国际上最大的微机生产基地和主要市场。与此同时，中国计算机事业的发展呈现出多元化的发展趋势，与国外发达国家基本同步地形成了一系列新的学科，这些学科也获得了快速的发展，很多领域在技术研发或产业化上，达到甚至超越了同期国外水平。

## 任务二 信息的表示与存储

### 任务要求

本任务要求认识计算机中的数据及其单位，了解数制及其转换等知识。

## 任务实施

### 1. 数据存储单位

计算机中处理的数据可分为数值数据和非数值数据（如字母、汉字和图形等）两大类，无论什么类型的数据，在计算机内部都是以二进制的形式存储和运算的。计算机在与外部交流时会采用人们熟悉和便于阅读的形式表示。

（1）位（bit）。

计算机中的数据都以二进制来表示，二进制代码只有“0”和“1”两个数码，采用多个数码（0 和 1 的组合）来表示一个数，其中，每一个数码称为一位，位是计算机中最小的数据单位。

（2）字节（Byte）。

在对二进制数据进行存储时，以 8 位二进制代码为一个单元存放在一起，称为一个字节，即 1 Byte =8 bit。字节是计算机中信息组织和存储的基本单位，也是计算机体系结构的基本单位。除了 B（字节）外，还有 KB（千字节）、MB（兆字节）、GB（吉字节）、TB（太字节）等，它们的换算关系如下：

1 Byte=8 bit，1 KB=1 024 B，1 MB=1 024 KB，1 GB=1 024 MB，1 TB=1 024 GB。

（3）字长。

人们将计算机一次能够并行处理的二进制代码的位数，称为字长。字长是衡量计算机性能的一个重要指标，字长越长，数据所包含的位数越多，计算机的数据处理速度越快。

### 2. 数制的基本概念

数制是指用一组固定的符号和统一的规则来表示数值的方法，也称为计数制。目前通常采用进位计数制，简称“进制”。日常生活中人们常用十进制来表示数据，计算机中所有的数据采用二进制表示。为了书写方便，常采用八进制和十六进制的形式表示。对于任何进位计数制，都有以下一些特点：

（1）每种进制都有固定的数码。

一个计数制所包含数字符号的个数称为基数。例如，十进制有 0，1，2，3，…，9 十个数码，因此其基数为 10；二进制有 0，1 两个数码，其基数为 2；依此类推，八进制的基数为 8，十六进制的基数为 16。

（2）逢 N 进一。

十进制中逢 10 进 1、二进制中逢 2 进 1、八进制中逢 8 进 1、十六进制中逢 16 进 1。

（3）采用位权表示法。

一个数的每一个固定位置对应的单位值称为“位权值”，简称“权”。如十进制数 1 432.79可表示为 $1\ 432.79=1\times10^3+4\times10^2+3\times10^1+2\times10^0+7\times10^{-1}+9\times10^{-2}$，因此 $10^3$、$10^2$、$10^1$、$10^0$、$10^{-1}$、$10^{-2}$就称为权。因此，在 R 进制中，各位的权值依次为…，$R^3$，$R^2$，$R^1$，

$R^0$，$R^{-1}$，$R^{-2}$，$R^{-3}$，…

为了区分几种进制数，规定在数字后面加字母 D 表示十进制数，用 B 表示二进制数，加 O 表示八进制数，加 H 表示十六进制数，其中，十进制数可以省略不加。此外，还可以用基数作为下标来表示不同进制。例如：10、10D 和 $(10)_{10}$ 均表示十进制数，10B 和 $(10)_2$ 表示二进制数，10O 和 $(10)_8$ 表示八进制数，10H 和 $(10)_{16}$ 表示十六进制数。表 1-1 给出了不同进制数之间转换的对照。

**表 1-1　不同进制数对照表**

| 进位制 | 数符 | 规则 | 基数 | 权 |
|---|---|---|---|---|
| 二进制(Binary) | 0、1 | 逢 2 进一 | 2 | $2^n$ |
| 十进制(Decimal) | 0、1、2、3、4、5、6、7、8、9 | 逢 10 进一 | 10 | $10^n$ |
| 八进制(Octal) | 0、1、2、3、4、5、6、7 | 逢 8 进一 | 8 | $8^n$ |
| 十六进制(Hexadecimal) | 0、1、2、3、4、5、6、7、8、9、A、B、C、D、E、F | 逢 16 进一 | 16 | $16^n$ |

### 3. 各进制数之间的转换

数制之间的转换是指将数从一种数制转换成另一种数制。由于计算机采用二进制，而实际生活中人们主要运用十进制，因此就存在一个数制转换的问题。计算机中十进制数与二进制数之间的转换是计算机自动完成的，不需要人为干预。

(1) 十进制数与二进制数之间的转换。

①十进制数转换成二进制数。十进制数转换成二进制数，分为整数部分和小数部分。整数部分采取除 2 取余的规则，直到余值为 0 为止，先取的余数为二进制的低位，后取的余数为二进制的高位；小数部分采取乘 2 取整的规则，直到值为 0 或达到精度要求为止，先取的整数为二进制的高位，后取的整数为二进制的低位。

**例 1**　将十进制数 23.567 2 转换成二进制数，小数位数精确到 4 位。

将 23.567 2 分为整数部分 23 和小数部分 0.567 2 分别处理：

整数部分 23，采取除 2 取余，计算过程如下：

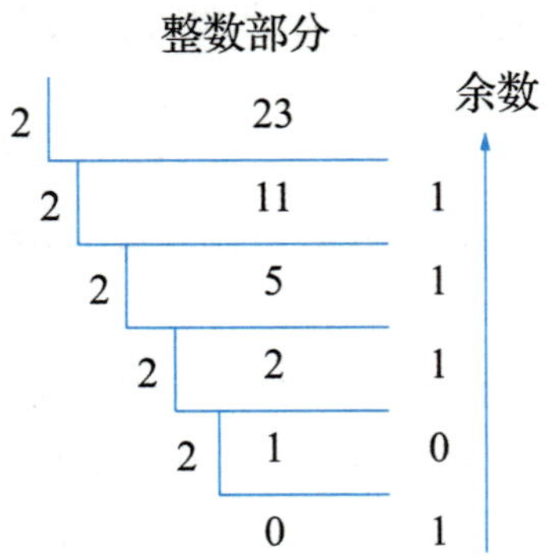

可得，23 = 10111B。

小数部分 0.567 2，采取乘 2 取整，计算过程如下：

| 小数部分 | 取整 |
| --- | --- |
| 0.567 2×2=1.134 4 | 1 |
| 0.134 4×2=0.268 8 | 0 |
| 0.268 8×2=0.537 6 | 0 |
| 0.537 6×2=1.075 2 | 1 |

可得，0.567 2 = 0.1001B

因此，23.567 2 转换成二进制数为 10111.1001B。

②二进制转换成十进制数。二进制数转换成十进制数，只需将二进制数按照其权值展开求和，具体计算公式如下：

$$B = b_{n-1}\times 2^{n-1} + b_{n-2}\times 2^{n-2} + \cdots + b_1\times 2^1 + b_0\times 2^0 + b_{-1}\times 2^{-1} + b_{-2}\times 2^{-2} + \cdots$$

**例 2**　将 101101.01101B 转换成十进制数。

$$(101101.011)_2 = 1\times 2^5 + 0\times 2^4 + 1\times 2^3 + 1\times 2^2 + 0\times 2^1 + 1\times 2^0 + 0\times 2^{-1} + 1\times 2^{-2} + 1\times 2^{-3} = 45.875$$

(2) 十进制数与八进制数和十六进制数之间的转换。

①十进制数转换成八进制数和十六进制数。十进制数与八进制数和十六进制数之间的转换与二进制数之间的转换相似。十进制数转换成八进制数和十六进制数时，也分为整数部分和小数部分。整数部分采取除 8(或 16) 取余的规则，直到余值为 0 为止，先取的余数为低位，后取的余数为高位；小数部分采取乘 8(或 16) 取整的规则，直到值为 0 或达到精度要求为止，先取的整数为高位，后取的整数为低位。

②八进制数和十六进制数转换成十进制数。八进制数和十六进制数转换成十进制数时，只需将八进制数和十六进制数按照其权值展开求和。

(3) 二进制数与八进制数和十六进制数之间的转换。

①二进制数转换成八进制数和十六进制数。二进制数转换成八进制数和十六进制数，分为整数部分和小数部分，具体规则如下：

整数部分：按照从低位到高位每 3(4) 位为一组，不足 3(4) 位时用 0 补足，然后将每一组按照权值展开求和；

小数部分：按照从高位到低位每 3(4) 位为一组，不足 3(4) 位时用 0 补足，然后将每一组按照权值展开求和。

例：将二进制数 1111101 转换为十六进制数。

二进制数 1111101 可用下面的方法转换为十六进制数。

0111　　1101

↓　　　↓

7　　　D

转换结果为$(1111101)_2=(7D)_{16}$

②八进制数和十六进制数转换成二进制数。八进制数和十六进制数转换成二进制数时，仅需将八进制数和十六进制数的每一位用相对应的3位或4位二进制数来替换。

例：将八进制数615转换为二进制数。

八进制数615可用下面的方法转换为二进制数。

6　　1　　5

↓　　↓　　↓

110　　001　　101

转换结果为$(615)_8=(110001101)_2$

# 任务三　计算机系统

## 任务要求

本任务要求对计算机的工作原理，计算机的软硬件系统有初步的认识和了解。

## 任务实施

### 1. 计算机系统组成

一个完整的计算机系统由硬件系统和软件系统两部分组成。硬件系统是指客观存在的物理实体的总称，包括主机和外部设备；软件系统是指运行在硬件上的程序、数据以及相关的文件的总称。硬件为软件提供了运行的平台，软件使硬件的功能充分发挥，两者相辅相成、缺一不可。计算机系统的组成如图1-1所示。

计算机硬件是指组成计算机的各种物理设备，如CPU、主板、硬盘、显示器、鼠标、键盘等。计算机软件是指为了运行、管理和使用计算机而编制的各种程序。程序由一系列的指令组成，当系统运行程序时，硬件会根据程序的指令完成相应的操作，通过这些操作的集合，最终完成指定的任务。

计算机硬件是软件的基础，而没有软件，硬件也无法工作。因此，计算机运行时，软件和硬件协同工作，缺一不可。

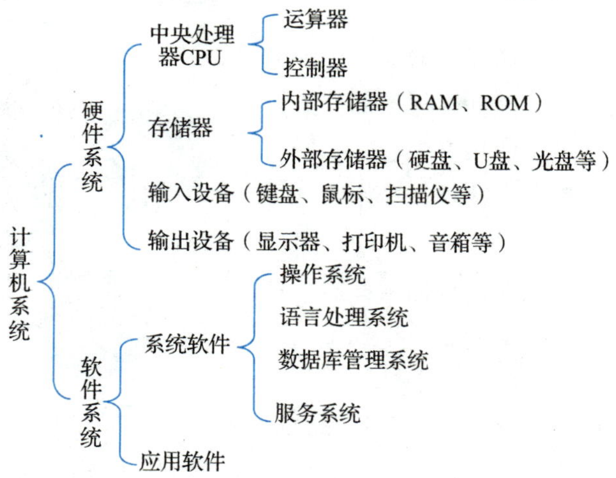


图 1-1 计算机系统的组成

### 2. 计算机的工作原理

1945 年，著名应用数学家冯·诺依曼提出了一个全新的存储程序的通用电子计算机方案，即“冯·诺依曼结构”，成为电子计算机结构设计的主要依据。至今计算机的发展仍按照这一原理进行设计。根据“冯·诺依曼结构”设计的计算机，其工作原理的核心思想为“存储程序、程序控制”，如图 1-2 为计算机工作流程图。

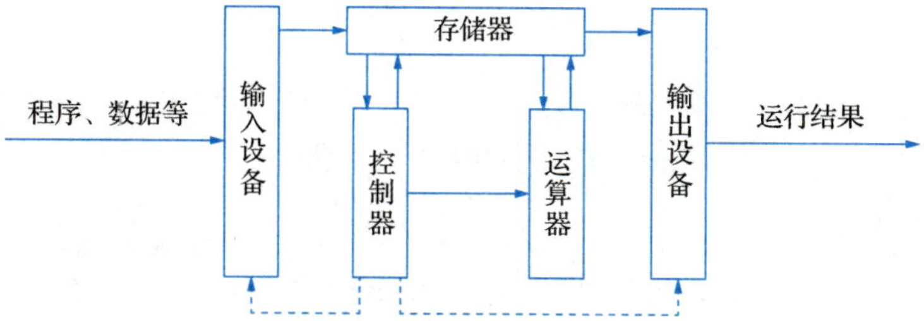


图 1-2 计算机工作流程图

用户通过输入设备将程序和数据等输入到存储器中，当程序开始运行时，计算机控制器自动从存储器中取出指令，并加以执行，完毕后控制器再从存储器中取出指令并执行，如此反复操作，直到程序执行完毕，将结果保留在存储器内，并通过输出设备输出给用户。

### 3. 计算机硬件系统

计算机硬件系统主要由运算器、控制器、存储器、输入设备和输出设备五大部分组成，如图 1-3 所示。

(1) 运算器。

运算器的主要功能是对二进制数进行算术运算和逻辑运算，主要由算术逻辑单元 ALU、加法器和通用寄存器等组成。

(2)控制器。

控制器主要负责将指令从存储器中取出，分析指令并发出控制信号，指挥计算机各部分进行工作。控制器是整个计算机的指挥中心，主要由指令寄存器、译码器、程序计数器和操作控制器等组成。

由于现代集成电路的发展，使得运算器和控制器能够集成在一起，称为中央处理器 CPU。

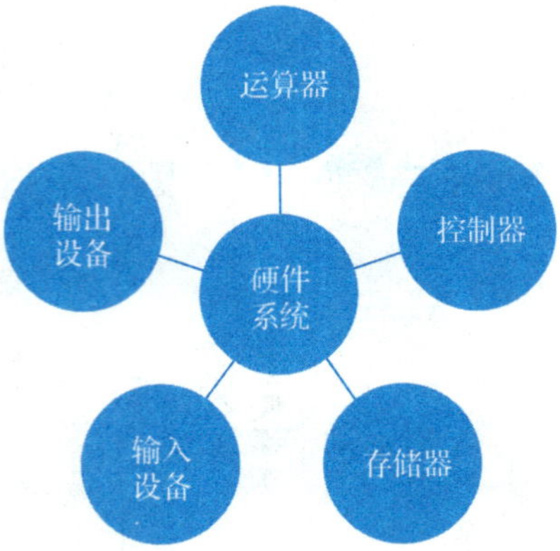

图 1-3　计算机硬件系统

(3)存储器。

存储器是计算机中用来存储各类程序和数据信息的记忆装置，是计算机的“仓库”。存储器具备“读”“写”两种功能，在存储器中将数据取出来，称为存储器的“读”；将数据存到存储器中去，称为存储器的“写”。

存储器分为两类：内存储器和外存储器。内存储器容量较小，读取速度快，CPU 能够直接读取，因此常与 CPU 一起组成计算机的主机。外存储器存储容量大，价格比较便宜，但对其进行读取必须调用内存储器，因此读取速度慢。

(4)输入设备。

输入设备是将计算机外部的信息传送至计算机内部的设备，是计算机与用户间通信的桥梁。常用的输入设备有键盘、鼠标、扫描仪、光盘驱动器等。

(5)输出设备。

输出设备是将计算机处理后的结果信息，转换为用户能够识别的形式并进行显示和输出的设备。常用的输出设备有显示器、打印机、音箱等。

### 4. 计算机软件系统

计算机软件系统主要由系统软件和应用软件两大类组成，如图 1-4 所示。

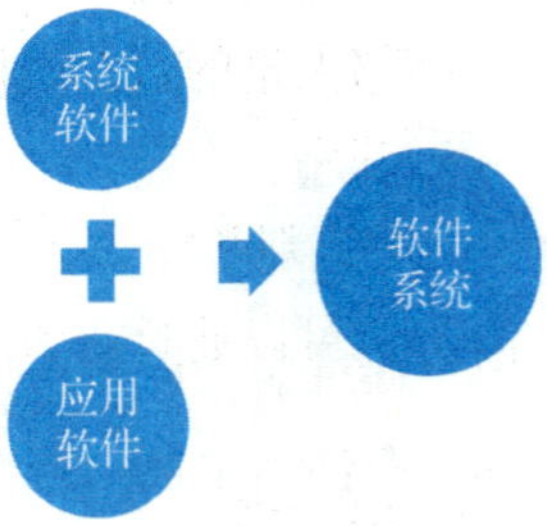

图 1-4　计算机软件系统

(1)系统软件。

系统软件是由一系列控制、管理和维护计算机资源的程序组成，主要用来对计算机进行管理、控制、运行和维护，对运行程序进行翻译等服务，为用户和应用软件提供控制和访问硬件的手段。系统软件包括操作系统、监控程序、语言翻译程序等。

操作系统是系统软件的代表，主要用来对计算机硬件直接控制和管理，是用户和计算机的接口，用户利用操作系统，可以最大限度地利用计算机的性能，使计算机各部分协调有序地进行工作。常用的操作系统有 DOS、UNIX、Linux 和 Windows。

(2)应用软件。

应用软件是为了利用计算机解决某一领域的问题而编写的，其设计开发具有一定的针对性。应用软件分为通用应用软件和专用应用软件。

# 任务四 计算机的特点及其应用

## 任务要求

本任务要求了解并掌握计算机的特点及其应用领域等相关知识。

## 任务实施

### 1. 计算机的特点

让算机之所以改变了我们的生活方式与学习方式，与其特点是密不可分的。具体特点如下：

(1)运算速度快。

当今计算机系统的运算速度可以达到每秒万亿次，正是由于计算机的高速运算能力，使得许多需要大量计算的问题得到解决。

(2)运算精度高。

计算机采用二进制数字进行运算，运算的精度取决于二进制数的长度，因此，只要通过技术手段来提高二进制数的长度，就能实现运算精度的提高。

(3)存储能力强。

随着计算机存储器的容量不断加大，计算机的存储能力也在不断增强。计算机不仅能够记忆存储大量的数据资源，而且能把参与计算的数据、中间结果和最终结果保存起来，以便随时调用。

(4)逻辑判断能力高。

计算机可以通过逻辑运算来进行逻辑判断，来分析命题是否成立，并根据判断做出相应的对策。

(5)通用性好。

计算机能够将复杂的问题转化为一系列基本的算术和逻辑问题，因此具有良好的通用性，能够应用于社会生活的各个方面。

### 2. 计算机的应用

由于计算机能够解决复杂问题，简化工作流程，节省大量工作时间，因此，计算机在社会各个领域得到了广泛应用，具体可以归纳为以下几个方面：

(1)科学计算。

科学计算又称为数值计算，是指利用计算机来完成科学研究和工程技术中的运算性问题。科学计算是计算机的基本应用，由于计算机的运算快速准确，因此大大提高了科学研究和工程设计的速度与质量，降低了成本。在现代数学、物理和化学等自然科学领域以及航天、制造和建筑等工程技术领域，计算机的应用是不可或缺的部分。

(2)信息处理。

信息处理是现代社会必不可少的重要工作，也是计算机应用的最为广泛的领域。信息处理主要是用计算机对数据进行采集、加工、存储、传递、分析等，其主要特点是数据量大，计算方法简单。由于计算机的存储容量大、运算速度快、逻辑判断强等特点，因此成为信息处理领域的强有力的工具，广泛应用于商务、金融、企事业管理等领域之中。

(3)实时控制。

实时控制也称过程控制、自动控制，是指通过计算机来控制各种自动装置、设备及生产过程，实现生产的自动化。例如，工业生产自动化方面的监视报警、自动记录和自动调控等。计算机过程控制广泛用于航空航天、交通运输、大型电站等领域。

(4)辅助系统。

计算机辅助系统是指利用计算机在工程设计与制造等方面提供帮助，来提高工作效率，降低花费成本。计算机辅助系统具体包括计算机辅助设计(CAD)、计算机辅助教学(CAI)、计算机辅助制造(CAM)、计算机辅助工程(CAE)、计算机辅助测试(CAT)等。

(5)人工智能。

人工智能是计算机应用的一个新领域，是计算机用来模拟人类的某些智力活动的应用，如图像识别、专家系统、语言翻译、机器人等。它是在控制论、计算机科学、仿生学、生理学等学科基础上发展出来的边缘学科，目前这方面的应用还处于发展阶段。

(6)多媒体技术。

多媒体技术是指利用计算机来综合处理文字、图像、图形、声音等信息，使计算机能够表现、存储和处理各种多媒体信息。多媒体技术的关键是数据压缩技术。在广播、出版、医疗和教育等领域中，多媒体技术的应用最为广泛。

(7)网络应用。

计算机网络是计算机技术与通信技术相结合的产物，它利用通信线路，按照协议将分布在不同地方的计算机互联在一起，成为一组能相互通信的相关的计算机系统。计算机网络的发展给人们生活带来了巨大的改变，已经成为信息社会的特征。

## 任务五 使用鼠标和键盘

### 任务要求

本任务要求掌握鼠标的基本操作方法，了解键盘的布局和打字的正确方法，并练习“盲打”。

## 任务实施

### 1. 鼠标

鼠标左边的按键称为鼠标左键，鼠标右边的按键称为鼠标右键，鼠标中间可以滚动的按键称为鼠标中键或鼠标滚轮。手握鼠标的正确方法是：食指和中指自然放置在鼠标的左键和右键上，拇指横向放于鼠标左侧，无名指和小指放在鼠标的右侧，拇指与无名指及小指轻轻握住鼠标，手掌心轻轻贴住鼠标后部，手腕自然垂放在桌面上，食指控制鼠标左键，中指控制鼠标右键和滚轮。常用的鼠标操作主要有：

(1)单击左键(简称单击)。

(2)单击右键(简称右击)。单击鼠标右键后，通常出现一个快捷菜单。

(3)双击。快速单击左键两下。

(4)指向。“指向”操作通常有两种用法：一是打开子菜单；二是突出显示。

(5)拖曳。将目标用左键点住不放，然后拖动到目标区。

### 2. 键盘

键盘是最常用的输入设备，以常用的 107 键键盘为例，键盘按照各键功能的不同可以分为功能键区、主键盘区、编辑键区、小键盘区和状态指示灯 5 个部分，键盘分区如图 1-5 所示。

图 1-5　键盘分区

(1)键盘常用按键及作用，如表 1-2 所示。

表 1-2　键盘常用按键及作用

| 按键 | 作用 | 按键 | 作用 |
| --- | --- | --- | --- |
| Esc | 强行退出 | NumLock | 数字键盘锁定或解锁 |
| Tab | 制表符定位 | PrintScreen | 抓取屏幕图像 |

续表1-2

| 按键 | 作用 | 按键 | 作用 |
|---|---|---|---|
| CapsLock | 大、小写英文切换 | ↑、↓、←、→ | 上、下、左、右位置移动 |
| Shift | 换挡 | Ctrl+Alt+Delete | 打开任务管理器 |
| Ctrl | 控制 | Alt+Tab | 切换窗口 |
| Alt | 转换 | Alt+F4 | 关闭窗口 |
| Delete | 删除 | Ctrl+A | 全选 |
| Insert | 插入或改写 | Ctrl+C | 复制 |
| Backspace | 退格并删除 | Ctrl+X | 剪切 |
| Enter | 回车或换行 | Ctrl+V | 粘贴 |
| Space | 空格 | Ctrl+Z | 撤销 |

(2) Windows 键。

单独按 Windows 显示或隐藏“开始”功能表。

Windows+E：开启“资源管理器”。

Windows+D：显示桌面和隐藏桌面。

Windows+Break：显示“系统属性”对话框。

Windows+R：开启“运行”对话框。

Windows+M：最小化所有窗口。

Windows+Shift+M：还原最小化的窗口。

Windows+Ctrl+F：查找电脑。

Windows+F1：显示 Windows“帮助”。

Windows+U：开启“公用程序管理器”。

Windows+L：切换使用者。

(3) 输入法。

中文、英文输入法切换：按着 Ctrl 键不松开，再按空格键(Space 键)，可在中文输入法和英文输入法之间进行切换。

输入法之间的切换：按着 Ctrl 键不松开，再按 Shift 键，可以在英文和各种中文输入法之间切换。

(4) 中文标点符号的键位表，如表 1-3 所示。

**表 1-3 中文标点符号的键位表**

| 标点符号 | 名称 | 键盘定义 | 标点符号 | 名称 | 键盘定义 |
|---|---|---|---|---|---|
| 。 | 句号 | . | …… | 省略号 | Shift+6 |
| ， | 逗号 | , | —— | 破折号 | Shift+- |
| 、 | 顿号 | \ | — | 连接号 | Shift+7 |

续表1-3

| 标点符号 | 名称 | 键盘定义 | 标点符号 | 名称 | 键盘定义 |
|---|---|---|---|---|---|
| ； | 分号 | ； | 《 | 左书名号 | Shift+， |
| ： | 冒号 | Shift+； | 》 | 右书名号 | Shift+. |
| ？ | 问号 | Shift+/ | 〈 | 左单书名号 | Shift+，（英文输入状态） |
| “” | 双引号 | Shift+’ | 〉 | 右单书名号 | Shift+.（英文输入状态） |
| ‘’ | 单引号 | ’（英文输入状态） | ~ | 起止线 | Shift+` |
| （） | 括号 | Shift+9 或 0 | ¥ | 人民币符号 | Shift+4 |

（5）指法练习。

基本键手指分配如图 1-6 所示。

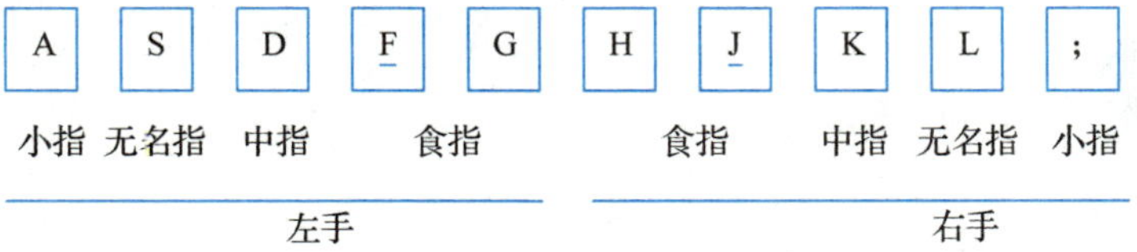


**图 1-6　基本键手指分配**

打字时，每一根手指都有明确的分工，在击打时，一定要严格按照其分工击打，决不能越位到其他键位上击打。击键时，力度要适中，依靠手指和手腕灵活击键，不能使用手臂来回在整个键盘上查找键位。击上一排键时，手指伸出，击下一排键时，手指缩回，击完键后迅速返回原位。

每一根手指的具体击键分工情况，如图 1-7 所示。

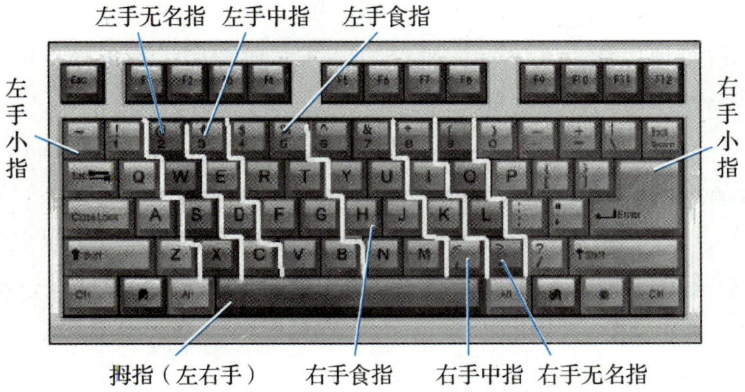


**图 1-7　击键分工**

左手食指负责：4、5、R、T、F、G 和 V、B 8 个键。

左手中指负责：3、E、D 和 C 4 个键。

左手无名指负责：2、W、S 和 X 4 个键。

左手小指负责：1、Q、A、Z 这 4 个键以及它们左边的所有键。

右手食指负责：6、7、Y、U、H、J 和 N、M 8 个键。

右手中指负责：8、I、K 和逗号键 4 个键。

右手无名指负责：9、O、L 和句号键 4 个键。

右手小指负责：0、P、分号键和问号键以及它们右边的所有键。

空格键由左右拇指控制。

初学打字，掌握适当的练习方法对于提高自己的打字速度是必要的。

①一定把手指按照分工放在正确的键位上。

②有意识地慢慢记忆键盘各个字符的位置，体会不同键位上的字键被敲击时手指的感觉，逐步养成不看键盘输入的习惯。

③在进行打字练习时必须集中精力，做到手、脑、眼协调一致，尽量避免边看原稿边看键盘，这样容易分散记忆力。

④初级阶段的练习即使速度慢，也一定要保证输入的准确性。

## 项目考核

### 一、单选题

1. 从第一台计算机诞生到现在的 50 多年中，按计算机采用的电子器件来划分，计算机的发展经历(　　)个阶段。

A. 4　　B. 6　　C. 7　　D. 3

2. 第一台电子计算机是在美国研制的，该机的英文缩写名是(　　)。

A. ENIAC　　B. EDVAC　　C. EDSAC　　D. MARK-II

3. 第四代电子计算机使用的电子元件是(　　)。

A. 晶体管　　B. 电子管

C. 中、小规模集成电路　　D. 大规模和超大规模集成电路

4. 世界上第一台计算机诞生于哪一年(　　)。

A. 1945 年　　B. 1956 年　　C. 1935 年　　D. 1946 年

5. 以下属于输入设备的是(　　)。

A. 扫描仪　　B. 显示屏　　C. 打印机　　D. 以上三项全是

6. 以下属于输出设备的是(　　)。

A. 绘图仪　　B. 照相机　　C. 鼠标　　D. 摄像头

7. 一个完整的微型计算机系统应包括(　　)。

A. 计算机及外部设备　　B. 主机箱、键盘、显示器和打印机

C. 硬件系统和软件系统　　D. 系统软件和系统硬件

8. 在微型计算机中，bit 的中文含义是(　　)。

A. 二进制位　　B. 字　　C. 字节　　D. 双字

9. 计算机软件系统应包括(　　)。

A. 编辑软件和连接程序　　B. 数据软件和管理软件

C. 程序和数据　　　　　　　　D. 系统软件和应用软件

10. 微型计算机的运算器、控制器及内存存储器的总称是(　　)。

A. CPU　　B. ALU　　C. 主机　　D. MPU

## 二、填空题

1. 第一台电子数字计算机是________年在________国出现的。

2. 第四代计算机所采用的主要功能器件是________。

3. CAD 是指________________，CAI 是指________________。

4. 计算机存储器记忆信息的基本单位是________。

5. 微型计算机中的 CPU 通常是指________和________。

6. 操作系统属于________，为解决具体问题而编制的软件称为________。

7. 我们说 16 位字长的主存储器容量为 640 KB，表示主存储器有________ Byte 存储空间。

8. 1 G 表示 2 的________次方，或是________ M。

9. 十六进制数 10000H 等于 2 的________次幂。

10. FFH 表示成十进制________，10C8H 表示成十进制数________。

11. 内存储器包括________和________两部分，其中________中的信息只能________不能写入，故又称其为________。

12. 微型计算机键盘上的 Shift 键称为________。

## 三、操作题

1. 按照以下要求完成微型计算机的信息填写

在生活工作中，计算机已经属于不可缺少的日用品，但是购买计算机之前应了解以下几点，选择适合自己使用的计算机品牌、型号及性能，才能充分利用产品资源。

(1)购买计算机将用于哪些方面？

(2)购买预算是多少？

(3)是否对计算机每个配件的性能及兼容性有所了解？

请根据自身情况，通过在商店和电子商城的实地调查，填写一份微型计算机信息清单，以便自己购买计算机时参考，清单如表 1-4 所示。

**表 1-4　各品牌计算机信息清单**

| 计算机品牌(型号) | 操作系统 | 处理器 | 内存 | 显卡 | 硬盘容量 | 价格/元 | 备注(其他优势) |
|---|---|---|---|---|---|---|---|
| | | | | | | | |
| | | | | | | | |
| | | | | | | | |
| | | | | | | | |

2. 文字录入

在 Word 中录入以下文字，并以自己的学号命名进行保存。

(1)英文录入。

With the development of cloud computing, big data, artificial intelligence and other technologies, the Internet is rapidly developing in the direction of the Internet of Everything. The new technology brings us convenience, but also brings great challenges. As network systems continue to grow in size and complexity, the possibility of security breaches also increases. At the same time, the hacker's attack methods are constantly being renovated so that the network system is facing greater security threats and risks.

The traditional security architecture based on border protection divides the network into different areas such as the internal network and the external network according to the physical location of the device in the network. The internal and external networks are separated by the border. Firewalls, intrusion detection, vulnerability scanning and other measures are deployed. Corresponding strategies are configured to build a border security protection system.

(2)中文输入。

人生的幸福不是放纵欲望，而是要克制自己的欲望。人生都是有欲望的，做人一点欲望都没有，人就没有前进的动力，也就如同一潭死水，没有一点活力，也就没有一点激情，如此之人，是成不了事业的。做人需要有追求，但做人的欲望不能太大，要在一个合理的区间，做人需要有克制力，在物欲面前，不能放纵自己，一个人放纵了欲望，最终就会毁掉自己。

有人错误地将放纵欲望当作一种能力，认为，做人放纵了才活得快乐，以为这样就是胆子大，就是看得开。要知道的是，人一旦打开了欲望的口子，也就如同脱缰的野马一样，无法收拾，不少人之所以走上邪路，就是从放纵欲望开始的，做人，莫以善小而不为，莫以恶小而为之。人生只有约束自己的欲望，才能走上正道。

人生的能力不是放纵自己的欲望，而是能够克制自己的行为，克制欲望就是自律，只有自律的人生，才是人生的正道，做人放纵自己的欲望就是最大的祸害。

人生，真正的享乐就是奋斗的过程，奋斗就是创造自我，奋斗也是超越自我。人有一双手，就是用来奋斗和创造的，做人需要创造财富，需要创造自我，更需要超越自我，使自己的能力在实践中不断提升，如此，就能用自己勤奋和智慧收获人生的丰硕之果，这样的人生才是最有意义的，也是最快乐的，这不是高调，也不是虚伪，而是人生的现实。

# 项目二

# Windows 操作系统的使用

## 项目分析

为了使计算机系统中所有软、硬件资源协调一致，有条不紊地工作，就必须要由操作系统统一管理和调度。操作系统是在硬件基础上的第一层软件，是其他软件和硬件之间的接口，最大限度地发挥计算机系统各部分的作用，因此操作系统的性能很大程度上决定了计算机系统的性能。

本项目的实施目标是通过 Windows 10 操作系统的基本操作，让学生熟练掌握 Windows 10 操作系统的常用操作和设置。

## 课程思政

通过操作系统相关知识及其技能的学习，尤其是文件、文件夹规范命名，引导学生做人做事需要遵守规则，教育学生遵守学校各项规章制度，遵循社会准则，遵守国家法律法规、遵守道德规范，做一个守法的好公民；通过操作系统工作原理的学习，增强学生团队协同合作和共同奉献的精神，促使学生之间甘于奉献、互相帮助，共同进步。

# 项目实施

## 任务一 Windows 10 的启动与退出

### 任务要求

本任务主要学习和掌握使用不同的方式启动和退出 Windows 10 操作系统。

### 任务实施

#### 1. Windows 10 的启动

启动计算机的常用模式有正常启动、安全模式启动以及带网络安全模式启动等几种。

操作 1：正常启动。

步骤 1：打开计算机外部设备电源之后，再打开计算机主机电源。

步骤 2：计算机进行自检，硬件检测正确后开始引导系统。

步骤 3：启动完成后，屏幕显示进入登录界面，单击用户账号，正常启动 Windows 10 操作系统，如图 2-1 所示。

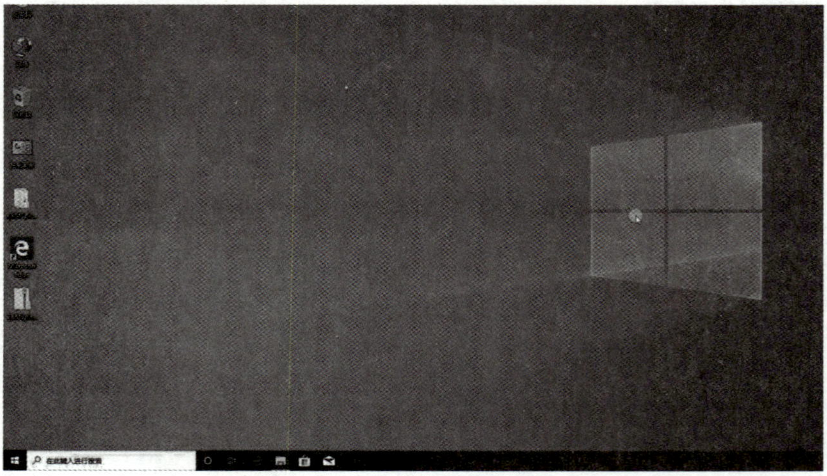

图 2-1　Windows 10 的界面

操作 2：其他安全模式启动。

在安全模式下，操作系统只加载基本文件、服务和驱动程序，将所有非系统启动项目自动禁止，释放了 Windows 对这些文件的本地控制权。在安全模式下，可以删除固执文件、进行系统还原、执行病毒查杀、解除组策略的锁定、修复系统故障、复原系统设置及检测不兼容的硬件等操作。Windows 10 操作系统有安全模式、带网络连接的安全模式和带命令提示符的安全模式，下面以启动安全模式为例进行介绍：

步骤 1：进入 Windows 10 桌面后，点击开始菜单，然后再点击“设置”。

步骤 2：选择“更新和安全”。

步骤 3：在“更新和恢复”界面下点击“恢复”，然后在高级启动下面点击“立即重启”。

步骤 4：在“选择一个选项”界面下点击选择“疑难解答”。

步骤 5：在“疑难解答”界面中点击“高级选择”。

步骤 6：在“高级选项”中点击“启动设置”。

步骤 7：点击“重启”按钮。

步骤 8：电脑此时会重启，重启后会看到如图 2-1 所示界面。按一下“F4”键或数字“4”选择的就是安全模式。

【任务提示】如果用户设置了相应的登录密码，进入系统后会出现登录对话框，输入密码后才能进入系统。

### 2. Windows10 系统的退出

退出计算机的 Windows 10 操作系统方法有关机、重新启动、睡眠三种。

(1)关机：操作系统结束所有程序并保存到硬盘，关闭 Windows 操作系统，关闭电源。

(2)重新启动：重新初始化所有硬件和软件，当计算机安装了新的硬件或软件时，有时需要重启计算机。

(3)睡眠：快速将工作和设置保存在内存中，将计算机置于低功耗状态。重新唤醒计算机时，会自动还原计算机中原来的工作窗口和设置。

【任务提示】在正常情况下必须关闭所有的应用程序或窗口后，才可退出系统。直接关闭电源会使数据无法保存。

## 任务二 Windows 的桌面管理

### 任务要求

启动 Windows 10 系统后，成功登录系统正常进入的显示器主屏幕界面，我们称为计算机桌面。计算机桌面是一切应用程序操作的出发点，计算机桌面的布置情况就像实际工作中的办公桌面一样，把常用的工具或文件放到桌面上，可以方便用户使用，也可以根据用户的喜好和习惯对桌面进行配置。本任务学习和认识桌面组成、图标、任务栏及创建快捷图标等。

## 任务实施

默认的 Windows 10 系统桌面主要由三部分组成，分别是桌面背景、桌面图标和任务栏。桌面背景又称墙纸，如图 2-2 所示是 Windows 10 系统计算机桌面显示的背景图片，背景图片可以通过设置改变。

操作 1：找出桌面的三部分组成：桌面图标、桌面背景、任务栏，如图 2-2 所示。

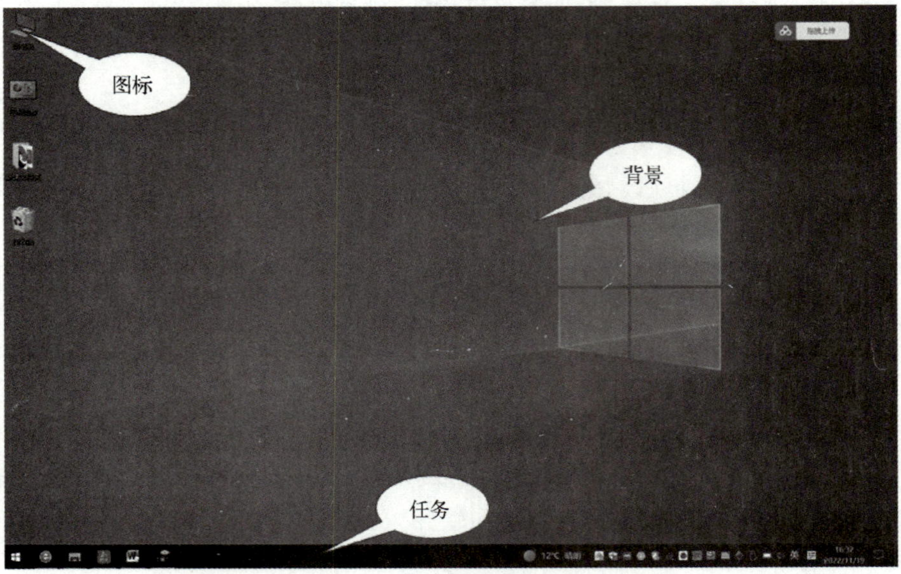


图 2-2　Windows 10 桌面

操作 2：桌面图标的添加方法。在桌面空白处点击鼠标右键，在弹出的快捷菜单中点击“新建”命令，在其下级菜单中选择“快捷方式”命令，如图 2-3 所示。根据向导的提示，选择要添加的项目的位置。

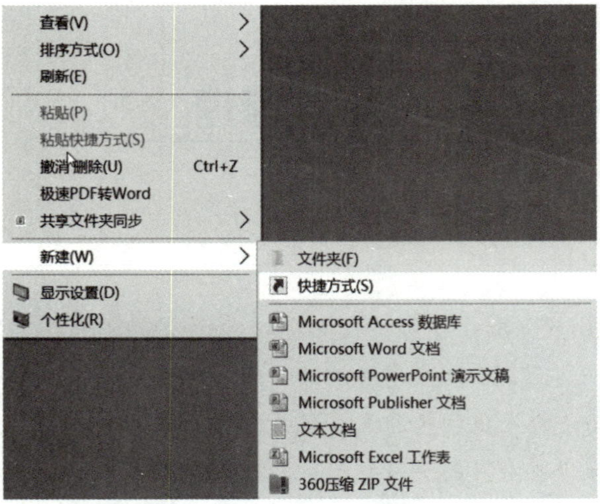


图 2-3　创建桌面快捷方式

【**能力拓展**】也可以将使用的程序、文件、文件夹等对象用鼠标拖动到桌面上，即可建立这些对象的桌面图标。

操作 3：桌面图标的排列。在桌面空白处点击鼠标右键，在弹出的快捷菜单中点击“排列图标”命令，如图 2-4 所示，在其下级菜单中选择“排列方式”，点击后系统会按照标准对图表进行自动排列。

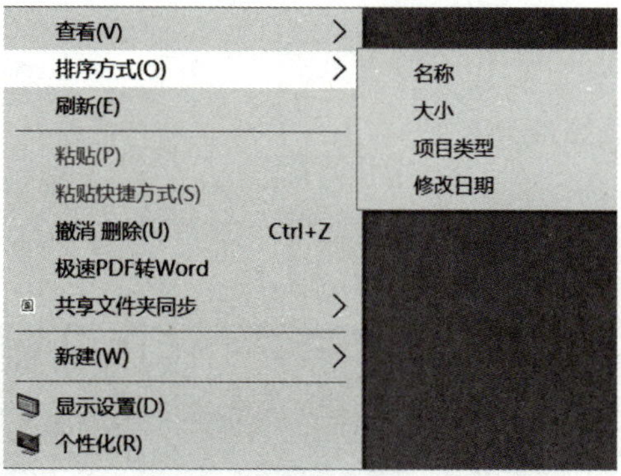


**图 2-4　桌面图标的排列**

操作 4：桌面图标的删除。在桌面上选择要删除的桌面图标，点击鼠标右键，在弹出的快捷菜单中选择“删除”命令，此时会弹出“确认文件删除”对话框，点击“是”即可，如图 2-5 所示。

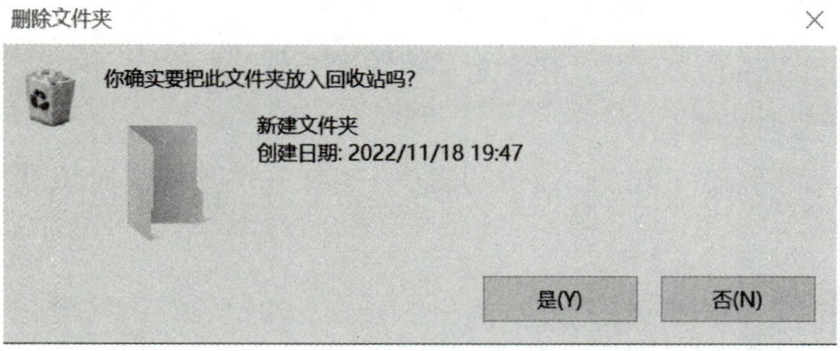


**图 2-5　桌面图标的删除**

# 任务三　桌面的显示设置

## 任务要求

屏幕保护的作用是大幅度降低屏幕亮度，具有一定的省电作用。本任务主要学习和掌握桌面的一些常用设置。

## 任务实施

操作1：桌面背景设置。

在桌面空白处右击，在弹出的菜单中选择“个性化”，弹出“设置”对话框，如图2-6所示。可以将背景设为“图片”“纯色”或“幻灯片放映”，单击“浏览”可以选择其他图片作为桌面背景。

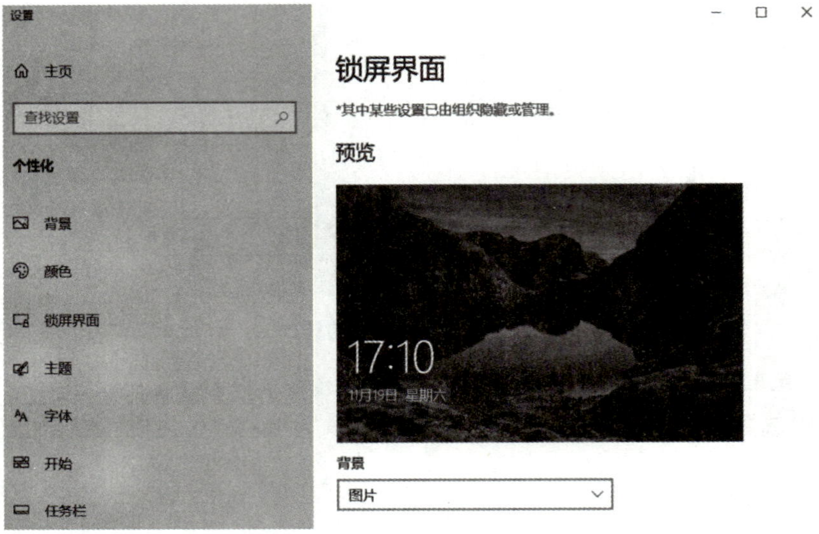


图2-6 “设置”对话框

操作2：屏幕超时设置。

(1)单击“设置”窗口左侧的“锁屏界面”，再单击“屏幕超时设置”按钮，如图2-7所示。

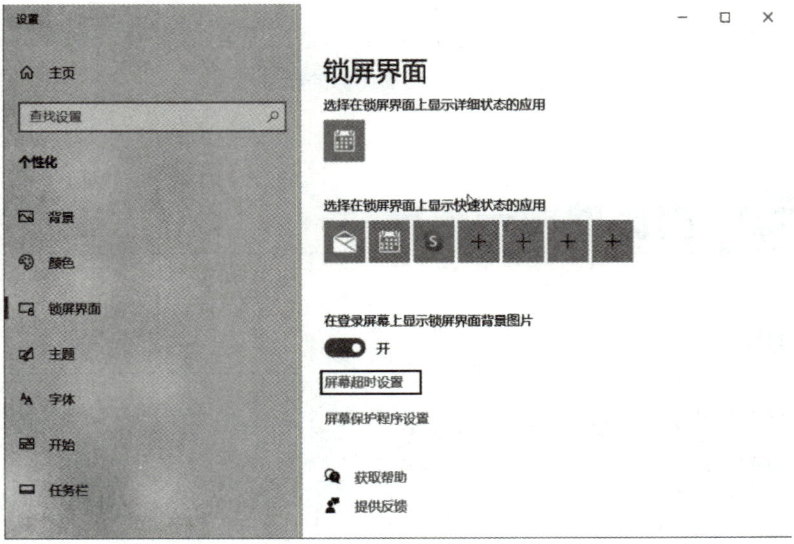


图2-7 屏幕超时设置

(2)设置在使用电池电源或接通电源的情况下，屏幕关闭的时间或电脑进入睡眠状态的时间，如图 2-8 所示。

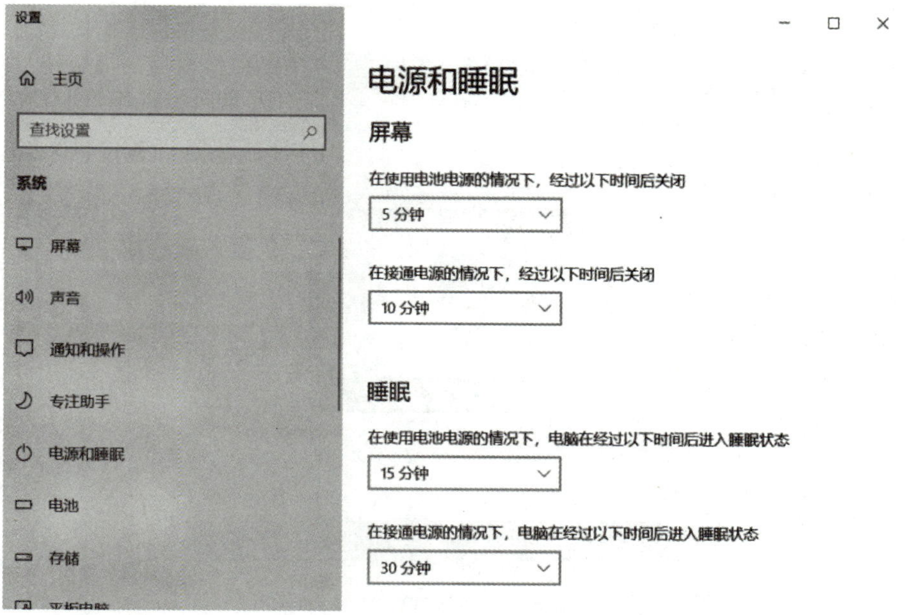


图 2-8 屏幕超时设置

操作 3：屏幕保护程序设置。

屏幕保护的作用是大幅度降低屏幕亮度，具有一定的省电作用。

(1)在桌面空白处右击，在弹出的菜单中选择"个性化"，单击"设置"窗口左侧的"锁屏界面"，然后单击"屏幕保护程序设置"按钮，如图 2-9 所示。

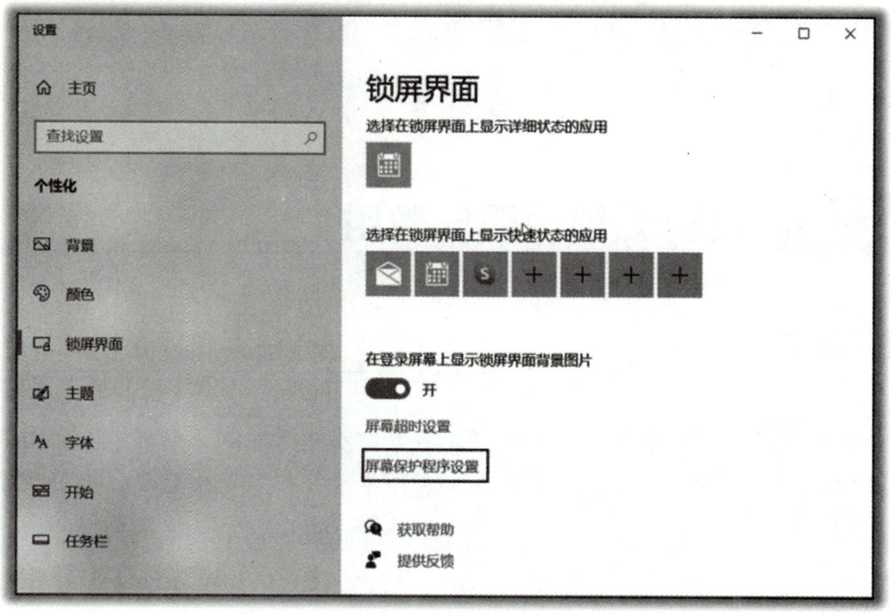


图 2-9 屏幕保护程序设置

(2)在弹出的“屏幕保护程序设置”对话框中，设置屏幕保护程序和等待的时间，如图2-10所示。

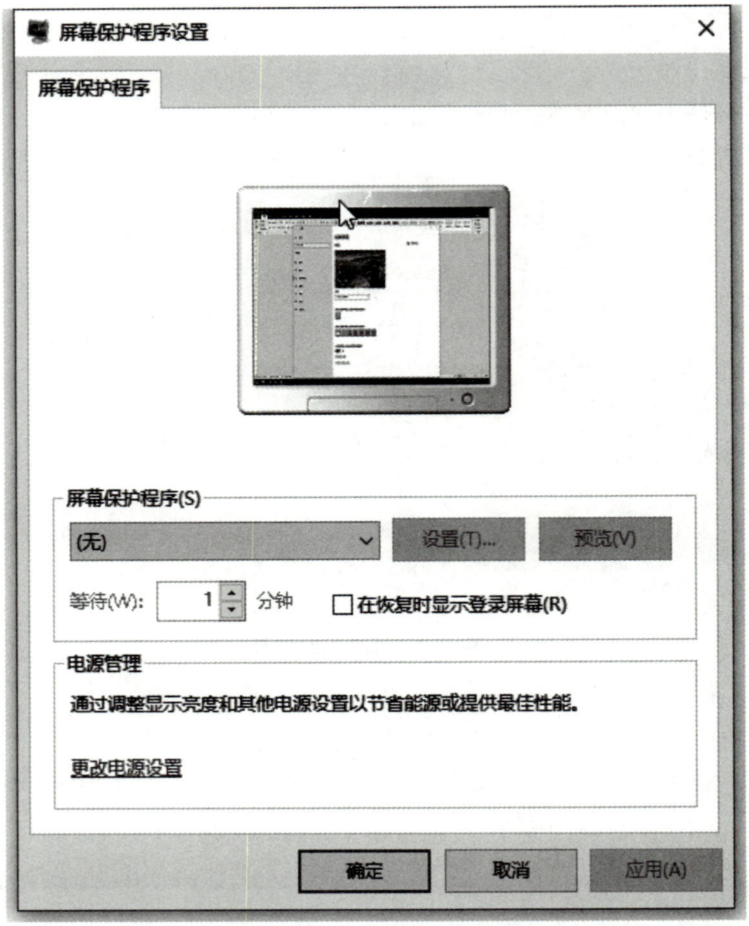


图 2-10 “屏幕保护程序设置”界面

# 任务四 任务栏的设置与使用

## 任务要求

任务栏默认情况下位于桌面的最底部，通常由开始菜单、任务视图、打开文件的最小化窗口、日期与时间、通知中心等组成。本任务学习和掌握改变任务栏的位置、隐藏任务栏、锁定任务栏、使用小任务栏按钮等操作。

## 任务实施

操作 1：任务栏的位置。

在任务栏空白处右击，在弹出的快捷菜单中单击“任务栏设置”菜单项，如图 2-11 所示，任务栏在屏幕中的位置下拉列表中，有“靠左、顶部、靠右、底部”四个选项，系统默认任务栏的位置为底部，用户可以根据自己的需求进行选择。

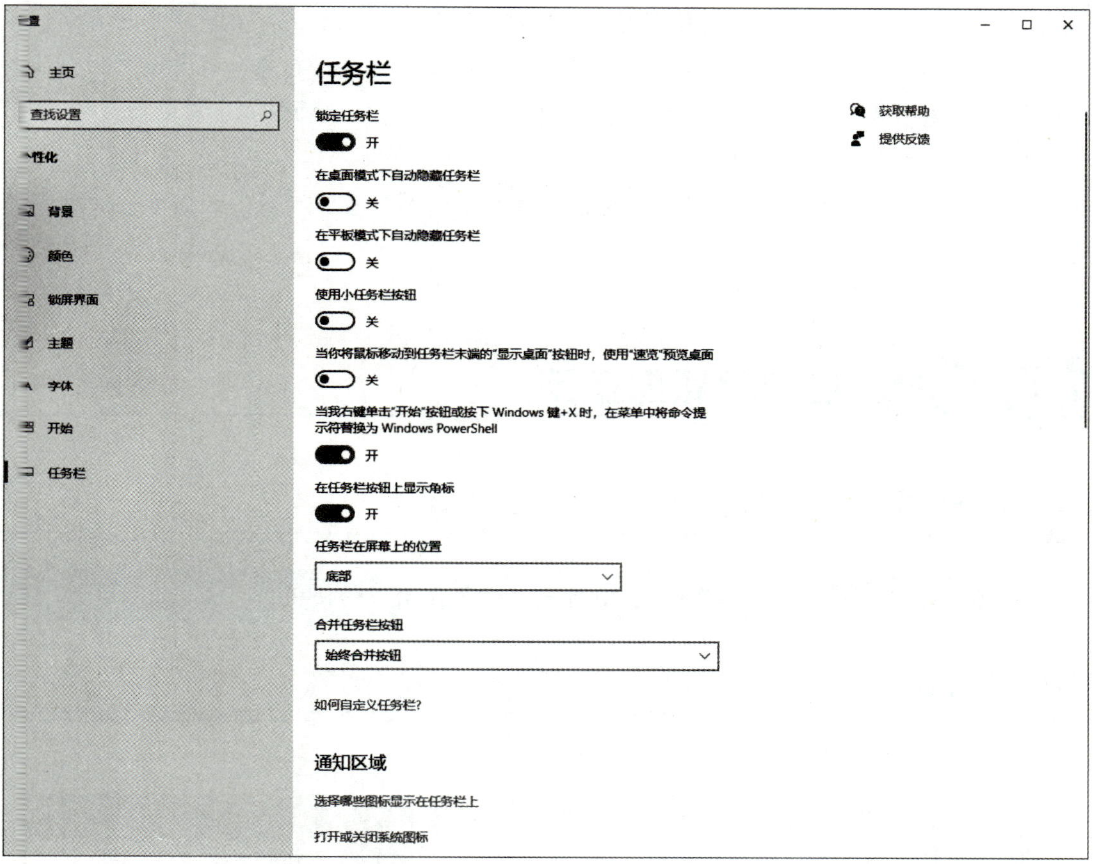


图 2-11　任务栏选项

操作 2：中间部分是正在运行的程序，可以通过鼠标单击程序按钮进行程序窗口间切换。

操作 3：靠右侧是通知区域，包括一个时钟和一组图标。这些图标表示计算机上某程序的状态，或提供访问特定设置的途径。将指针移向特定图标时，会看到该图标的名称或某个设置的状态。双击通知区域中的图标通常会打开与其相关的程序或设置。

另外，右下角任务栏气泡标志就是 Windows 10 的通知中心，点击它会出现完整信息，里面包括最近各种软件的通知消息和常用设置入口。

任务栏最右侧是显示桌面按钮，鼠标单击，使所有窗口最小化，直接显示桌面，如图 2-12 所示。

图 2-12　桌面任务栏

【能力拓展】

(1) 锁定任务栏：用户可以不让任务栏来回移动，锁定任务栏，方便进行其他操作。锁定任务栏的方法比较简单，在任务栏的对话框中，将“锁定任务栏”的开关打开即可。

(2) 隐藏任务栏：任务栏不但可以锁定，而且可以暂时隐藏起来，等需要的时候再显示。用户想要隐藏任务栏，可以在任务栏对话框中，打开“在桌面模式下自动隐藏任务栏”下方的开关即可。

(3) 使用小任务栏：使用任务按钮可以使得整个屏幕的窗口变大，任务栏上的图标变小，有利于用户对文档的操作。

# 任务五　控制面板的使用

## 任务要求

本任务主要学习和掌握 Windows 10 操作系统控制面板的使用。

## 任务实施

操作 1：卸载程序。

(1) 在“此电脑”右击，在弹出的快捷菜单中选择“属性”，如图 2-13 所示。

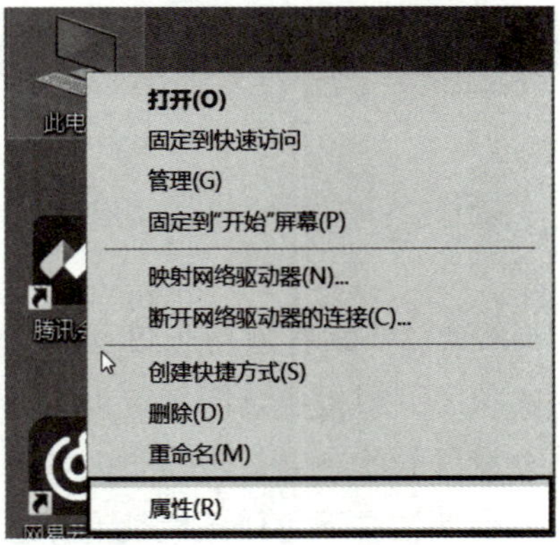


图 2-13　Windows 10 右键菜单

(2) 在弹出的系统窗口中，点击左侧的“控制面板主页”，弹出“控制面板”窗口，如图 2-14 所示。

(3) 在弹出的控制面板窗口，单击“程序”下方的“卸载程序”，在弹出的程序和功能主页面中，选择所需要卸载的程序，然后右击选择“卸载/更改”命令，如图 2-15 所示。

(4) 这时候会弹出确认卸载该程序的提示，如若确实要卸载该程序及组件，单击“是”。系统将会卸载该程序，在卸载的过程中，用户需要静心等待直到卸载结束为止。

图 2-14　控制面板

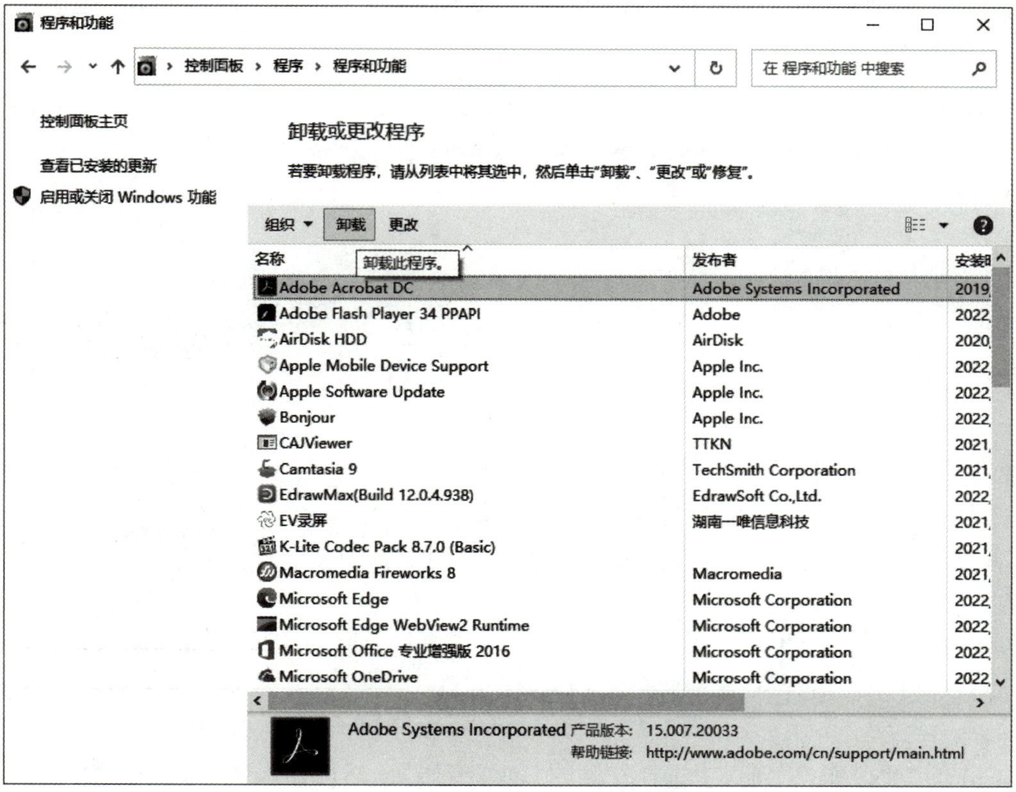


图 2-15　控制面板卸载程序

操作 2：设置用户登录密码。

(1)在“控制面板”窗口中选择“用户账户”下的“更改账户类型”，进入“管理账户”，如图 2-16 所示。

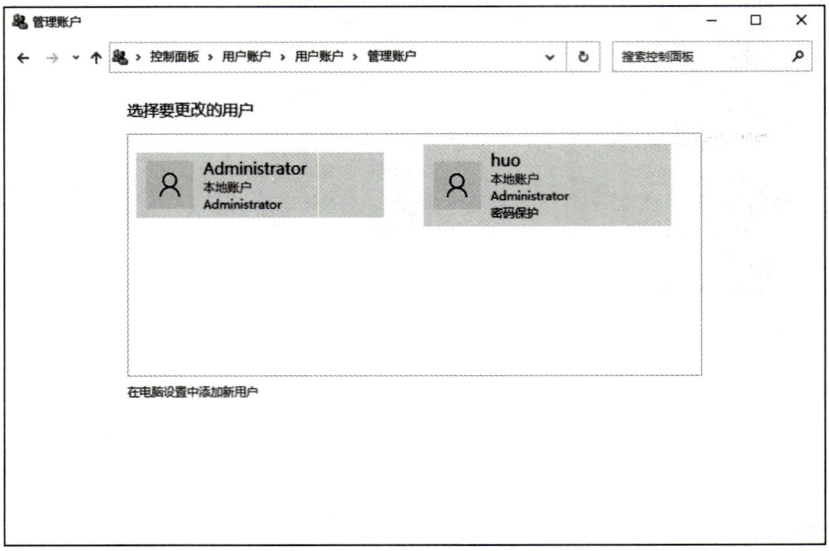


图 2-16 “管理账户”窗口

(2)在“管理账户”中单击要更改的账户，如本地账户 Adminstrator，弹出“更改账户”窗口，如图 2-17 所示。

图 2-17 更改 Administrator 的账户

(3)在“更改账户”窗口中选择左侧的“创建密码”，然后输入新密码，一般为字母和数字的组合，也可以在对话框的下方输入密码提示，方便找回密码，如图 2-18 所示。

图 2-18　创建 Administrator 密码

(4)新密码设置完毕后，点击“创建密码”按钮即可。

操作 3：打印机共享设置。

在控制面板中，双击“硬件和声音”图标，打开“设备和打印机”窗口，如图 2-19 和图 2-20 所示。然后右击你的打印机，选择“共享”，在弹出的对话框“属性”中勾选“共享这台打印机”。

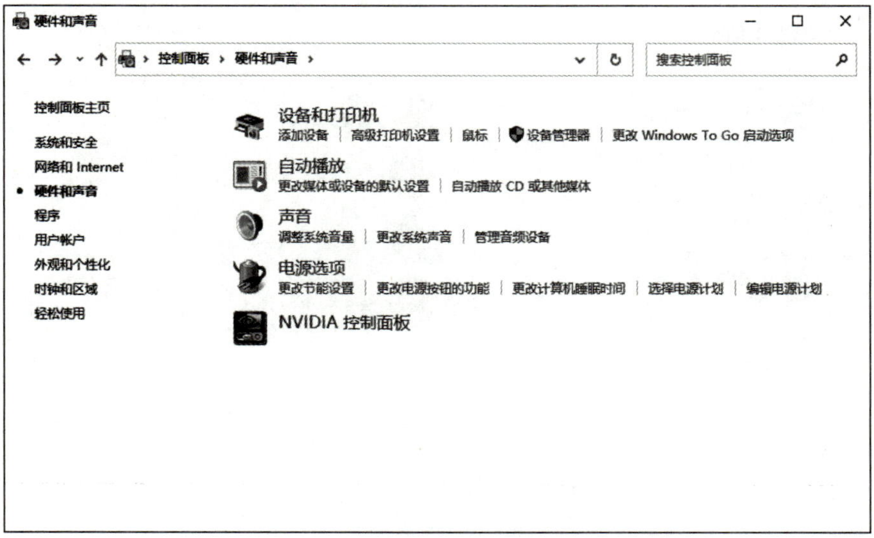


图 2-19　硬件和声音

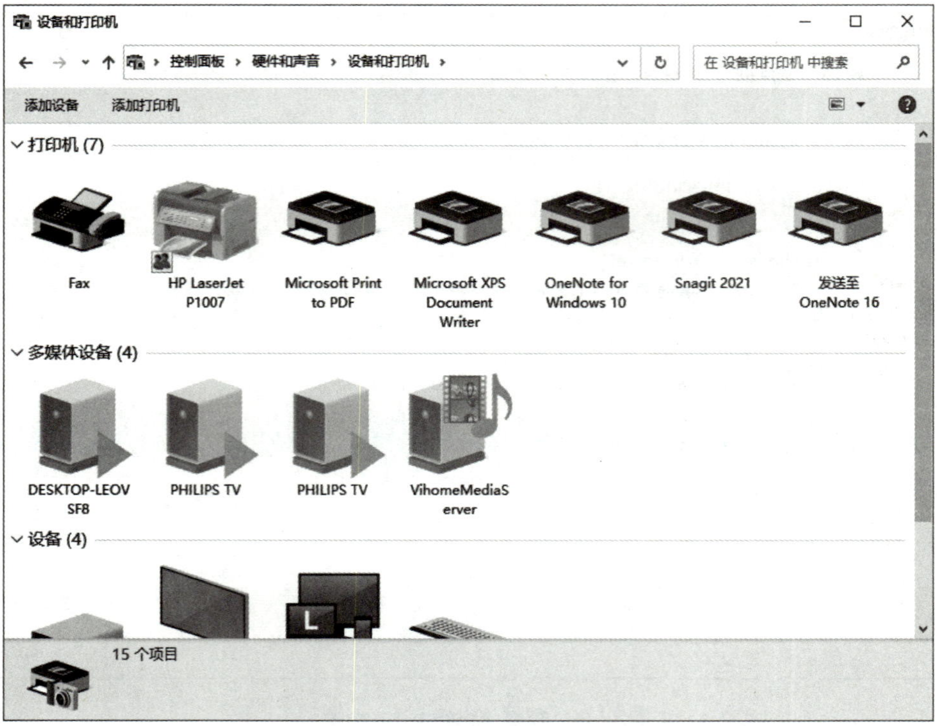


**图 2-20 设备和打印机**

操作 4：在弹出的“控制面板”窗口中双击“时钟和区域”图标，如图 2-21 所示，弹出“时钟和区域”对话框，如图 2-22 所示，可以设置日期和时间、更改时区或更改位置等。

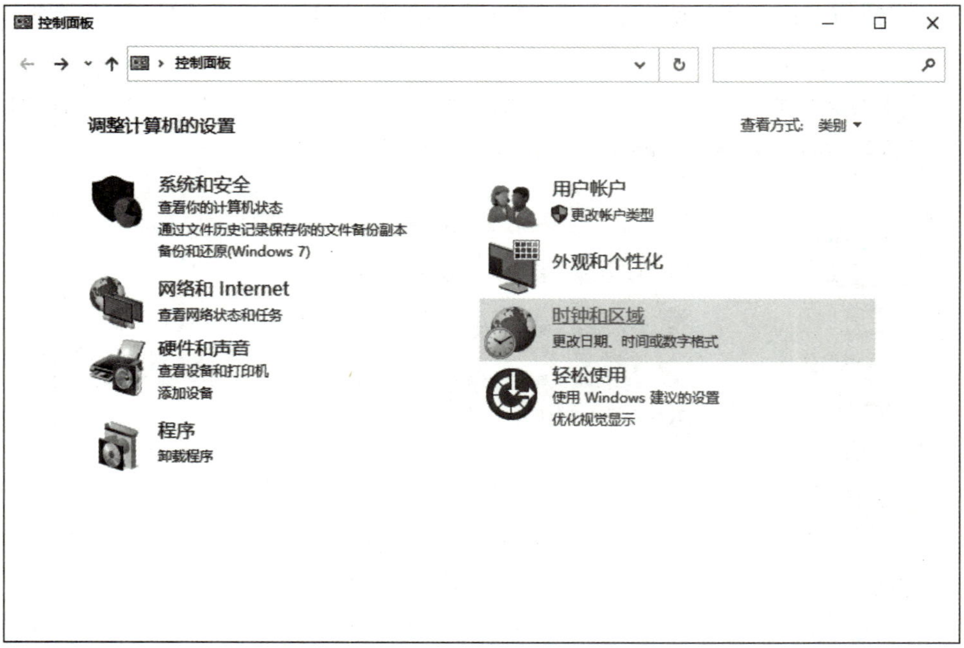


**图 2-21 控制面板“时钟和区域”**

图 2-22　“时钟和区域”对话框

## 任务六　窗口和菜单的操作

### 任务要求

通过熟悉窗口的组成、窗口大小的调整、窗口位置的调整以及窗口的激活等操作来更好地掌握窗口的相关知识。通过菜单的操作，掌握菜单的功能。

### 任务实施

操作 1：窗口的组成。

在 Windows 10 中打开一个对象时，系统会打开与之对应的窗口，如图 2-23 所示，窗口主要由标题栏、控制按钮、菜单栏、工具栏、工作区、状态栏等部分组成。

操作 2：窗口大小的调整。

Windows 10 窗口是可以调整大小的，移动鼠标指针至窗口的 4 个角上或四周边框上，当指针变成双向箭头形状时，按住左键并拖动鼠标指针至目标位置，释放鼠标即可实现窗口大小的调整。

**【能力拓展】**还可以利用窗口右上角的控制按钮来调整窗口，使窗口最大化、最小化或还原成默认大小。

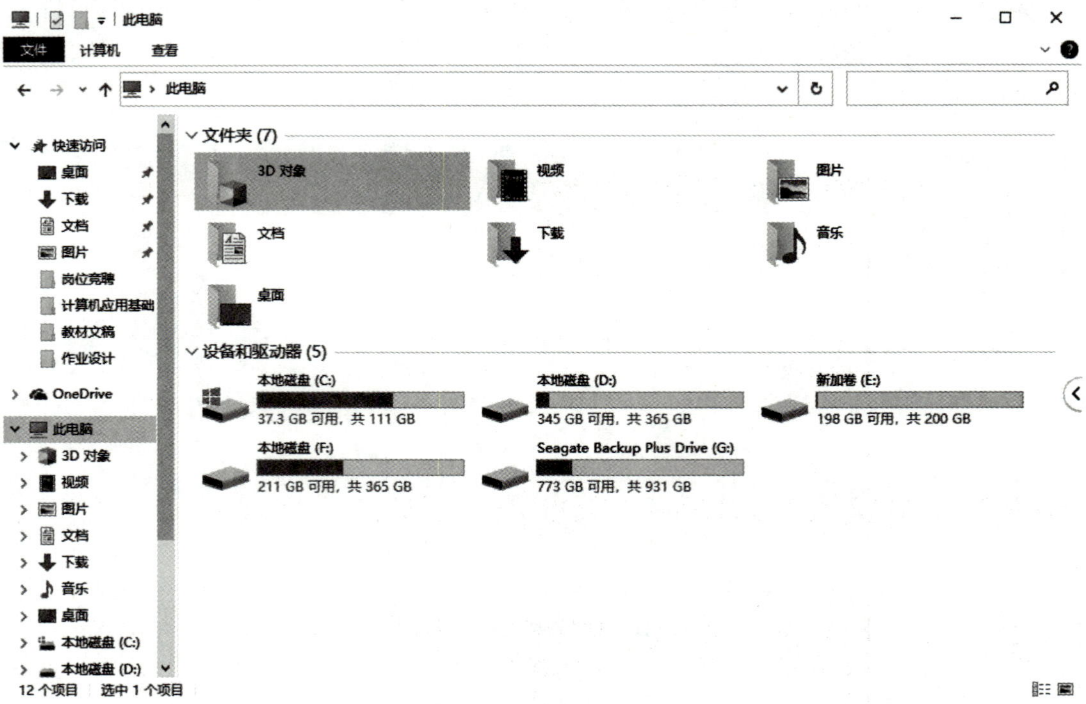

图 2-23　Windows 10 系统窗口

操作 3：窗口位置的调整。

在窗口标题栏上按住鼠标左键，即可拖动窗口到目标位置，松开鼠标左键即可实现窗口的调整。

操作 4：窗口的激活。

**【任务提示】**当有多个窗口同时运行时，位于最前面的称为活动窗口，其他的均为非活动窗口。只有活动窗口才能进行操作，因此，在对窗口进行操作之前，必须将其激活。

在任务栏上点击要激活窗口的按钮，或者用鼠标在非活动窗口内单击，即可将窗口激活。

操作 5：Windows 10 对话框的操作。

**【任务提示】**对话框是 Windows 10 中在执行某些命令时弹出的一种不能进行大小调整的特殊窗口，如图 2-24 所示。

对对话框进行操作要根据需要来进行，如对输入文本框进行编辑时，需点击文本框并进行输入；对于下拉文本框，需点击下拉按钮，在下拉列表中选择所需对象等。

操作 6：Windows 10 的菜单操作。

在 Windows 10 操作系统中，对菜单的操作十分方便快捷。单击菜单栏中的某一菜单按钮，会弹出其下拉子菜单，根据需要选择其中的命令即可。若要取消菜单，仅需在菜单外区域点击鼠标。

**【能力拓展】**还可以利用键盘来打开菜单。利用键盘 Alt+所选菜单项对应的字母键可弹出其子菜单。按下 Alt 或 F10 键，此时系统会选中菜单栏第一项，通过方向键可进行调整，利用 Enter 键可打开其子菜单。

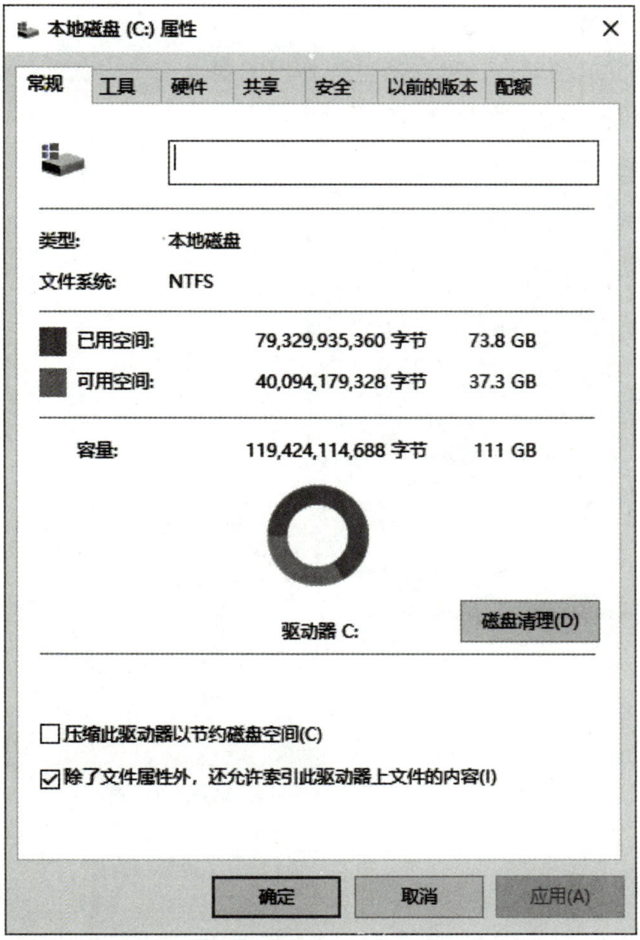


图 2-24　Windows 10 系统对话框

# 任务七　文件和文件夹的管理

## 任务要求

文件是计算机存储数据、程序或文字资料的基本单位，是一组相关信息的集合。通过本任务掌握文件、文件夹的创建、复制、移动、删除，以及文件、文件夹的搜索、重命名等。

## 任务实施

操作1：新建文件或文件夹。

（1）在计算机桌面或窗口空白处右击，在弹出的快捷菜单中选择“新建”命令，展开的子菜单中选择“文件夹”命令，如图2-25所示。

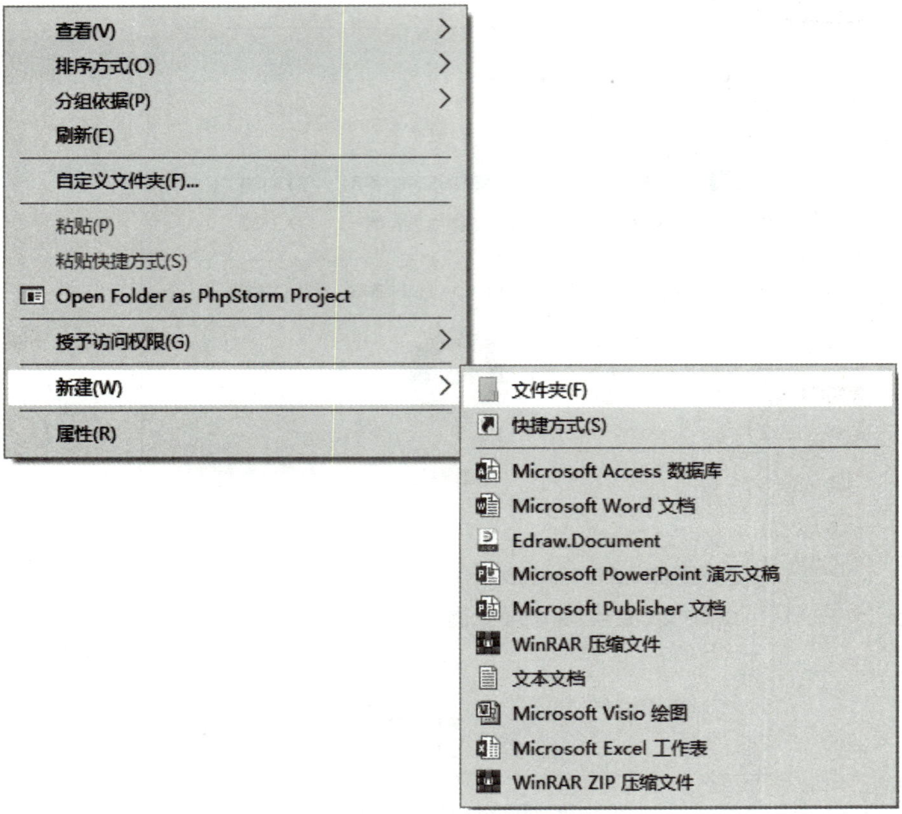


图2-25 “新建”子菜单

图2-26 新建的文件夹

（2）在当前窗口中将出现一个新的文件夹，并自动以“新建文件夹”命名。

（3）为文件夹输入名称“张三”，按“Enter”键或单击文件夹即可新建一个文件夹，如图2-26所示。

**【能力拓展】**还可以利用菜单栏上的“文件”→“新建”→“文件夹”命令。

操作2：重命名文件或文件夹。

（1）选择需要重命名的文件或文件夹，右击，在弹出的快捷菜单中选择“重命名”命令，如图2-27所示。

（2）此时文件夹名称处于可编辑状态，直接输入新名称后，按“Enter”键或单击文件夹即可确定，如图2-28所示。

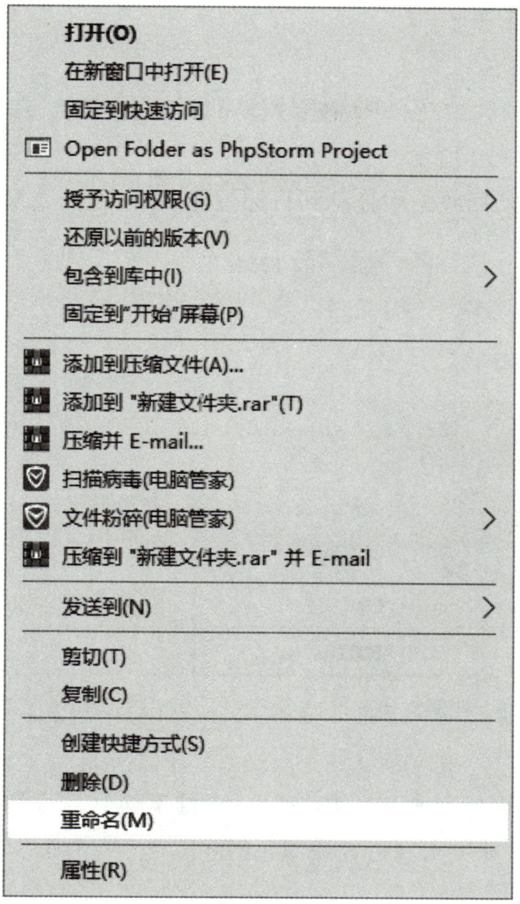


图 2-27　文件夹的快捷菜单

图 2-28　文件名的可编辑状态

操作 3：复制及剪切文件和文件夹。

(1)复制文件或文件夹。

选择需要复制的文件或文件夹，右击，在弹出的快捷菜单中选择“复制”命令(Ctrl+C)，系统会把所选文件或文件夹保存到剪贴板上，找到目标位置的空白区域右击，在弹出的快捷菜单中选择“粘贴”命令(Ctrl+V)即可实现复制操作。

(2)剪切/移动文件或文件夹。

选择需要剪切/移动的文件或文件夹，右击，在弹出的快捷菜单中选择“剪切”命令(Ctrl-X)，系统会把所选文件或文件夹保存到剪贴板上，找到目标位置的空白区域右击，在弹出的快捷菜单中选择“粘贴”命令(Ctrl+V)即可实现剪切/移动操作。

操作 4：删除/恢复文件和文件夹。

(1)删除文件或文件夹。

方法 1：在图标上右击，在弹出的快捷菜单中选择“删除”命令。

方法 2：选择要删除的文件或文件夹，按“Delete”键。

方法 3：拖动文件或文件夹到“回收站”中。

(2)恢复文件或文件夹。

方法 1：双击“回收站”图标，打开“回收站”窗口，在要恢复的图标上右击，在弹出的快捷菜单中选择“还原”命令。效果如图 2-29 所示。

方法 2：将需要还原的文件图标直接从回收站中拖动到目标位置。

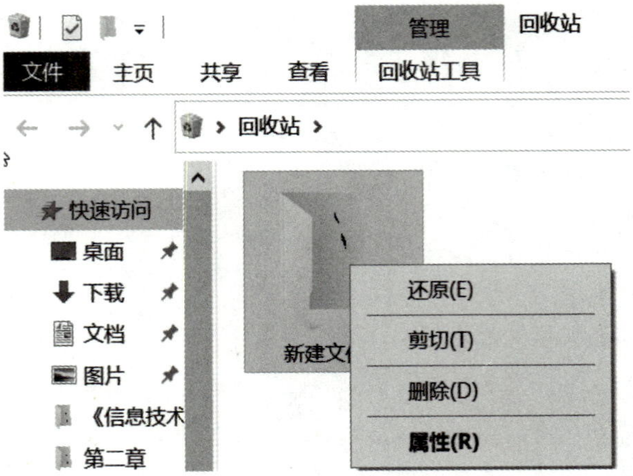


图 2-29　还原文件夹

(3)彻底删除文件或文件夹。

方法 1：将文件或文件夹拖动到“回收站”过程中，按住“Shift”键不松开，直到文件或文件夹到达“回收站”后，松开鼠标左键，即可实现将文件彻底删除。

方法 2：直接清空“回收站”即可。

操作 5：选择文件或文件夹。

(1)选择单个文件或文件夹。

单击要选择的文件或文件夹，使图标有浅色底纹背景，即实现单个文件或文件夹的选择操作。

(2)选择多个连续的文件或文件夹。

按住鼠标左键拖动鼠标，将要选择的文件一并框选在矩形区域内；或选择第一个文件或文件夹，按住“Shift”键不松开，单击最后一个文件或文件夹，即可实现连续文件或文件夹的选择操作。

(3)选择多个不连续的文件或文件夹。

单击第一个要选择的文件，按住“Ctrl”键，再单击其他要选择的文件或文件夹，即可实现多个不连续文件或文件夹的选择操作。

操作 6：文件或文件夹的属性设置。

选择需要设置属性的文件或文件夹，右击，在弹出的快捷菜单中选择“属性”命令，在“常规”选项卡中，选择“只读”或“隐藏”属性复选框，点击“确定”按钮，即可实现文件或文件夹的只读属性、隐藏属性的操作，如图 2-30 所示。

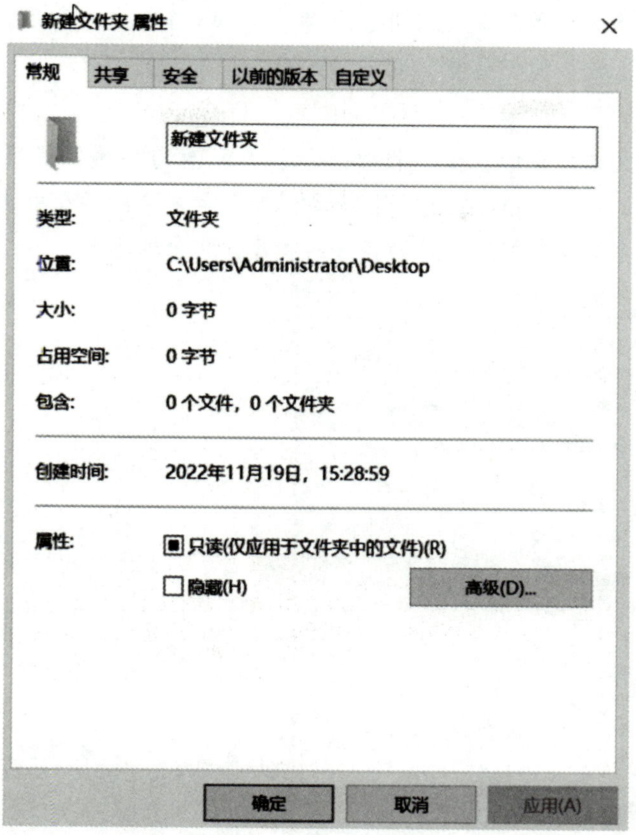


图 2-30　文件属性设置

操作 7：创建文件和文件夹的快捷方式。

方法 1：选择需要创建快捷方式的文件或文件夹，右击，在弹出的快捷菜单中选择“发送到”→“桌面快捷方式”命令，如图 2-31 所示。

方法 2：选择需要创建快捷方式的文件或文件夹，右击，在弹出的快捷菜单中选择“创建快捷方式”命令。

【能力拓展】

1. 文件

文件是数据在计算机中的组织形式。计算机中的所有数据都是以文件的形式保存在计算机内外存储器（如硬盘、光盘和 U 盘等）中的。Windows 10 中的任何文件都是用图标和文件名来标识的，其中文件名由主文件名和扩展名两部分组成，中间用“.”分隔。

(1) 主文件名。

最多可以由 255 个英文字符或 127 个汉字组成，或者混合使用字符、汉字，甚至空格。但是，文件名中不能含有“\”“/”“:”“<”“>”“?”“*”“"”“|”字符。文件名不区分字母大小写。

(2) 扩展名。

通常为 3 个英文字符。扩展名决定了文件的类型，也决定了可以使用什么程序来打开文件。常说的文件格式指的就是文件的扩展名。在 Windows 10 系统中，每种程序生成文档时都会为文档带上默认的扩展名，用于相互间的区分。

2. 文件路径

文件路径是指文件的存储位置。例如，“D：\ 素材与实例 \ 素材文字 . docx”就是一个文件路径。它指的是：一个 Word 文件“素材文字”存储在 D 磁盘中的“素材与实例”文件夹中。若要打开这个文件，按照文件路径逐级找到此文件即可。

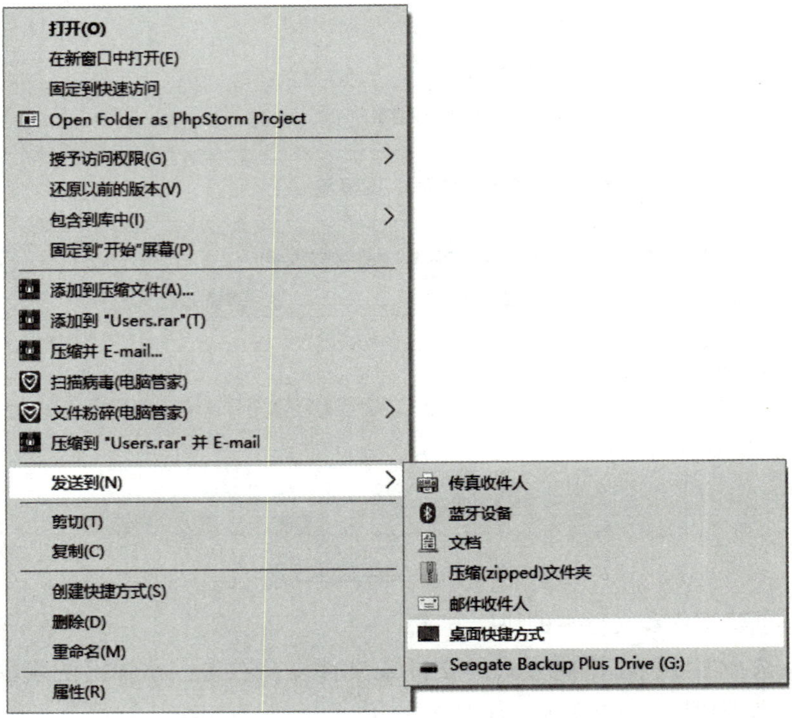


图 2-31　快捷方式的创建

## 项目考核

1. 查看通知区域是否始终显示网络图标、电源图标、音量图标等，若未显示，请调整任务栏中通知区域显示的图标。

2. 打开 C 盘，用不同的显示方式来查看 C 盘中的文件和文件夹。

3. 在桌面上创建“计算器”的快捷方式。

4. 在 D 盘创建以“学号”为文件名的文件夹，并完成以下操作：

(1) 在“学号”文件夹下分别建立“文本”“数据”“作业”“学院”“班级”五个文件夹，并在“文本”文件夹中建立“我的简历 . txt”文件，在“数据”文件夹中建立“数据 . xlsx”文件，在“班级”文件夹中建立“我的大学简介 . docx”文件。

(2) 将“数据”文件夹删除。

(3)将“班级”文件夹中的文件“我的大学简介.docx”重命名为“大学介绍.docx”。

(4)将“文本”文件夹中的文件“我的简历.txt”复制到“学院”文件夹中。

(5)将“文本”文件夹设置成具有“隐藏”属性。

5. 启动任务管理器，在“性能”选项卡下查看 CPU、内存、磁盘、网络的使用状态；在“启动”选项卡下查看启动程序有哪些。

6. 在“文件资源管理器”窗口中选择“本地磁盘 D:”，右击，选择“属性”，打开“本地磁盘 D:属性”对话框，查看磁盘的文件系统、已用空间、可用空间等信息；对“本地磁盘 D:”进行清理和优化。

# 项目三

# Word 2016 的使用

## 项目分析

Word 2016 界面友好、功能丰富、易学易用、操作方便，能满足各种文档排版和打印需求，且“所见即所得”，现已成为电脑办公必备的工具软件之一。本项目的实施目标是通过几项任务的实施，让学生熟练使用、文档处理，提高办公效率。

## 课程思政

通过简单文档的编排，培养学生的规范意识；通过应聘登记表的制作，培养学生诚信意识；通过图文排版，培养学生的审美能力，认真细致的工作作风与精益求精的工匠精神；通过长文档规范格式编排技巧的学习，增强学生逻辑思维，培养解决问题的创新思维。

# 项目实施

## 任务一　认识 Word 2016 界面

### 任务要求

熟悉 Word 2016 操作界面，便于后期的继续学习。

### 任务实施

操作 1：如图 3-1 所示为 Word 2016 窗口界面，包括标题栏、选项卡、功能区、标尺、工作区和状态栏，以及快速访问工具栏、滚动条、视图选项。

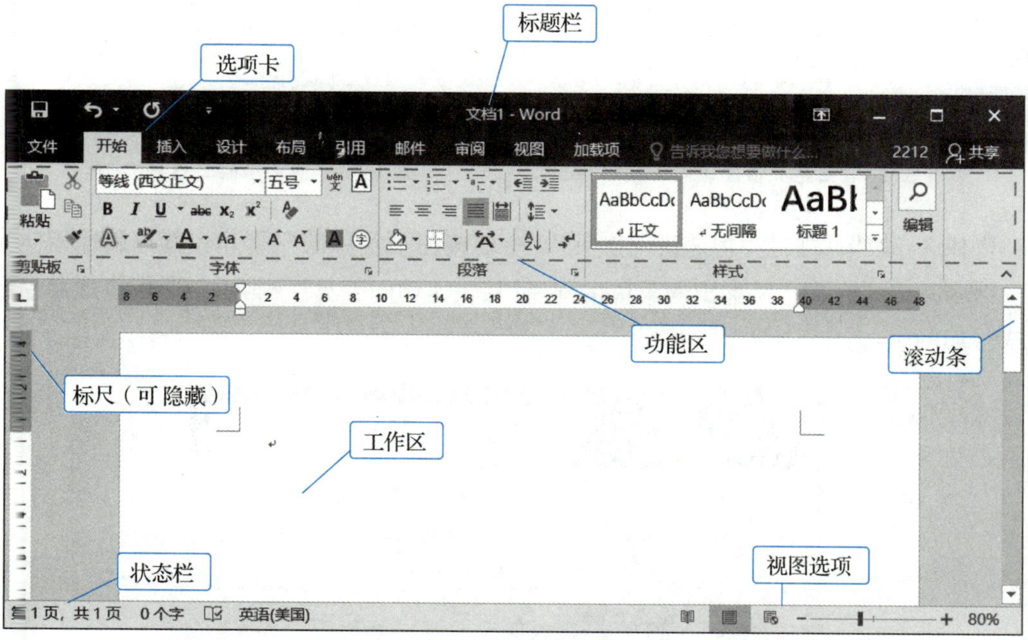


图 3-1　Word 2016 操作界面

【任务提示】在默认情况下，“快速访问工具栏”仅有三个命令按钮，分别为“保存”“撤销键入”和“重（恢）复键入”，如图 3-2 所示。为了使用方便，可从快速访问工具栏中设置格式刷、字号、段落、绘制表格等命令。

操作 2：自定义快速访问工具栏。单击“快速访问工具栏”右侧的“自定义快速访问工具栏”按钮，会弹出“自定义快速访问工具栏”菜单，如图3-2所示。选中此菜单中“绘制表格”等命令，此命令就会以图标的形式显示在“快速访问工具栏”中。

还可以将鼠标指向功能区中的格式刷、字号或段落功能区中想要添加的命令按钮，右击，从弹出的菜单中选择“添加到快速访问工具栏”，此命令就添加到“快速访问工具栏”中了，如图3-3所示。

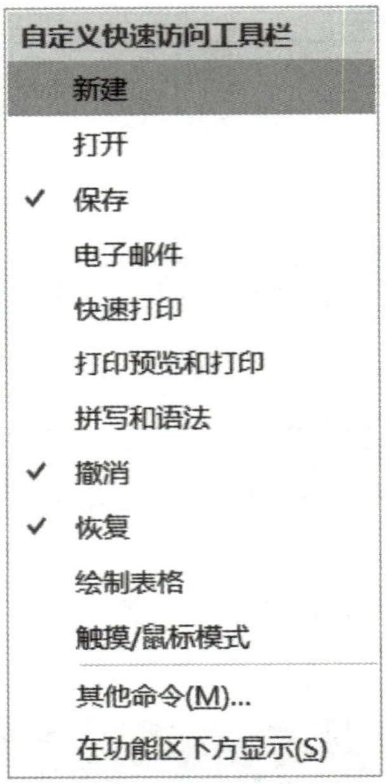


图3-2 “自定义快速访问工具栏”菜单

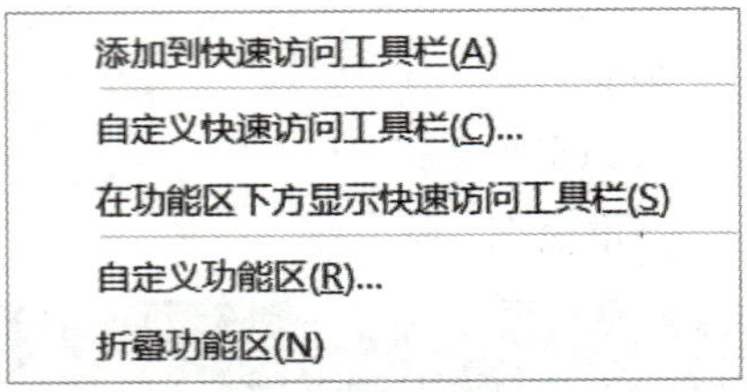


图3-3 “快速访问工具栏”操作

操作3：如果添加到“快速访问工具栏”中的按钮不常用需要删除，就把鼠标指向要删除的命令按钮，右击，从弹出的菜单中选择“从快速访问工具栏删除”，即可将此命令按钮删除，如图3-4所示。

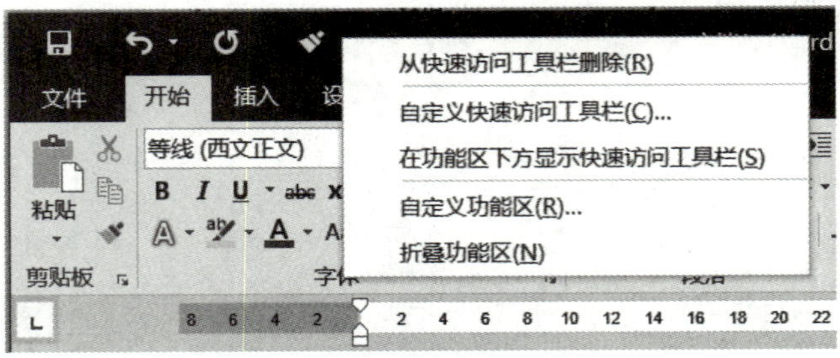


图3-4 “快速访问工具栏”按钮删除操作

**【能力拓展】**当Word 2016功能区展开后占据显示屏而影响文档制作时，可点击“选项卡”区右侧“-”按钮前的功能区选项按钮，可以调整选项卡的显示。将鼠标指向当前页面最顶端，然后双击，选项卡又会显示出来。

# 任务二　建立“普通文档”

## 任务要求

建立“普通文档”以训练学生对 Word 2016 的基本操作技能，通过制作“寻物启事”，掌握使用 Word 2016 创建文档的方法。

## 任务实施

操作 1：建立文档。

（1）在保存文件的任意空白处右击，在弹出的快捷菜单中选择“新建(W)”下一级菜单“Microsoft Word 文档”，即可在桌面上建立一个“新建 Microsoft Word 文档 . docx”图标，如图 3-5 所示。

（2）点击选中文件，再点击一次文件名，重命名这个文档为“寻物启事”，亦可右键点击图标进行重命名，如图 3-6 所示。

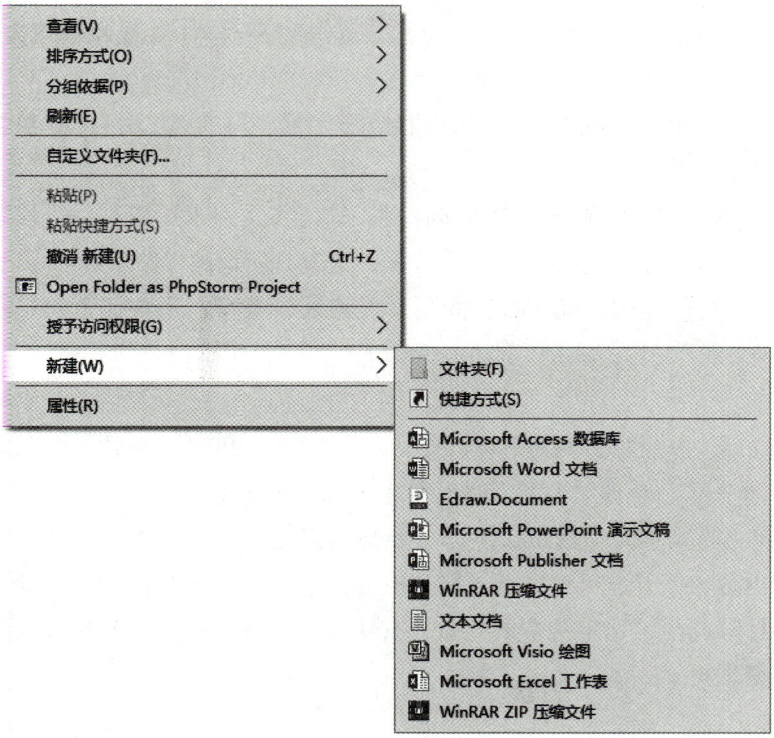


图 3-5　新建文档

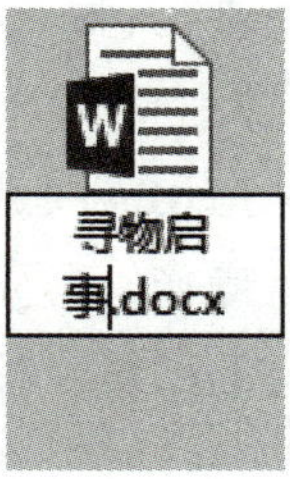


图 3-6　文件重命名

**【能力拓展】**单击“文件”选项卡中的“新建”命令，右侧出现列出很多联机模板，如图 3-7 所示，选择“空白文档”，点击创建或双击左侧“空白文档”图标，即可创建一个新的空白文档。

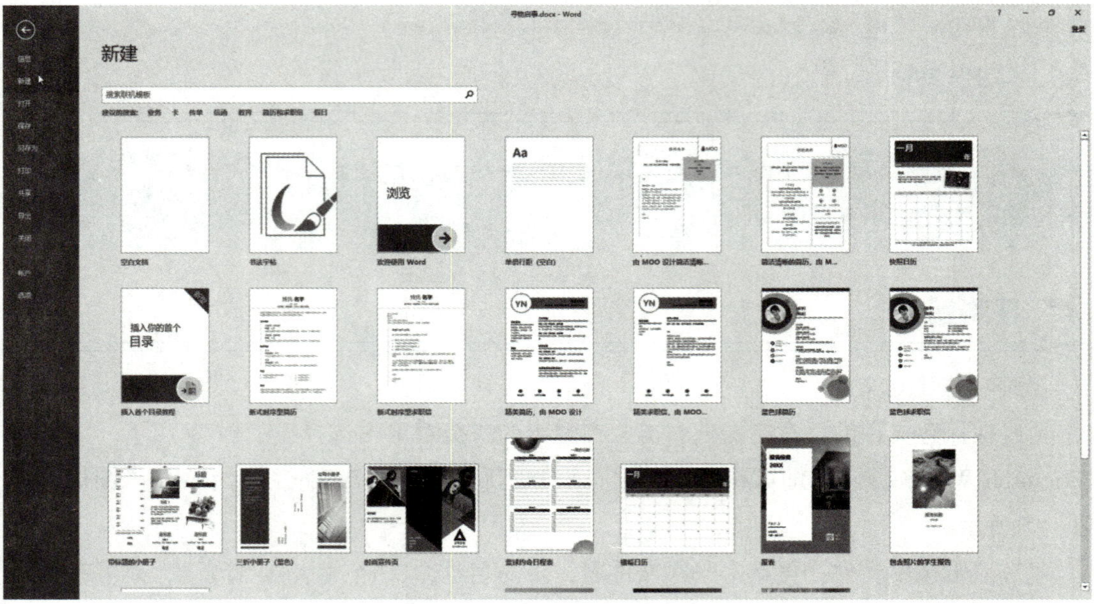


**图 3-7　新建 Word 2016 文档操作**

操作 2：打开文档。右键单击“寻物启事 . docx”图标，点击“打开(O)”(或左键双击)即可打开这个 Word 文档。

操作 3：录入。在 Word 文档的页面的左上角闪烁着竖形光标，可通过 Ctrl+Shift 组合键选用自己习惯的输入法进行文字录入。

操作 4：分段。如想分段时，可按键盘上的“Enter”键，这时在文字末尾出现一个段落标记符号(↵)，“竖形光标”会移至下一行的段落起始位置，这就是所谓的“强制换行”。

操作 5：换行。若不想分段，还想另起一行，如写现代诗歌，就可以用快捷键“Shift+Enter”，这时会产生一个换行符号(↓)，这是“手动换行”。

**【能力拓展】**输入符号。

点击“插入”选项卡，在最右边找到“符号”功能区，单击“符号”按钮，在弹出的下拉菜单中单击“其他符号”，点击自己所需要的符号进行输入，如图 3-8 所示。

操作 6：选定文本。要编辑文本先要选定文本，将光标指向想要选定文本的开头，按住左键并拖动需要选定的内容，松开左键就完成了对文本的选定，如图 3-9 所示。若要用键盘进行操作，可先将光标移动至欲选定文本的开头，按住“Shift”键，然后将光标移至欲选定内容的结尾，按下左键即可。

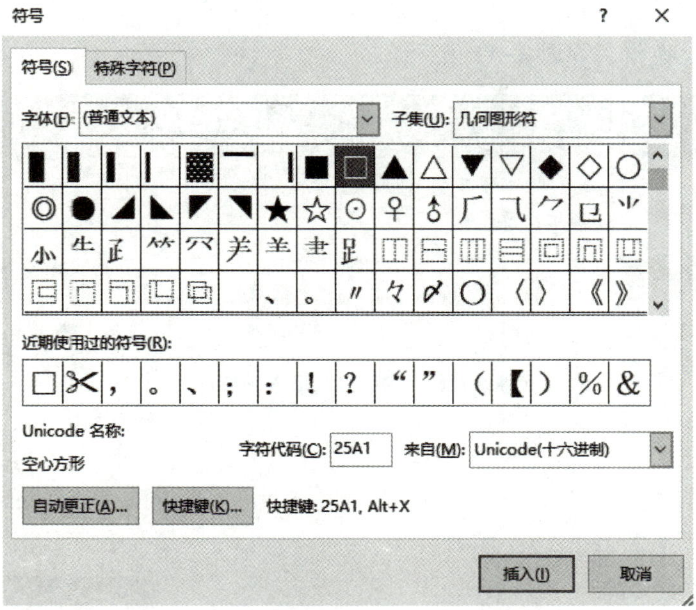


图 3-8　插入符号

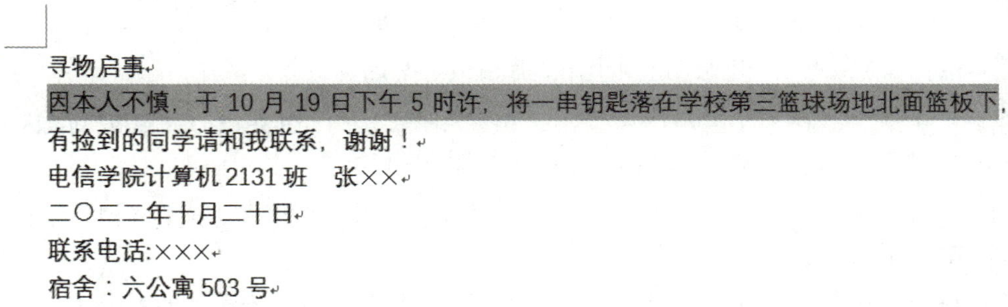
寻物启事
因本人不慎，于 10 月 19 日下午 5 时许，将一串钥匙落在学校第三篮球场地北面篮板下，
有捡到的同学请和我联系，谢谢！
电信学院计算机 2131 班　张××
二〇二二年十月二十日
联系电话:×××
宿舍：六公寓 503 号

图 3-9　文本内容的选定操作

**【能力拓展一】**在 Word 文档左侧有一空白页边区域，为文本选定区。将鼠标移至选定区时，会发现鼠标箭头指向右上方，此时，单击鼠标左键会选定一行文本，拖动鼠标时，则会将范围内的所有行选定；双击鼠标左键，将选定一段，三击鼠标左键，则会选定整个文本，如图 3-10 所示。

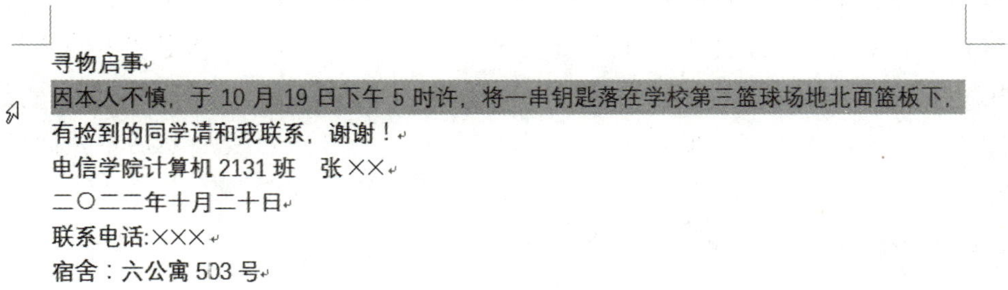
寻物启事
因本人不慎，于 10 月 19 日下午 5 时许，将一串钥匙落在学校第三篮球场地北面篮板下，
有捡到的同学请和我联系，谢谢！
电信学院计算机 2131 班　张××
二〇二二年十月二十日
联系电话:×××
宿舍：六公寓 503 号

图 3-10　利用选定区选定文本内容

【能力拓展二】插入表格、图片。要插入表格、图片等内容，可以利用“插入”选项卡下的功能区来进行操作，如图 3-11 所示。

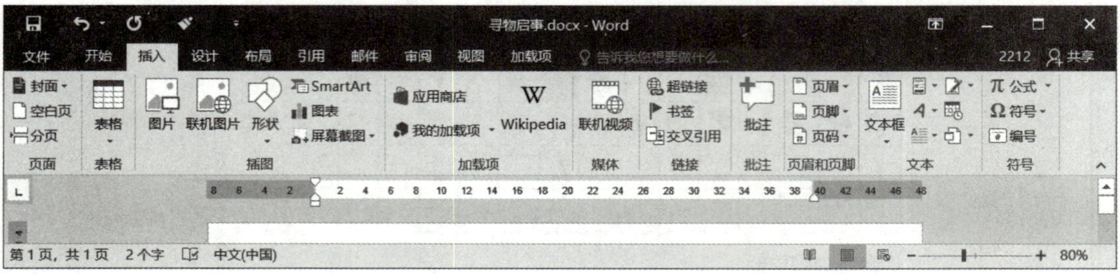


图 3-11　“插入”选项卡功能区

(1) 删除文本。

当要删除文本时，按“Backspace”键可以删除光标左边字符，按“Delete”键可以删除光标右边字符。

(2) 复制或移动文本。

选定想要复制的文本内容，点击“开始”选项卡下“剪贴板”功能区中的“复制”命令（或者右击鼠标，点击“复制”命令；或者按下快捷键 Ctrl+C，将光标移至想要复制文本的位置）；点击“开始”选项卡下“剪贴板”功能区中的“粘贴”命令（或者右击鼠标，点击“粘贴”命令；或者按下快捷键 Ctrl+V）就可以实现复制，如图 3-12 所示。

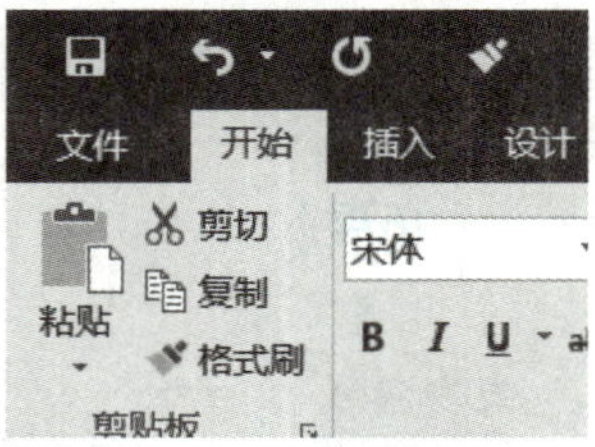


图 3-12　“剪贴板”功能区

(3) 撤销和恢复文本。

撤销操作可以将之前的一步或多步操作进行撤销，使用时仅需点击或多次点击“快速访问工具栏”上的撤销按钮或者利用快捷键 Ctrl+Z，就可以完成一步或多步撤销操作。若想要对某一步操作进行撤销，可以点击撤销按钮右边的下拉箭头来选择要撤销的操作。

操作 7：保存文档。单击“快速访问工具栏”上的保存按钮或单击“文件”菜单中的“保存”命令和使用快捷键 Ctrl+S 或 Shift+F12 都可以实现保存文档。

利用上述方法保存，如果是第一次进行保存，就会弹出“另存为”窗口，用于指定文档保存的位置、类型以及文件名，如图 3-13 所示。

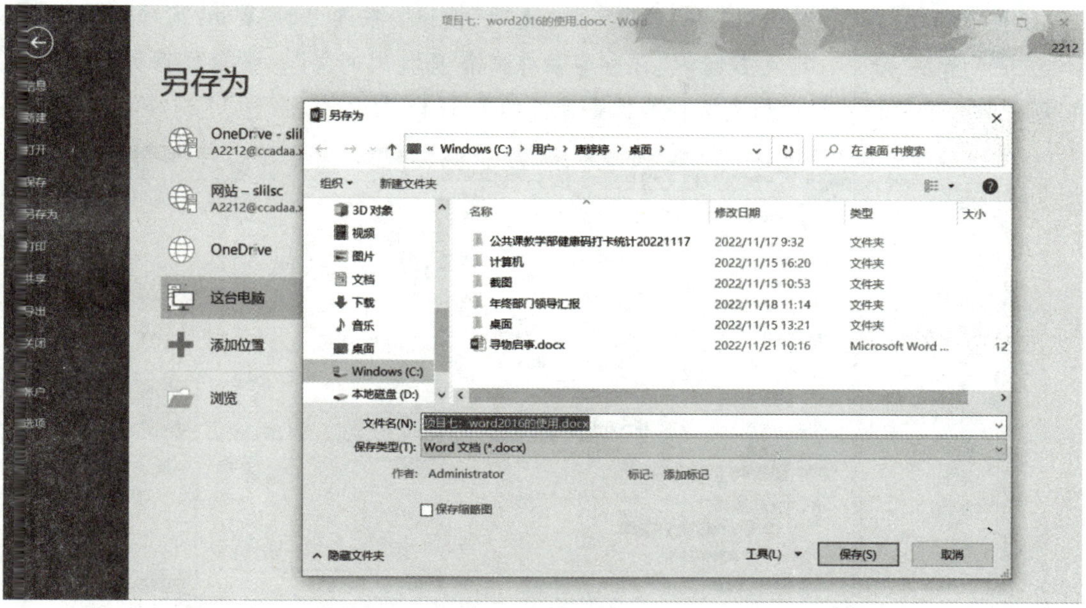


**图 3-13　Word 2016 文档的保存操作**

**【能力拓展】**对编辑文档的保存会自动覆盖掉原文档，若不希望原文档被覆盖时，可利用“文件”按钮下的“另存为”命令，如图 3-14 所示，将文档以另一个文档的形式进行保存。这里注意：另存为的文档需要将文件名重新命名，否则原文件将被替换。

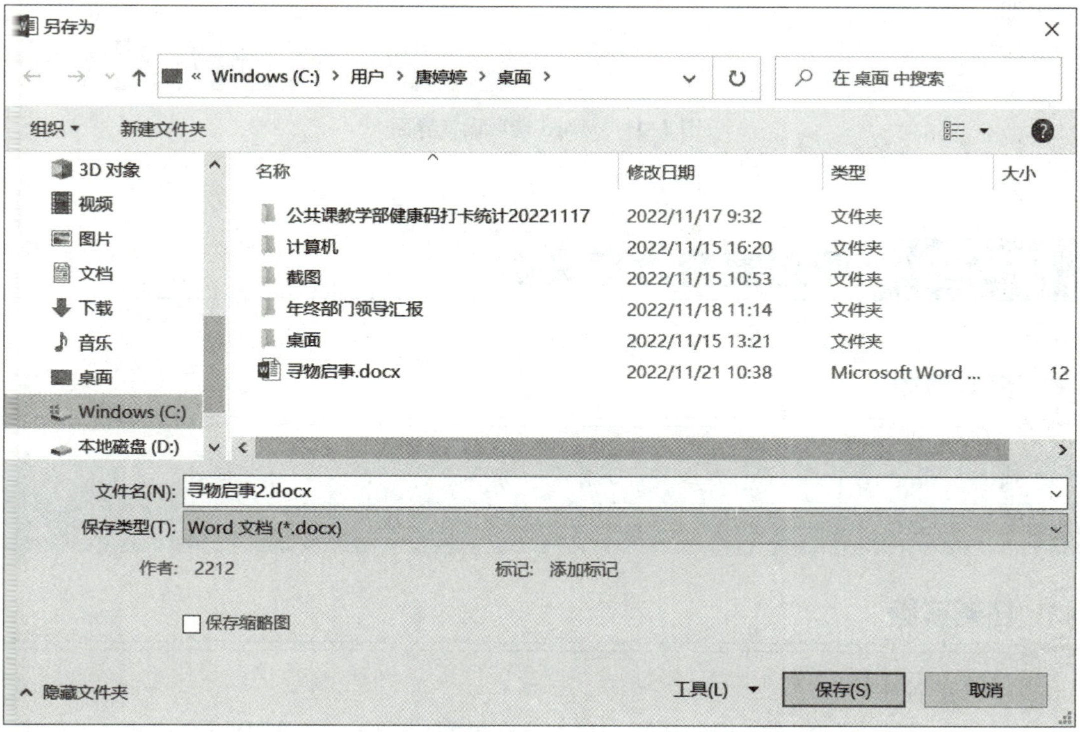


**图 3-14　Word 2016 文档另存为操作**

设置“自动保存”，单击“文件”选项卡下“选项”按钮，在弹出的“Word 选项”对话框中单击左侧“保存”命令，选定右侧的“保存自动恢复信息时间间隔”，设置保存时间，默认为 10 分钟，并可设置自动恢复文件的位置等，如图 3-15 所示。

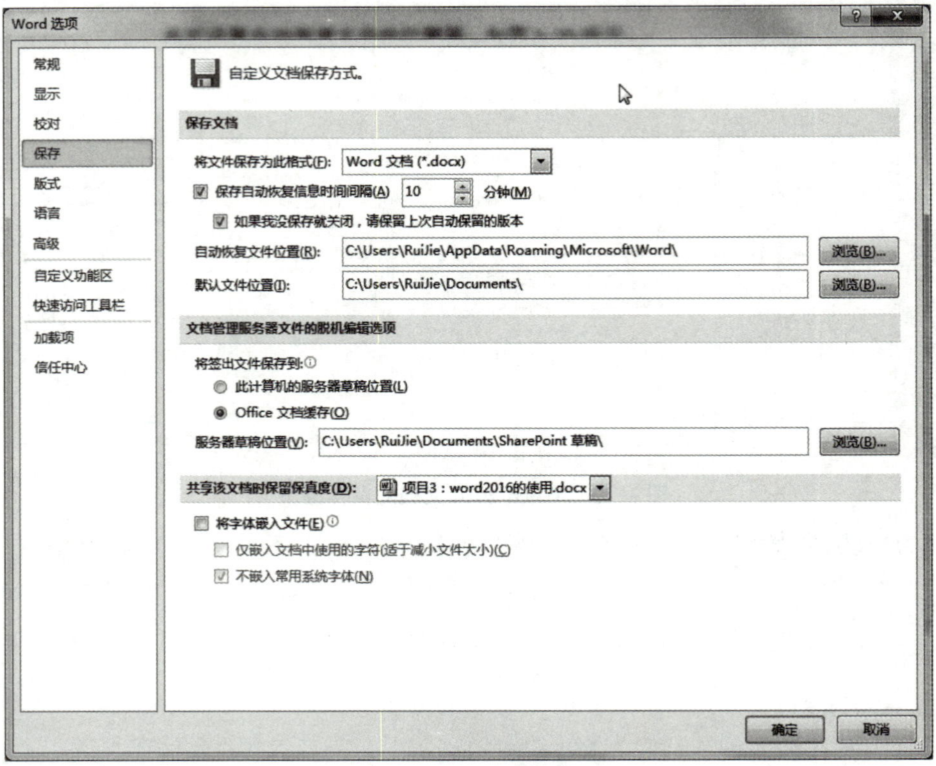


图 3-15　Word 选项设置界面

# 任务三　使用模板建立文档

## 任务要求

使用 Word 2016 提供的“样本模版”制作一份自己的“名片”，通过操作掌握利用模板创建文档的能力。

## 任务实施

操作 1：名片的创建。

(1)名片的制作和其他文档的建立一样，点击文件选项卡，在打开页面中点击“新建”按钮，从右侧模板中找到所喜欢的“名片”并单击，或者在搜索框中输入“名片”，单击搜索按钮，出现如图 3-16 所示页面(此步骤需要联网)，下载相应的名片。

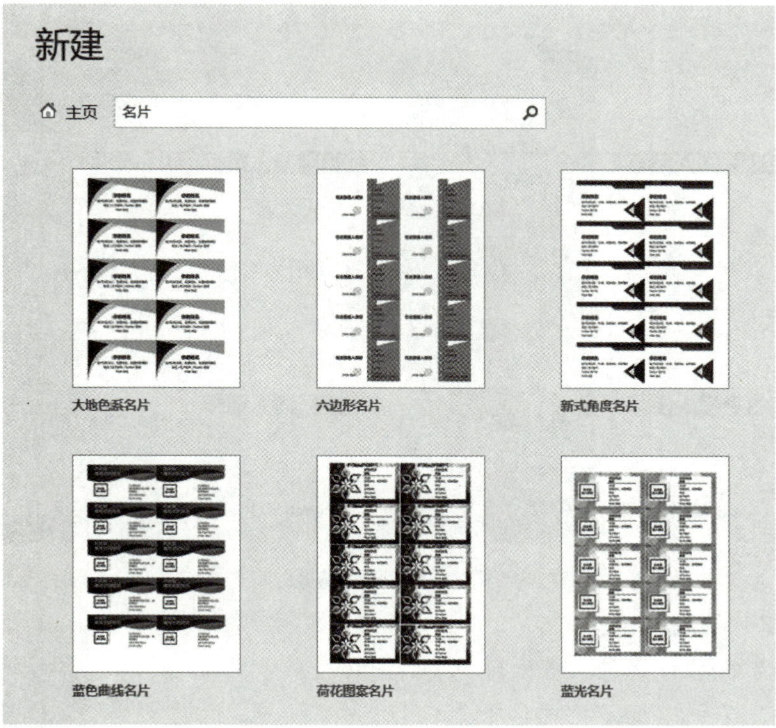


图 3-16 名片模板列表

(2)单击一个“六边形名片”缩略图，出现该名片的介绍信息，如图 3-17 所示。

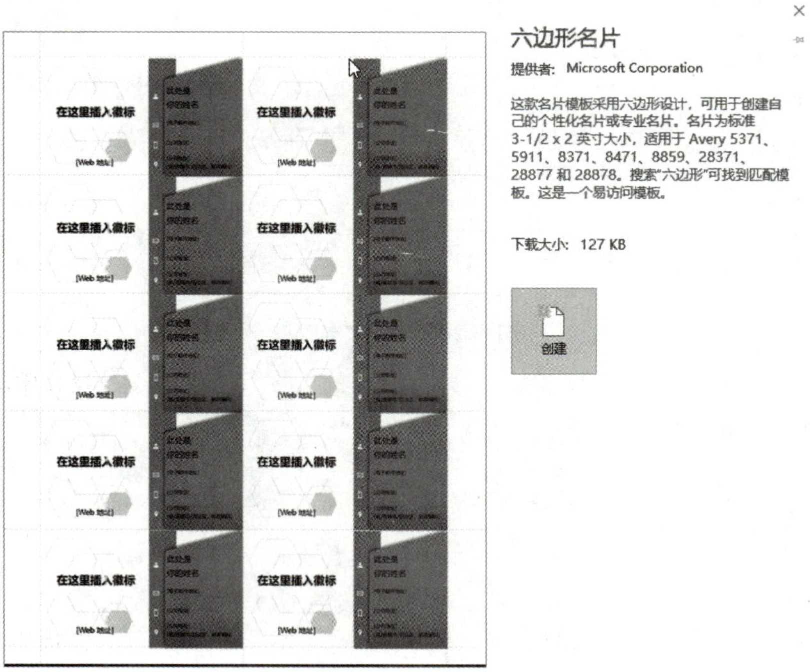


图 3-17 利用模板创建名片

(3)单击“创建”按钮后开始下载模板，下载完成后，“名片”文档就创建好了，如图 3-18所示。

图 3-18　名片模板

操作 2：名片的编辑。

(1)选定要编辑的信息，依次输入姓名、电子邮件地址、公司电话及公司地址等信息，如图 3-19 所示。

(2)编辑时还可以对文字进行效果处理。具体操作：点击“开始”选项卡下“字体”功能区中“文本效果”按钮，对文本进行效果处理，如图 3-20 所示。

图 3-19　编辑名片

(3)名片上的信息可以按模板上的条目填写，也可以自己编辑需要的内容，如图 3-21所示。

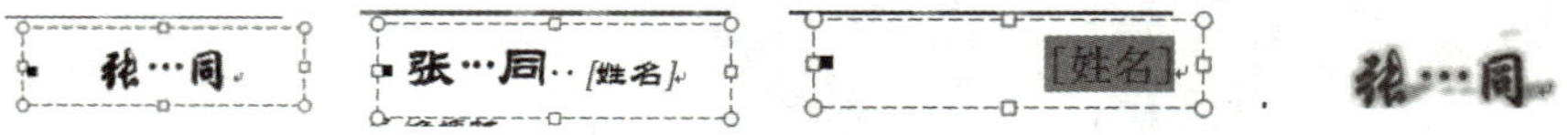


图 3-20　添加文本效果

图 3-21　编辑名片信息

(4)编辑图片、线条。名片上的图片、线条都是可以编辑美化的。具体操作：选中图片或线条，右击，点击“设计图片格式”进行编辑美化。

# 任务四 调查问卷的设计

## 任务要求

本任务通过“调查问卷”的制作，学习和掌握 Word 文档编辑、格式化、项目符号与编号、制表位等相关知识。

## 任务实施

(1)创建新文档，并以“调查问卷”为文件名保存，输入“尊敬的用户……谢谢合作!”三段内容。

(2)选定“尊敬的用户……谢谢合作!”三段，单击“开始”选项卡，设置字体格式为黑体，五号字，如图 3－22 所示。

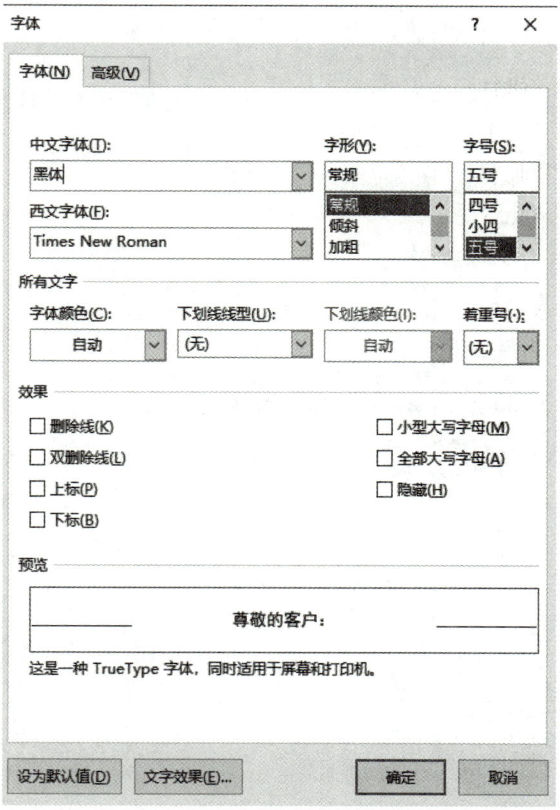


图 3-22 文字格式化

(3)选定“优质”两字，单击“字体”功能区右下角按钮，在弹出的“字体”对话框中设置格式为小四号、加粗、蓝色；在字体对话框高级选项卡中设置缩放 150%、加宽 1.2 磅，如图 3－23 所示。

(4)选定“尊敬的用户……谢谢合作!”三段，单击“段落”功能选项卡右下角按钮，在“段落”对话框中设置段落格式为左右缩进 1 厘米，1.5 倍行距，段后间距 0.5 行。第二、第三段首行缩进 2 字符，如图 3-24 所示。

(5)选定“用户调查问卷”，单击“字体”功能区右下角按钮，在弹出的字体对话框中设置“黑体”“二号”。

(6)光标定位到短线“-”前面，单击“插入”选项卡，在“符号”功能区单击“符号”按钮，在弹出的“符号”对话框中选中符号“✂”，单击“插入”按钮，如图 3-25 所示。

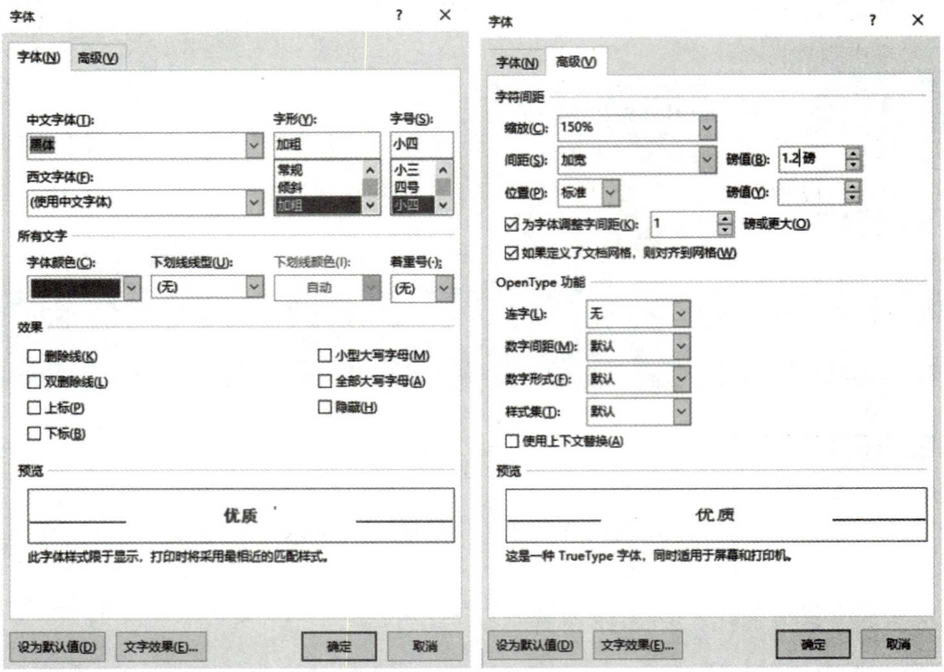


图 3-23 “优质”格式化

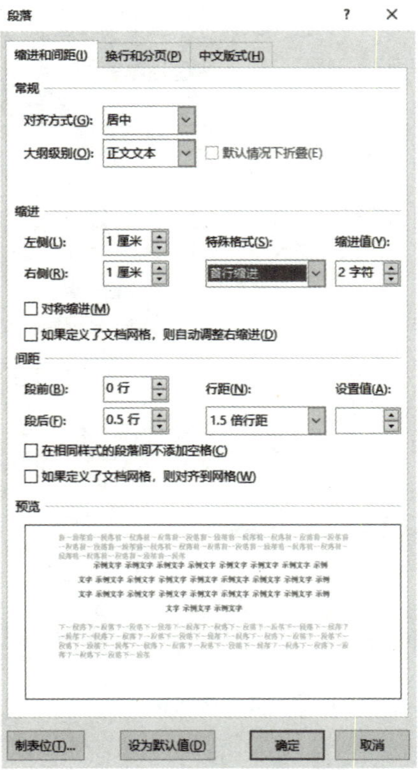


图 3-24 “段落”格式化

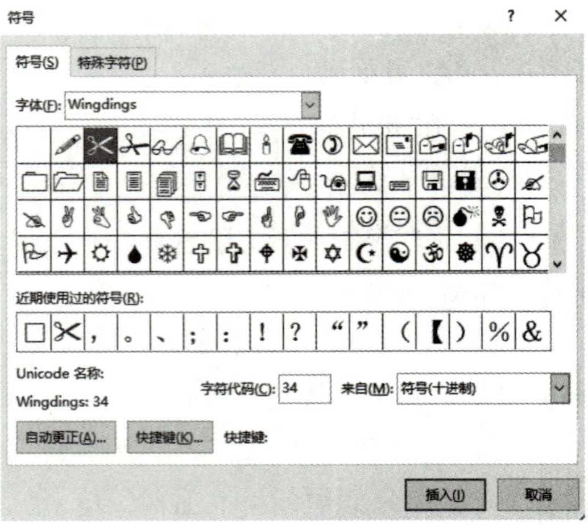


图 3-25 插入符号

(7)选定“姓名……地址”九段，设置行间距为 1.5 行，然后单击横向标尺右侧，在出现“左对齐式制表符”上双击，弹出“制表位”对话框，设置相应参数后单击“确定”按钮，如图 3-26 所示。

(8)选定“贵单位是否……”段落，单击“编号”按钮下的“定义新编号格式”，如图 3-27所示，设置完后单击“确定”按钮。

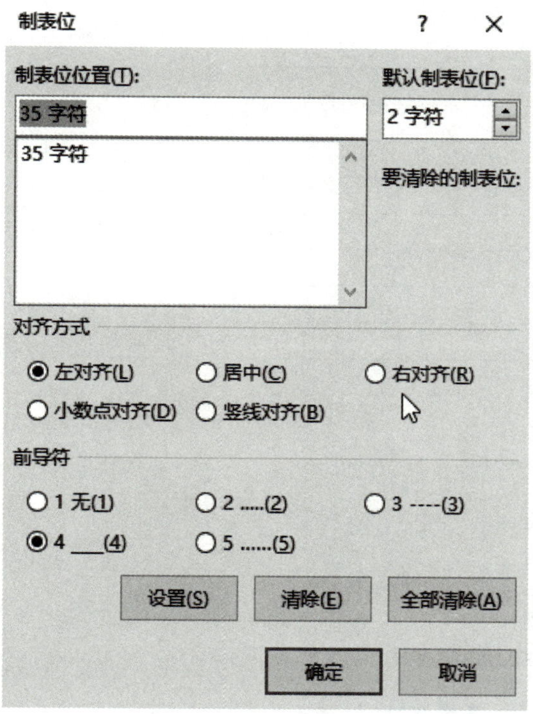


图 3-26　“制表位”对话框参数设置

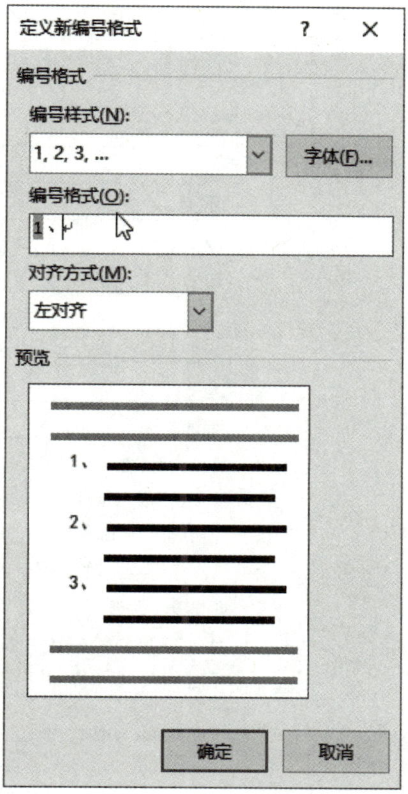


图 3-27　定义新编号格式

(9)选定“贵单位是否……”段落，双击“格式刷”，用“格式刷”在剩下问题的左侧分别单击，复制“格式”，每个问题的前面自动出现连续的编号。

(10)在第一个问题的备选答案前面插入符号“□”，其余问题的备选答案前面将符号进行复制，最终效果如图 3-28 所示。

尊敬的客户：

感谢您选购我们的产品！为了更好地为您提供优质的服务，做好市场和产品信息的收集工作，请您务必在购买产品的三个月之内，对产品进行首次保养后，及时填写好“用记调查问卷”邮寄回我公司，以便我们跟踪服务，并随时与您联系，为您提供更好的服务！

谢谢合作！

✂------------------------------------------------------------

用户调查问卷

姓名：________________

部门：________________

职业：________________

文化程度：________________

电话：________________

邮编：________________

身份证号：________________

单位：________________

地址：________________

1. 贵单位是否已购买笔记本电脑　□是　□否

2. 贵单位准备购买何种品牌

□IBM　□SONY　□HP　□联想　□其他

3. 您了解品牌的途径

□报纸、杂志　□广告　□展示会　□朋友推荐

4. 您购买时首先考虑的因素

□品牌　□价格　□售后服务　□其他

回函请寄：（741000）　秦州国际科贸中心 资讯销售部 收

图 3-28　最终效果

# 任务五　制作应聘登记表

## 任务要求

掌握和学习在文档中插入和编辑表格，给文档加水印，设置文档的页眉页脚。

## 任务实施

操作 1：页眉和表格标题的制作。

(1)新建一个“应聘人员登记表”文档，在“插入”选项卡下“页眉页脚”功能区中单击

“页眉”按钮，打开“页眉”下拉菜单并插入“空白”页眉，取消页眉线，如图 3-29 所示。

（2）输入公司名称和公司网址文本，将其字体格式设置为“小五”、在“段落”功能区中单击“文本右对齐”按钮，将其对齐方式设置为右对齐，其效果如图 3-30 所示。

图 3-29　插入页眉

图 3-30　页眉效果

操作 2：表格内容的编辑。

（1）在“设计”选项卡中的“页面背景”功能区中打开“水印”对话框，在自定义中选中“文字水印”单选按钮，在“文字”文本框中输入“天地网络科技公司”，在“字体”下拉列表框中选择“华文新魏”，如图 3-31 所示。

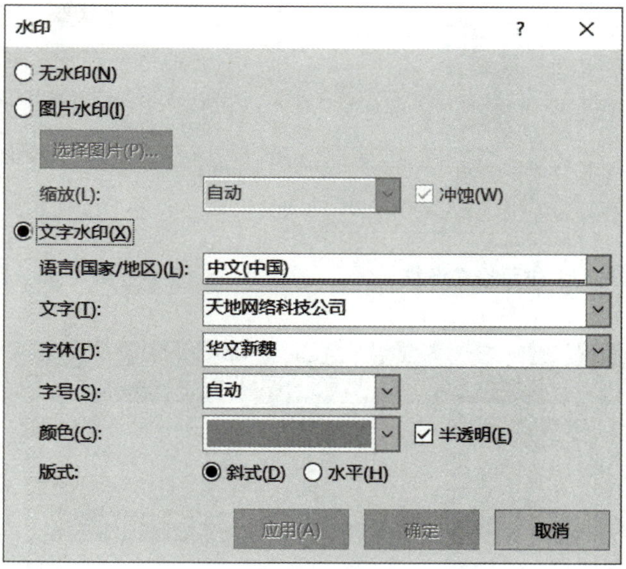


图 3-31　“水印”对话框

（2）在标题文本下方输入“应聘职位”文本和“填表日期”文本，并在其后设置相应的下划线，选择整行文本并右击，在弹出的快捷菜单中选择“段落”命令，设置效果如图 3-32 所示。

（3）打开“插入表格”对话框，在“表格尺寸”选项组中的“列数”数值框中输入“5”，在“行数”数值框中输入“21”，如图 3-33 所示。

（4）选择插入的表格，右键单击表格左上角⊞，打开表格属性对话框，在“行”选项卡中“指定高度”数值框中输入“0. 75 厘米”，在布局选项卡中打开“段落”设置对话框，设置

“对齐方式”为“两端对齐”，如图 3-34 所示。

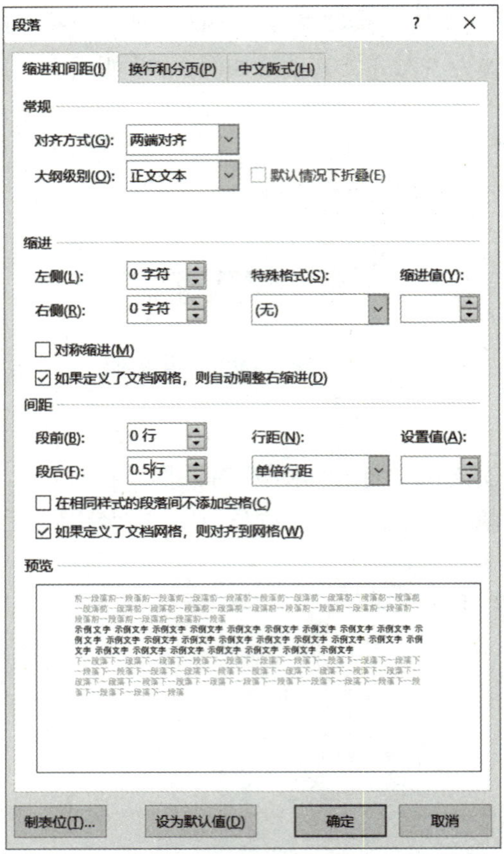


图 3-32　段落格式设置

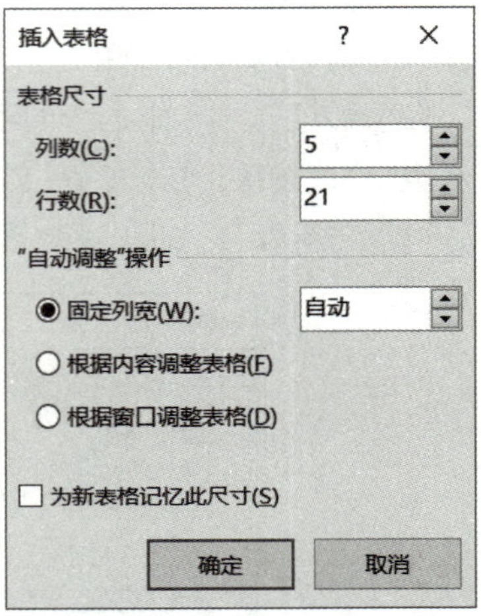


图 3-33　插入表格

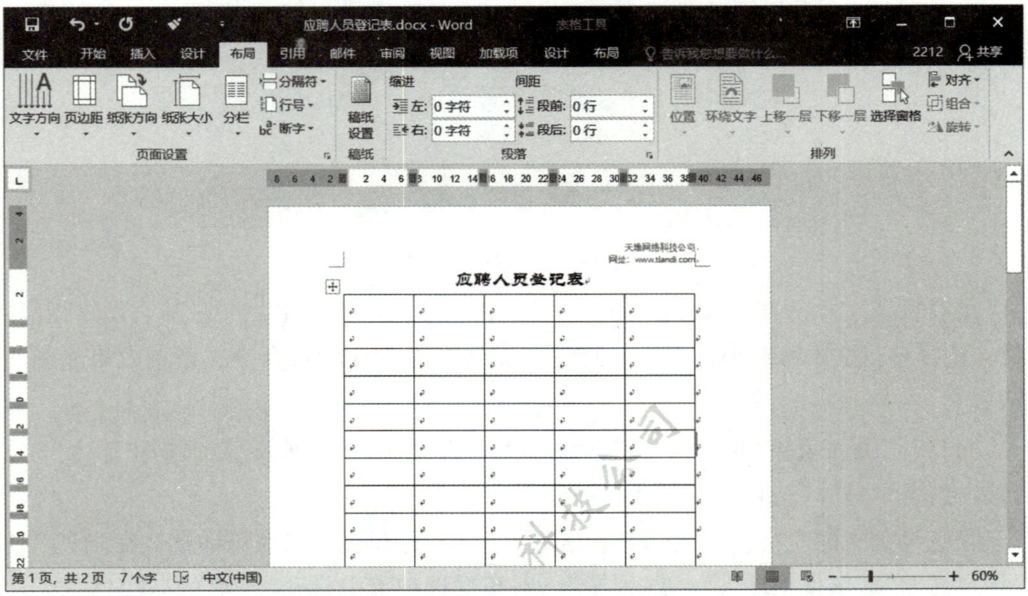


图 3-34　插入表格

(5)选择需要拆分的单元格，单击“表格工具”中“布局”选项卡下“拆分单元格”命令，或右单击鼠标，在弹出的快捷菜单中单击“拆分单元格”命令拆分单元格，如图 3-35 所示。

(6)选择需要合并的单元格，单击“表格工具”中“布局”选项卡下“合并单元格”命令，或右单击鼠标，在弹出的快捷菜单中单击“合并单元格”命令合并单元格，如图 3-36 所示。

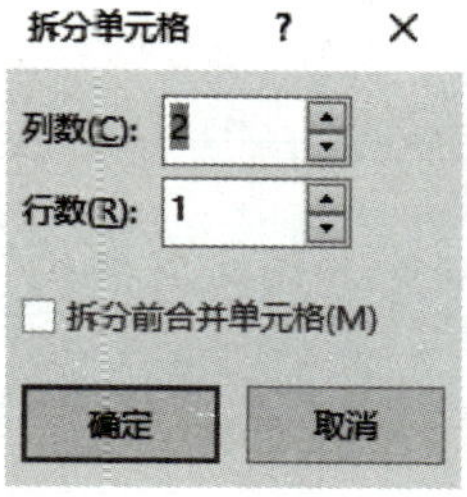


图 3-35　拆分单元格

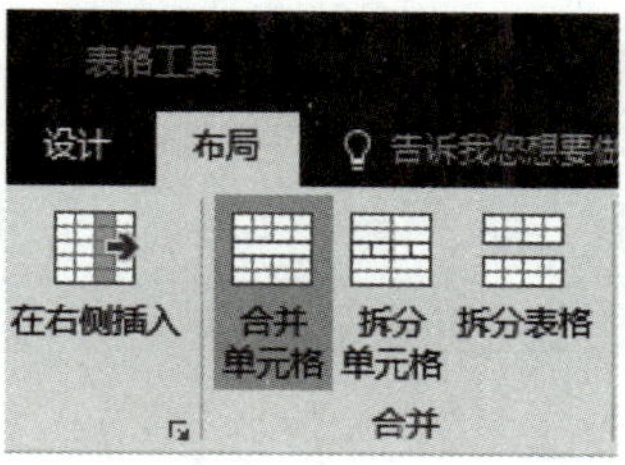


图 3-36　合并单元格

(7)调整单元格大小，在表格中输入相应的文本以及对齐方式，最终效果如图 3-37 所示。

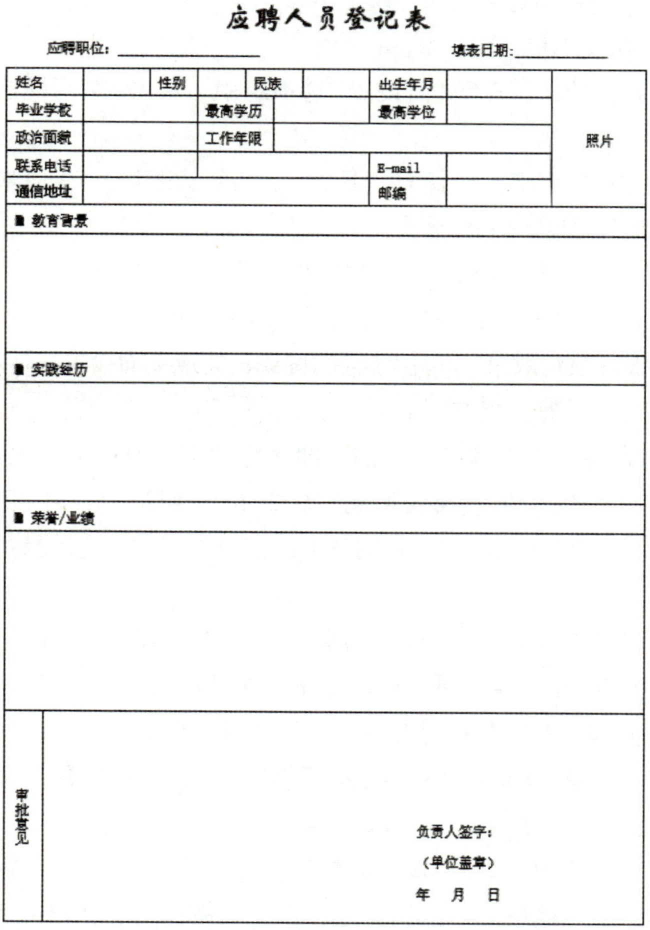

应聘人员登记表

应聘职位：______　　填表日期：______

| | | | | | | | |
|---|---|---|---|---|---|---|---|
| 姓名 | | 性别 | | 民族 | 出生年月 | | 照片 |
| 毕业学校 | | 最高学历 | | | 最高学位 | | |
| 政治面貌 | | 工作年限 | | | | | |
| 联系电话 | | | | | E-mail | | |
| 通信地址 | | | | | 邮编 | | |
| ■ 教育背景 | | | | | | | |
| | | | | | | | |
| ■ 实践经历 | | | | | | | |
| | | | | | | | |
| ■ 荣誉/业绩 | | | | | | | |
| | | | | | | | |
| 审批意见 | 负责人签字：<br>（单位盖章）<br>年　月　日 | | | | | | |

图 3-37　最终效果

# 任务六 科技小报编排

## 任务要求

学习和掌握能使用艺术字、形状、图片、文本框进行图文混排编辑；能插入文件并对文档进行分栏、首字下沉设置等。

## 任务实施

操作 1：设置页面。

电子小报的编排前提是进行版面设计，不同的纸张、不同的页边距，打印出来的效果是不同的。电子小报的页面设置操作步骤如下：

(1)创建“电子科技小报 .docx”Word 文档。

(2)选择“布局”选项卡，在“页面设置”选项组中，单击“对话框启动器”按钮，打开“页面设置”对话框。

(3)选择“页边距”选项卡，设置上、下、左、右页边距均为“3 厘米”；“纸张方向”选项区域中选择“纵向”，如图 3-38 所示。

(4)选择“纸张”选项卡，设置纸张大小和来源。在“纸张大小”下拉列表框中选择“A4”，在“纸张来源”列表框中选择“默认”，如图 3-39 所示。

(5)设置后可查看预览效果，单击“确定”按钮，完成页面设置。

操作 2：设置页眉页脚。

页眉、页脚是在每一页顶部和底部加入的注释性文字或图形。页码是最简单的页眉或页脚。本任务中页眉内容为“《科技博览》2022 年 12 期”，页脚内容为“页码，数字居中”。页眉和页脚只能在“页面视图”和“打印预览”方式下看见。设置页眉页脚的操作步骤如下：

(1)选择“插入”选项卡，在“页眉和页脚”选项组中单击“页眉”(或“页脚”)下拉按钮，在弹出的下拉列表中选择“编辑页眉”(或“编辑页脚”)，文档中原来的内容呈灰色显示，同时，显示页眉和页脚工具“设计”选项卡，如图 3-40 所示。

(2)在“页眉”编辑窗口中输入“《科技博览》2022 年 12 期”内容，选中输入内容，将字体设置为“宋体、小五、居中对齐”，如图 3-41 所示。

(3)在“导航”选项组中，单击“转至页脚”按钮，切换到“页脚”编辑区。

(4)在“页眉和页脚”选项组中，单击“页码”下拉按钮，在弹出的下拉菜单中选择“设置页码格式”命令，打开“页码格式”对话框。

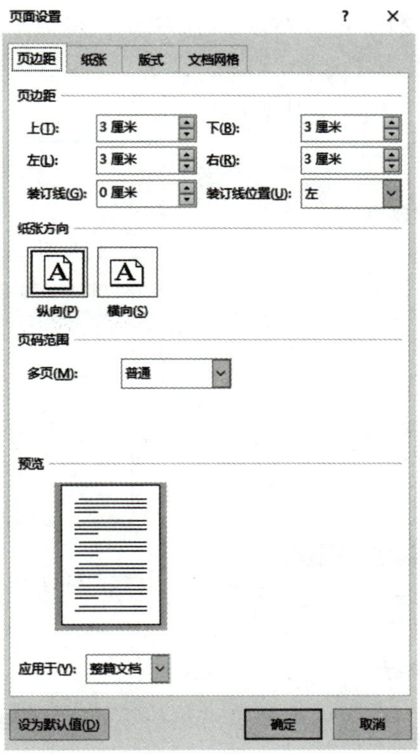


图 3-38　页边距设置

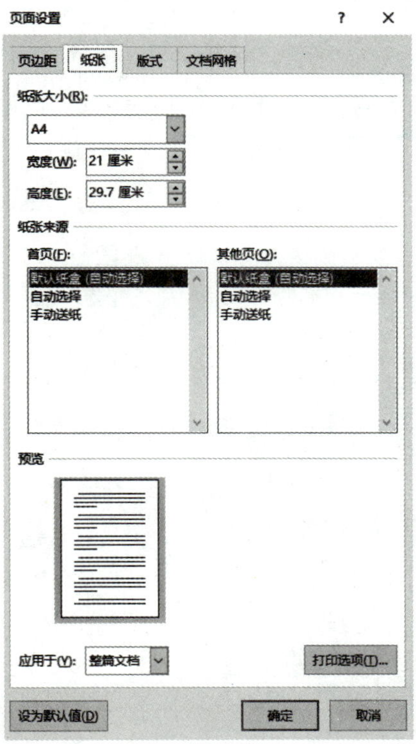


图 3-39　纸张设置

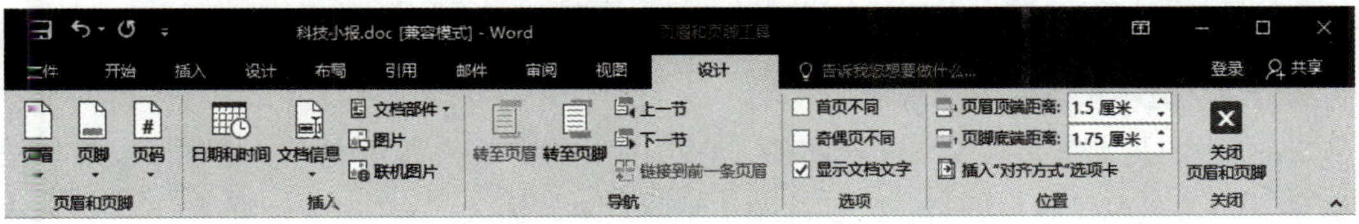


图 3-40　页眉和页脚工具“设计”选项卡

图 3-41　编辑页眉

(5)在“编号格式”下拉列表框中选择“-1-，-2-，-3-，…”类型，在“页码编号”选项组选择“起始页码”单选按钮，在数值框中选择“-1-”，如图 3-42 所示。单击“确定”按钮，完成页码格式设置。

(6)在“页眉和页脚”选项组中，单击“页码”→“页面底端”→“普通数字 2”，完成页码插入。

(7)单击“关闭页眉和页脚”按钮或双击文档编辑区，完成设置并返回文档编辑区。

操作 3：页面边框设置。

选择“开始”选项卡，在“段落”选项组中单击“边框”右侧的下拉按钮，在弹出的下拉列表中选择“边框和底纹”，打开“边框和底纹”对话框，选择“页面边框”选项卡，在“设置”列表中选择“阴影”类型，在“颜色”下拉列表框中选择“红色”，在“宽度”下拉列表框中选择“1.5 磅”，如图 3-43 所示。单击“确定”按钮，完成页面边框设置。

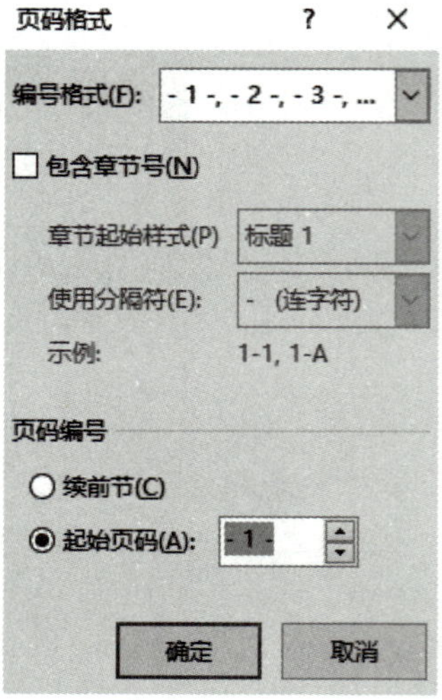


图 3-42　页码格式设置

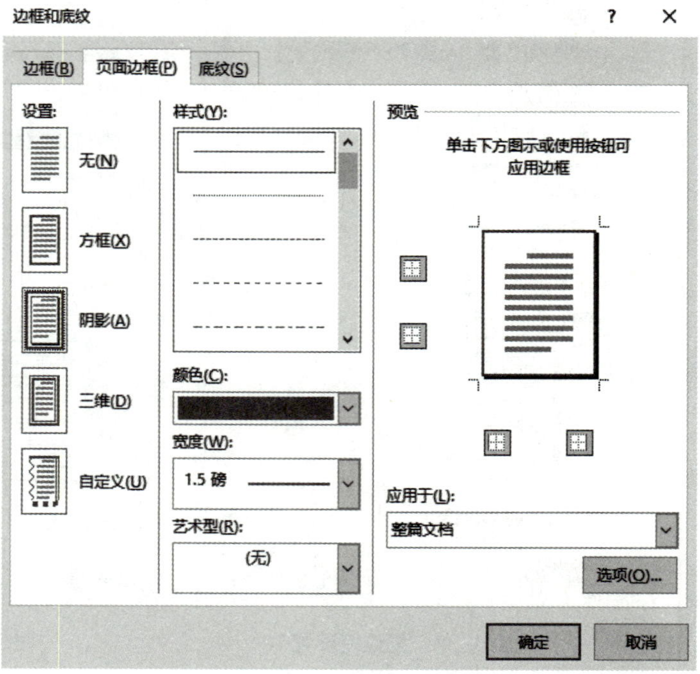


图 3-43　页面边框设置

操作 4：艺术字的插入与编辑。

Word 中的艺术字是一种特殊的图形，它以图形的方式来展示文字，增强了文字的表现效果。报头是电子报的题目，起到画龙点睛的效果。插入艺术字操作步骤如下：

(1)将光标移到页面编辑区，选择“插入”选项卡，在“文本”选项组中单击“艺术字”按钮，在下拉列表中选择“填充-黑色，文本 1，轮廓-背景 1，清晰阴影-背景 1”，如图 3-44 所示。同时，显示绘图工具“格式”选项卡，可以在该选项卡的功能区中设置艺术字形状、样式。

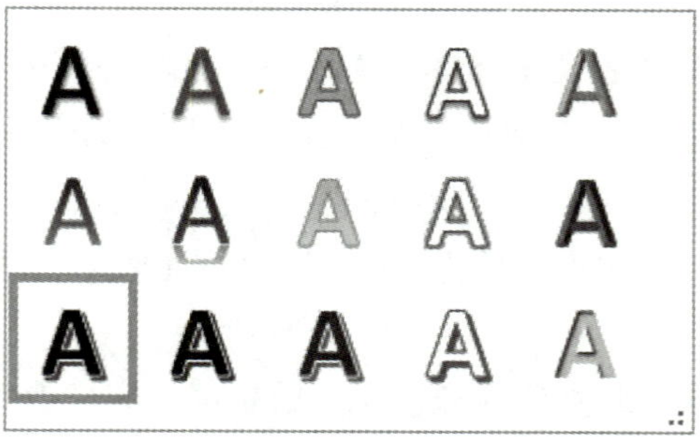

图 3-44　插入艺术字

(2)在当前光标处显示艺术字输入提示框，输入“网格技术”，字体格式设置为“黑体、36 磅”。

(3)设置文本效果格式。设置艺术字文本填充色为“红色”，文本边框为“1.5 磅实线”，文本效果为“山形”。

(4)在“排列”选项组中，单击“环绕文字”下拉按钮，在弹出的下拉菜单中选择“嵌入型”选项，将艺术字环绕方式设置成嵌入型，并将“网格技术”艺术字段落对齐方式设置为“居中”对齐。

操作 5：插入文件。

编辑文档内容，将收集到的文字素材插入到“电子科技小报”文档中，操作步骤如下：

(1)按下“Enter”键，将光标定位在第二行，选择“插入”选项卡，在“文本”选项组中，单击“对象”右侧的箭头按钮，从下拉菜单中选择“文件中的文字”选项，打开“插入文件”窗口。

(2)选中需要插入的文件，单击“插入”按钮，如图 3-45 所示。即可将文件中的内容插入当前文档光标处。

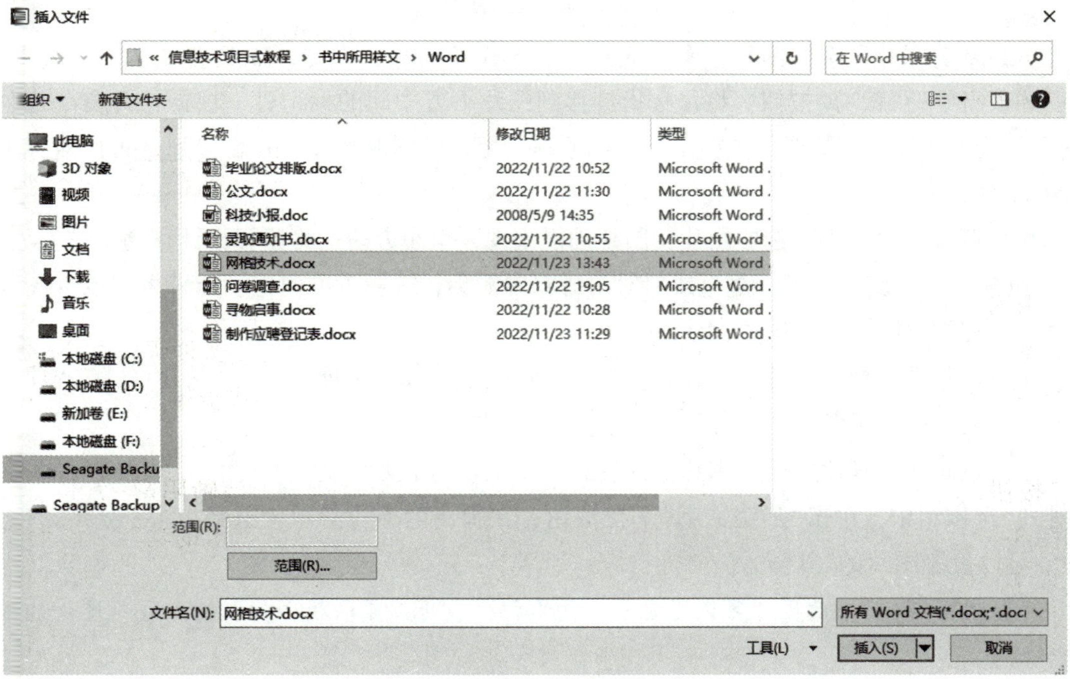


图 3-45　插入文件

(3)选中插入的文字内容，将字体格式设置为“宋体、四号、1.5 倍行距、首行缩进 2 字符”。

操作 6：图片的插入与编辑。

(1)插入图片。将光标移到要插入图片的位置，选择“插入”选项卡，在“插图”选项组中单击“图片”按钮，打开“插入图片”对话框。选择图片所在文件夹，在“文件名”下拉列表框中输入“网格技术”或者直接选中该文件，如图 3-46 所示。单击“插入”按钮，完成图片的插入。

图 3-46 插入图片

(2)裁剪图片。选中图片，图片周围出现 8 个小方块，在图片工具功能区，单击“大小”选项组中的“裁剪”按钮，将鼠标指针移到图片下方中间的标记处，根据指针方向拖动鼠标，裁去图片中不需要的空白部分。如果拖动鼠标的同时按住 Ctrl 键，那么可以对称地裁去图片。

(3)调整图片大小。选中图片，图片周围出现 8 个小方块，将鼠标指针移到小方块处，此时鼠标指针会变成水平、垂直或斜对角的双向箭头，按箭头方向拖动指针可以改变图片水平、垂直或斜对角方向的大小尺寸。

(4)调整图片样式。选中图片，选择“图片工具-格式”选项卡，在“图片样式”选项组中选择“柔化边缘矩形”，将图片边缘进行柔化设置。

(5)设置图片环绕方式。图片插入后，环绕文字方式默认为“嵌入型”。选中图片，在“排列”选项组中，单击“环绕文字”下拉按钮，在弹出的下拉菜单中选择“紧密型环绕”选项，可以设置图片的环绕方式。

**【能力拓展】**插入的图片可以是磁盘上的图片，也可以是联机图片，插入联机图片的操作步骤如下：

(1)将光标移到要插入联机图片的位置。

(2)选择“插入”选项卡，在“插图”选项组中单击“联机图片”按钮，出现“插入图片”对话框。

(3)在“必应图片搜索”文本框中输入所需图片的关键字，如“花卉”。

(4)单击“搜索”按钮，出现符合要求的图片，如图 3-47 所示。用户也可对搜索图片的“尺寸”“类型”“颜色”和“授权”等进行设置，对搜索到的图片进行精细化查找。

(5)选择图片，单击“插入”按钮，即可插入联机图片。

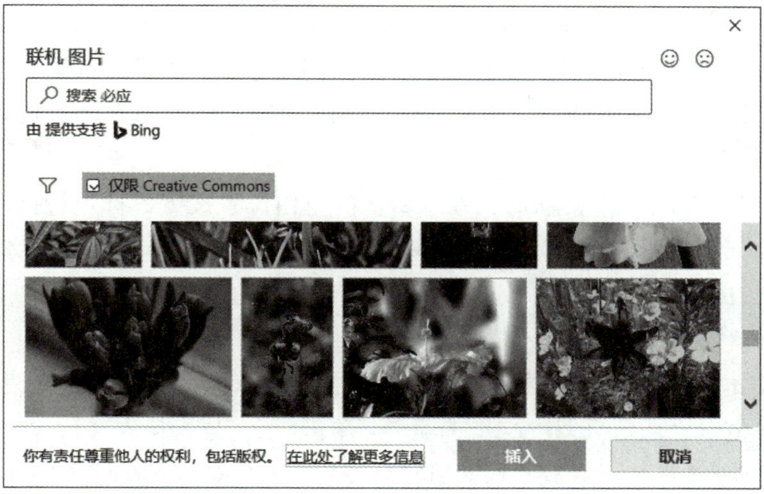


图 3-47　联机图片

操作 7：分栏设置。

分栏使得版面显得生动、活泼，增强可读性。分栏设置操作步骤如下：

(1)选中第二段文本，选择“布局”选项卡，在“页面设置”选项组中，单击“分栏”下拉按钮，在弹出的下拉菜单中选择“更多分栏”选项，打开“分栏”对话框。

(2)在“预设”选项组中选择“两栏”格式，也可在“栏数”数值框中输入分栏数；在“宽度和间距”选项组设置栏宽和间距，如图 3-48 所示。

(3)选中“栏宽相等”复选框，则各栏宽度相等。

(4)选中“分隔线”复选框，在各栏之间加一分隔线。

(5)在“应用于”下拉列表框中选择“所选文字”，单击“确定”按钮，完成“分栏”设置。

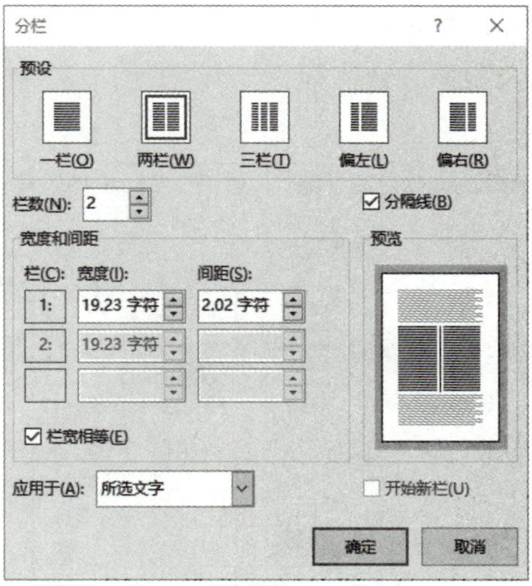


图 3-48　分栏设置

操作 8：首字下沉设置。

首字下沉可使文章醒目。设置第三段落、第一个汉字首字下沉 2 行，操作步骤如下：

(1)将光标移到第二段落的任意处。

(2)选择“插入”选项卡，在“文本”选项组中，单击“首字下沉”下拉按钮，在弹出的下拉菜单中选择“首字下沉”选项，打开“首字下沉”对话框。

(3)在“位置”选项区域中选择“下沉”。

(4)在“字体”下拉列表中选择“华文行楷”，在“下沉行数”数值框中填入“2”，如图 3-49 所示。

(5)单击“确定”按钮，完成“首字下沉”设置。

操作 9：文本框的插入与编辑。

(1) 选择“插入”选项卡，在“文本”选项组中，单击“文本框”下拉按钮，在弹出的下拉菜单中选择“绘制文本框”选项。同时，显示绘图工具“格式”选项卡，可以在该选项卡中设置文本框形状、样式。

(2) 当鼠标指针变成“+”形状时，在编辑区的空白位置按下鼠标左键拖动，拖出一个文本框，将光标定位到文本框中，输入相应内容，本例中文字体设置为“宋体、四号”，西文字体设置为“Times New Roman、四号”，段落格式为“左侧缩进 10 字符，1.5 倍行距”，然后根据内容调整文本框的大小。

(3) 设置文本框格式。在“形状样式”选项组中单击“对话框启动器”按钮，打开“设置形状格式”任务窗格。选择“形状选项”选项卡，单击“填充与线条”按钮，在“填充”选项组中选择“无填充”单选按钮，完成文本框填充色设置。在“线条”选项组中选择“实线”单选按钮，在“颜色”下拉列表框中选择“橙色”，在“宽度”数值框中输入“1.75 磅”，在“短划线类型”下拉列表框中选择“圆点”，完成文本框线条设置，如图 3-50 所示。

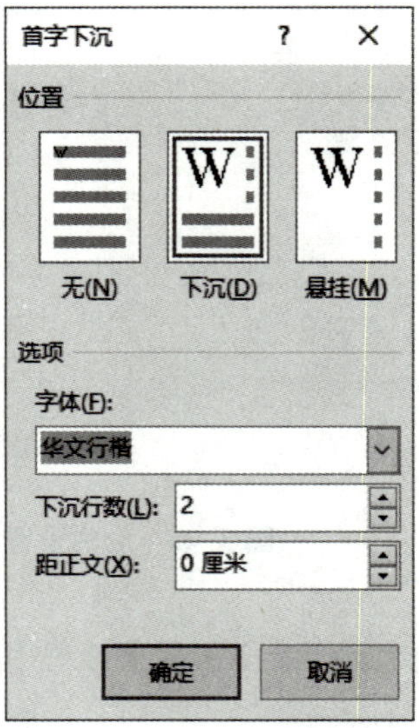


图 3-49 首字下沉设置

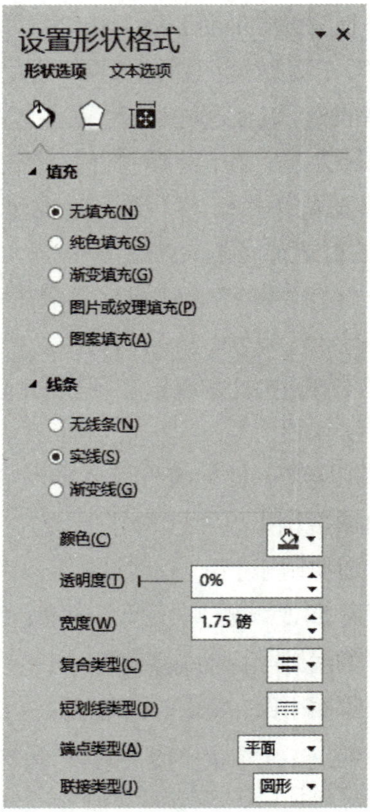


图 3-50 设置文本框格式

(4) 设置文本框大小。在“大小”选项组中，“高度”数值框中输入“5.8 厘米”，“宽度”数值框中输入“14.5 厘米”。

(5) 设置文本框环绕方式。在“排列”选项组中，单击“环绕文字”按钮，在下拉菜单中选择“嵌入型”选项，设置段落对齐方式为“居中”显示。

(6)插入“计算领域”艺术字，设置“计算领域”艺术字字体为“黑体、22 磅”，艺术字外观样式为“填充-白色，轮廓-着色 2，清晰阴影-着色 2”(第 3 行第 4 列)样式，文字方向为“垂直”，文本填充颜色为“黑色，文字 1”，文本轮廓为“0.75 磅实线”，文本效果为“映像”中“映像变体”下的“紧密映像，接触”，环绕文字方式为“浮于文字上方”。调整艺术字到合适位置。

操作 10：形状的插入与编辑。

(1)选择“插入”选项卡，在“插图”选项组中，单击“形状”下拉按钮，在弹出的下拉菜单中选择“星与旗帜”→“横卷形”选项。

(2)将鼠标指针移动到文档编辑区要画图形的起始位置，按住鼠标左键进行拖动，直到终点位置松开左键，即可绘制“横卷形”图形。横卷形框内默认有填充色，在“形状样式”选项组中，单击“形状填充”下拉按钮，在下拉菜单中选择“无填充颜色”选项。

(3)调整图形宽度大小到合适尺寸。

(4)选中“横卷形”形状，在选区中单击右键，弹出快捷菜单，在快捷菜单中选择“设置形状格式”菜单命令，在“设置形状格式”任务窗格中，单击“填充与线条”按钮，在“线条”选项区域，将线条设置为“橙色(RGB(255，102，0))、2.25 磅、方点虚线”。将图形的环绕文字方式设置为“嵌入型”。

(5)将鼠标指针移到图形边框处，单击鼠标右键，弹出快捷菜单，如图 3-51 所示。单击快捷菜单中的“添加文字”命令，此时将光标移到图形内部。在光标之后输入文字，文字格式设置为“楷体、三号、黑色、文字 1、1.5 倍行距”。

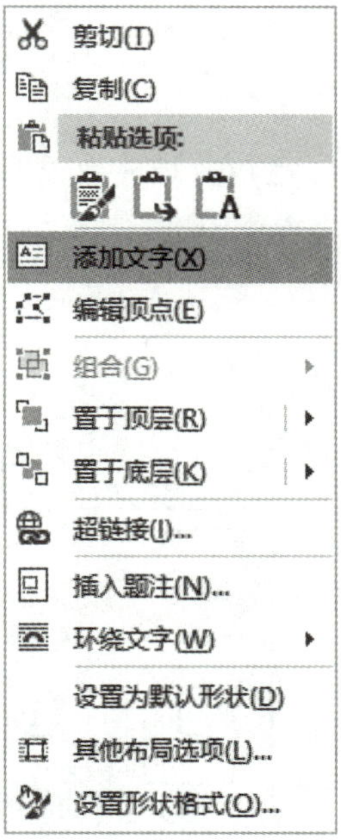

图 3-51 添加文字

操作 11：拼音指南。

给文本加拼音操作步骤如下：

(1)选中“网格作为一种能带来……”文本，选择“开始”选项卡，在“字体”选项组中单击“拼音指南”按钮，打开“拼音指南”对话框，如图 3-52 所示。

(2)单击“确定”按钮，完成“拼音指南”设置。

操作 12：带圈字符。

(1)选中“技术”文字，选择“开始”选项卡，在“字体”选项组中单击“带圈字符”按钮，打开“带圈字符”对话框，如图 3-53 所示。

(2)在“样式”选项区域，选择“增大圈号”选项；在“圈号”列表框中选择“圆形”选项。

(3)单击“确定”按钮，完成“带圈字符”设置。

操作 13：页面背景添加。

(1)选择“设计”选项卡，在“页面背景”选项组中，单击“页面颜色”下拉按钮，在弹出的下拉菜单中选择“填充效果”命令，打开“填充效果”对话框。

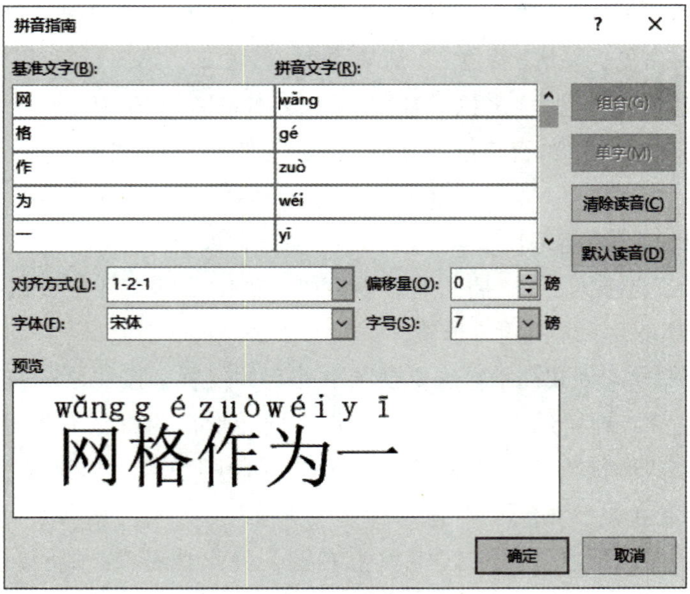


图 3-52 “拼音指南”对话框

（2）在“填充效果”对话框中选择“图片”选项卡，单击“选择图片”按钮，如图 3-54 所示，弹出“插入图片”对话框。

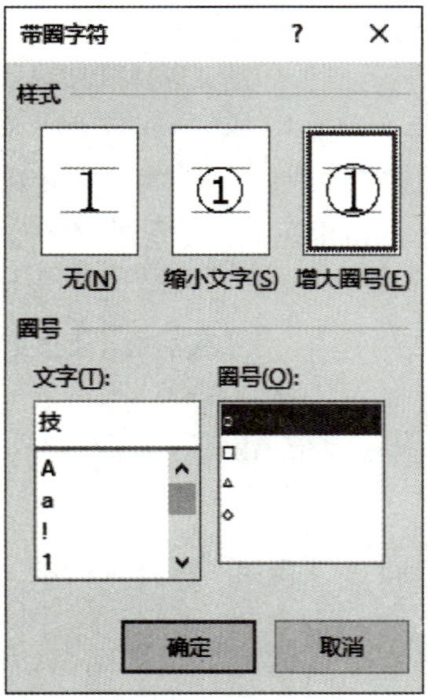


图 3-53 “带圈字符”对话框

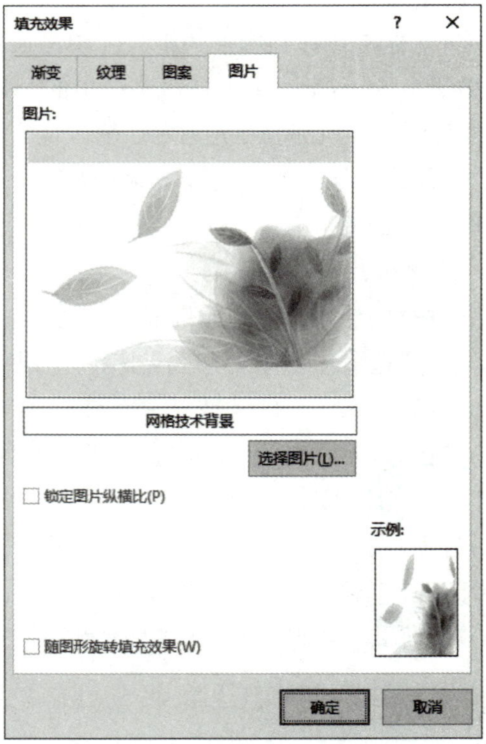


图 3-54 “插入图片”对话框

(3)在“插入图片”对话框中，选择“从文件浏览”选项，打开“选择文件”对话框。

(4)在“选择文件”对话框中，选择要设置填充背景的图片，单击“确定”按钮，完成页面背景的设置。

科技小报最终效果如图 3-55 所示。

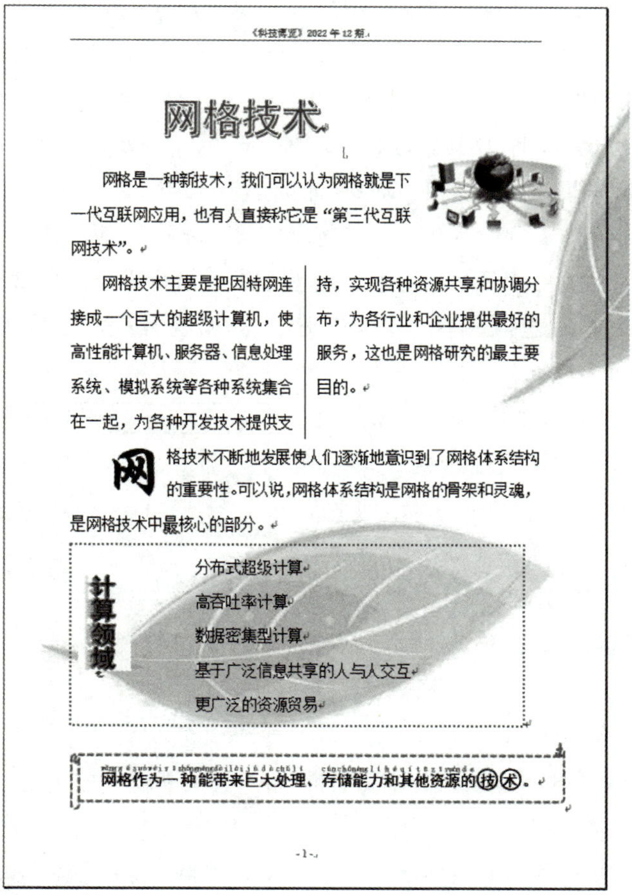
《科技博览》2022 年 12 期

网格技术

网格是一种新技术，我们可以认为网格就是下一代互联网应用，也有人直接称它是“第三代互联网技术”。

网格技术主要是把因特网连接成一个巨大的超级计算机，使高性能计算机、服务器、信息处理系统、模拟系统等各种系统集合在一起，为各种开发技术提供支持，实现各种资源共享和协调分布，为各行业和企业提供最好的服务，这也是网格研究的最主要目的。

网格技术不断地发展使人们逐渐地意识到了网格体系结构的重要性。可以说，网格体系结构是网格的骨架和灵魂，是网格技术中最核心的部分。

计算领域

分布式超级计算

高吞吐率计算

数据密集型计算

基于广泛信息共享的人与人交互

更广泛的资源贸易

网格作为一种能带来巨大处理、存储能力和其他资源的技术。

-1-

图 3-55　科技小报最终效果

## 任务七　毕业论文编排

### 任务要求

学习和掌握使用 Word 2016 进行长文档的排版，会合理插入页眉和页脚，会自动生成目录。

## 任务实施

操作 1：页面设置。

(1)打开“毕业论文 . docx”Word 文档。

(2)进行页面设置，设置纸张大小为“A4、纵向”；上、左页边距均为“2.5 厘米”；下、右页边距均为“2 厘米”。

操作 2：封面设计。

(1)将光标定位“秦州理工大学”前，按“Enter”键，将光标下移 5 行，将“秦州理工大学”格式设置为“黑体、小一、加粗、居中”。

(2)将光标定位到“毕业设计(论文)”前，按“Enter”键，将光标下移 1 行，将“毕业设计(论文)”格式设置文字为“宋体、小初、加粗、1.5 倍行距、段前 2 行”。

(3)将论文中文标题设置为“黑体、小二、加粗”，英文标题设置为“Times New Roman、五号、段前 0.5 行”。

(4)将光标定位到“申请人”前，按“Enter”键，将光标下移 5 行选定，“申请人……毕业时间”5 行，单击“插入”选项卡中“表格”功能区“表格”命令，在弹出的下拉菜单中的“文本转换成表格”命令，在弹出的对话框中进行相关设置，如图 3-56 所示，表格格式设置为居中，并适当调整表格列宽，框线设置为无。

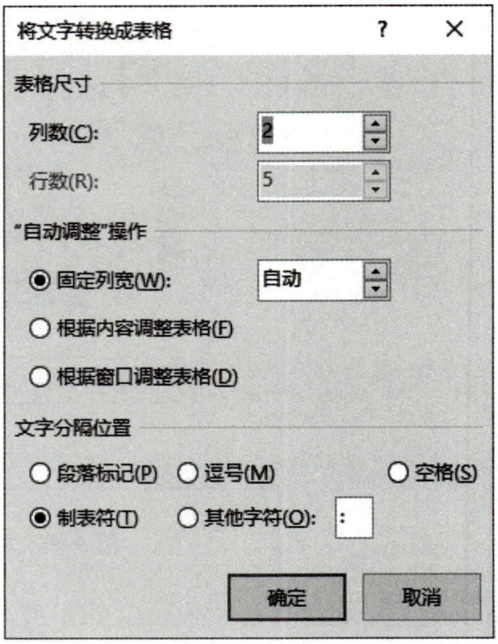


图 3-56　插入表格

(5)将第 1 列文字的格式设置为“黑体、小三、分散对齐”；将第 2 列文字的格式设置为“仿宋、小三”，单元格加下边框线。

所设计的封面最终效果如图 3-57 所示。

操作 3：插入分节/分页符。

(1)将光标定位在“摘要”前，选择“页面设置”选项卡，在“页面设置”选项组中，单击“分隔符”按钮，在下拉菜单中选择“分节符/下一页”，完成第一个分节符的插入。用类似方法在“第 1 章”前插入一个“分节符”。

(2)将光标定位在“目录”前，选择“页面设置”选项卡，在“页面设置”选项组中，单击“分隔符”按钮，在下拉菜单中选择“分页符”，也可以按组合键“Ctrl+Enter”，完成分页设置。用类似方法在“第 2 章”前插入一个“分页符”。

**【能力拓展】**1. 分节

节是文档的基本单位，分节符是为表示“节”结束而插入的标记。在 Word 2016 中，一个文档可以分为多个节，每节都可以根据需要设置各自的格式，而不影响其他节的文档格式设置。在 Word 2016 中可以以节为单位设置页眉页脚、段落编号或页码等内容。

2. 分页

Word 2016 具有自动分页的功能，当输入的文本或插入的图形满一页时，Word 2016 会自动分页。有时为了将文档的某一部分内容单独形成一页，可以插入分页符进行人工分页。如本任务中目录和摘要需要单独设置一页，可在中文摘要内容后插入一个“分页符”，以保证目录和中文摘要在同一节不同页中。

**秦州理工大学**

**毕业（设计）论文**

**基于 RFID 技术的产品防伪应用系统的设计与实现**

The Design and Realization of Product Anti-Counterfeit Application System Based on RFID Technology

| | |
|---|---|
| 申　请　人： | ××× |
| 指导教师： | ××× |
| 专业名称： | 计算机网络技术 |
| 研究方向： | 物联网应用 |
| 毕业时间： | 二零二二年七月 |

图 3-57　封面最终效果

操作 4：设置页眉页脚。

(1) 设置第 2 节页眉页脚。

①将光标定位于第 2 节中。

②选择“插入”选项卡，在“页眉和页脚”选项组中，单击“页脚”下拉按钮，在弹出的下拉菜单中选择“编辑页脚”选项。

③在“导航”选项组中，单击“链接到前一条页眉”按钮，取消页脚右侧的“与上一节相同”显示，断开第 2 节与第 1 节页脚的链接。

④在“页眉和页脚”选项组中，单击“页码”下拉按钮，在弹出的下拉菜单中选择“设置页码格式”，打开“页码格式”对话框。

⑤在“编号格式”下拉列表框中选择需要的数字类型，在“页码编号”选项组中选择“起始页码”单选按钮，在数值框中选择“I”，如图 3-58 所示。单击“确定”按钮，完成页码格式的设置。

⑥在“页眉和页脚”选项组中，单击“页码”→“页面底端”→“普通数字 2”，完成页码插入。

⑦单击“关闭页眉和页脚”按钮或双击文档编辑区，完成设置并返回文档编辑区。

(2)设置第 3 节页眉页脚。

第 3 节页眉页脚要求奇数页页眉显示论文题目名、偶数页页眉显示“秦州理工大学毕业设计(论文)”，页脚显示页码，编号为“- 1 -、- 2 -、- 3 -…”。设置方法类似，操作步骤如下：

①将光标定位于第 3 节首个奇数页。

②选择“插入”选项卡，在“页眉和页脚”选项组中，单击“页眉”下拉按钮，在弹出的下拉菜单中选择“编辑页眉”选项，切换到页眉编辑状态。

③在“选项”选项组中，选中“奇偶页不同”复选框，完成“奇偶页不同”设置。

④在“导航”选项组中，单击“链接到前一条页眉”按钮，取消页脚右侧的“与上一节相同”显示，断开第 3 节与第 2 节页眉链接。

⑤输入“基于 RFID 技术的产品防伪应用系统的设计与实现”页眉内容，字体格式设置为“宋体、小五、居中”，完成奇数页页眉设置。

⑥将光标移到偶数页页眉位置，断开第 3 节与第 2 节页眉链接。

⑦输入“秦州理工大学毕业设计(论文)”页眉内容，字体格式设置为“宋体、小五、居中”，完成偶数页页眉设置。

⑧将光标移到奇数页页眉位置，切换到页脚状态，断开第 3 节与第 2 节页脚链接，设置页码格式，如“-1-、-2-、-3-…”类型，并插入居中页码。

⑨将光标移到偶数页页脚位置，重复上述方法可设置第偶数页页脚。至此，文章中不同节的页眉页脚设置完毕。

操作 5：设置样式和格式。

(1)创建样式。以“一级标题”为例创建新样式，操作步骤如下：

①打开文档“毕业论文 . docx”，将插入点置于论文结尾。

②选择“开始”选项卡，在“样式”选项组中，单击“对话框启动器”按钮，打开“样式”任务窗格，如图 3-59 所示。

③单击该任务窗格左下角的“新建样式”按钮，打开“新建样式”对话框。

④在“名称”文本框中输入相应的样式名称，如“一级标题”，在“样式类型”下拉列表框中选择“段落”，在样式基准下拉列表框中选择“标题 1”。

⑤依次选择对话框左下角“格式”中的“字体”和“段落”选项，按要求设置字体格式为“黑体、三号、居中”，段落格式为“1. 25 倍行距，段前、段后 20 磅”。

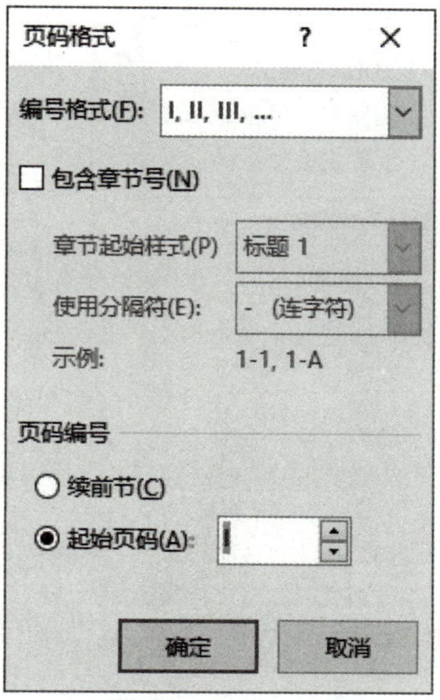


图 3-58　页码格式的设置

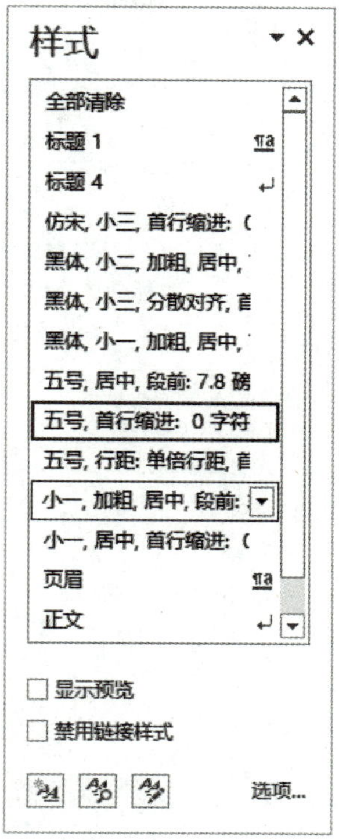


图 3-59　“样式”任务窗格

⑥单击“确定”按钮，完成“一级标题”样式设置。重复上述步骤设置二级、三级标题的样式。“二级标题”样式设置为“宋体，四号、加粗、左对齐；多倍行距 1.25，段前、段后 13 磅”，“三级标题”样式设置为“宋体，小四号、加粗、左对齐；多倍行距 1.25，段前、段后 13 磅”。

2)应用样式。新建样式设置完成后，就可以应用这些样式了，以“一级标题”样式应用为例，操作步骤如下：

①将插入点置于“第 1 章”所在的行中。

②打开“样式”任务窗格。

③选择“样式”列表框中“一级标题”选项，完成一级标题样式设置。

④毕业论文中二级、三级标题的样式应用同一级标题。

**【能力拓展】**样式是字体、字号和缩进等格式设置特性的组合，常用在文档重复使用的固定格式中。当修改一个样式的同时，文档中应用此样式的部分也会随之改变。

操作 6：自动生成目录。

(1)生成目录。

①将光标定位于第 2 节的首页，“目录”格式设置为“黑体、16 磅、单倍行距”，换行后插入目录。选择“引用”选项卡，在“目录”选项组中，单击“目录”下拉按钮，在弹出的下拉菜单中选择“自定义目录”选项，打开“目录”对话框。

②选择“目录”选项卡，显示当前文档中设置的样式、级别等，如图 3-60 所示。

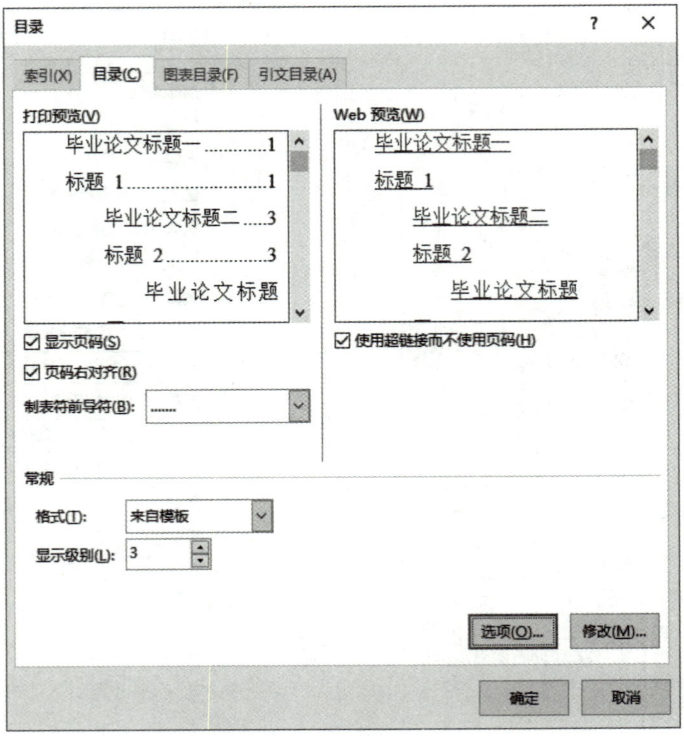


图 3-60　插入目录

③由于使用自定义的三级标题样式，故单击“选项”按钮，弹出“目录选项”对话框。对于“目录级别”下方文本框中的数字，除“毕业论文一级标题”“毕业论文二级标题”“毕业论文三级标题”保留外，其余全部删除，如图 3-61 所示。

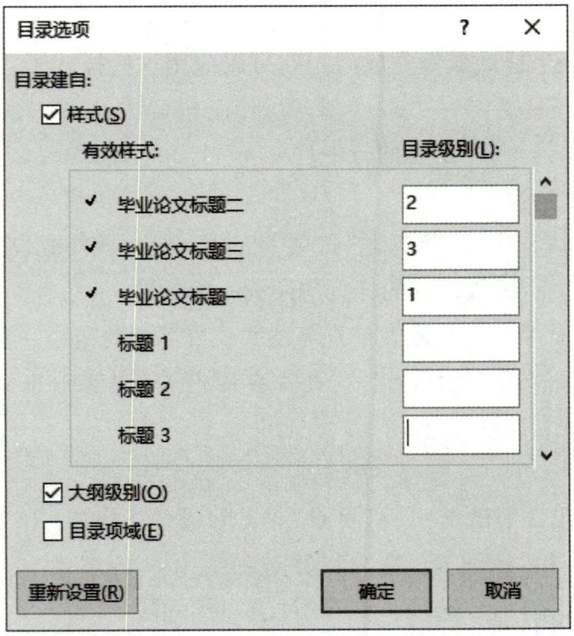


图 3-61　“目录选项”对话框

④单击“确定”按钮，返回到“目录”对话框。

⑤预览正常后单击“确定”按钮，利用样式自动生成论文目录，最终效果如图 3-62 所示。

**目　录**



III

图 3-62　“目录”效果

(2)修改目录样式。

①将光标定于目录的任意位置。

②选择“引用”选项卡，在“目录”选项组中，单击“目录”下拉按钮，在弹出的下拉菜单中选择“插入目录”选项，打开“目录”对话框。在“格式”框中选择“来自模板”。

③单击“修改”按钮，打开“样式”对话框，如图 3-63 所示。

④在“样式”框中选择“目录 1”，单击“修改”按钮，按要求进行相应的修改，再用相同的方法修改目录 2 和目录 3。

⑤连续单击“确定”按钮，依次退出“修改样式”“样式”“目录”对话框后，弹出“Microsoft Word”消息框，如图 3-64 所示。提示“要替换此目录吗?”，单击“确定”按钮，替换掉原有目录。

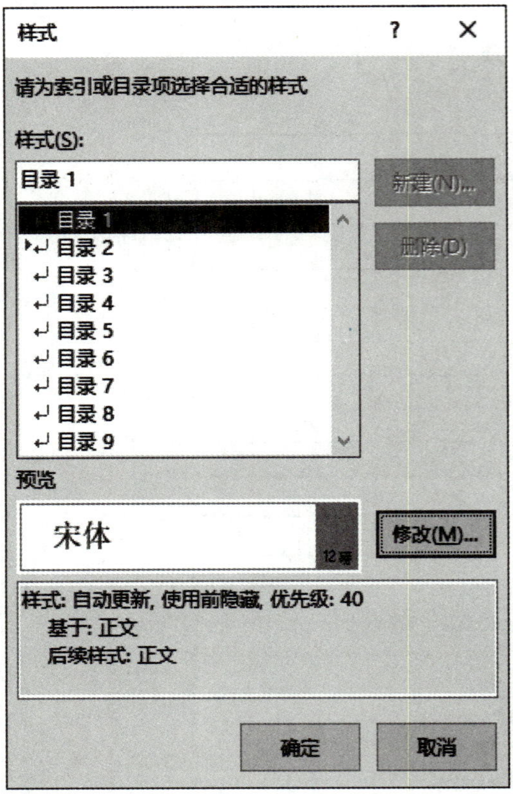


图 3-63　“样式”对话框

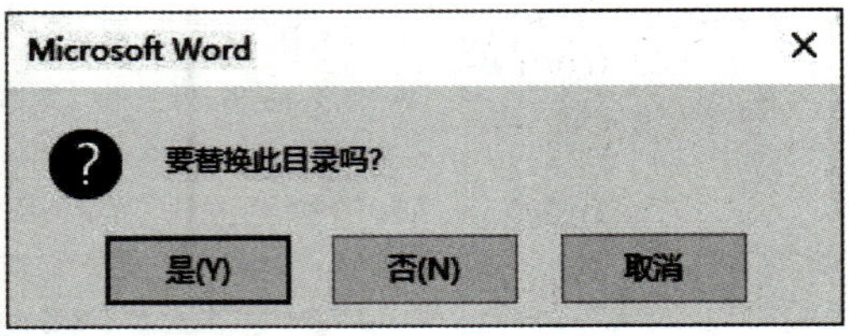


图 3-64　替换此目录

操作 7：编辑脚注和尾注。

(1)插入脚注和尾注。

①将光标定位于“致谢”部分“指导教师×××”后，为“×××”添加脚注。

②选择“引用”选项卡，在“脚注”选项组中，单击“插入脚注”按钮，插入点置于文本下端。

③输入脚注内容“×××，男，教授，秦州理工大学信息工程系教师”，完成脚注的插入。尾注的插入与脚注的插入方法相同，在此不再详述。

(2)删除脚注和尾注。

将光标定位于正文中要删除的脚注和尾注前，按下“Delete”键即可实现删除。

**【能力拓展】**脚注和尾注是对文本的补充说明。脚注一般位于页面的底部，可以作为文档某处内容的注释；尾注一般位于文档的末尾，列出引文的出处等。

# 任务八　制作录取通知书

## 任务要求

会使用邮件合并功能批量制作 Word 文档，掌握邮件合并的基本操作，学会宏和域的使用。

【任务提示】“邮件合并”这个名称最初是在批量处理“邮件文档”时提出的。具体来说，就是在邮件文档(主文档)的固定内容中，合并与发送信息相关的一组通信资料(数据源：如 Excel 表、Access 数据表等)，从而批量生成需要的邮件文档，因此大大提高工作的效率。

## 任务实施

操作 1：建立“录取通知书”主文档。

(1)启动 Word 2016，创建“录取通知书 . docx”文档。

(2)设置纸张“信封 C5”，上、下、左、右页边距均为“3 厘米”，方向为“横向”；设置页面边框样式为“深红、双实线”。

(3)输入通知书内容，标题格式设置为“黑体、小初、红色”；正文格式设置为“宋体、三号、加粗”。

(4)“新生入学通知书”主文档设置完成，如图 3-65 所示。

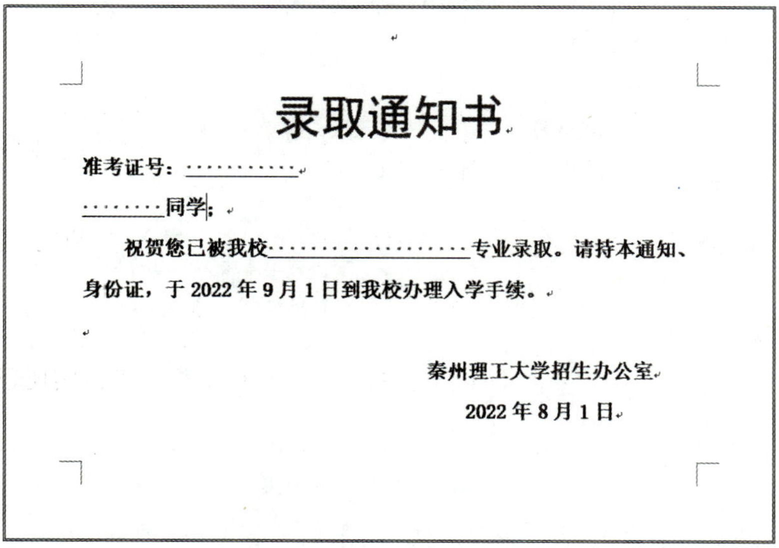

录取通知书

准考证号：…………

………同学：

祝贺您已被我校…………………专业录取。请持本通知、身份证，于 2022 年 9 月 1 日到我校办理入学手续。

秦州理工大学招生办公室

2022 年 8 月 1 日

图 3-65　录取通知书效果

操作 2：制作公章。

(1)单击“插入”选项卡中“插图”功能区中的“形状”按钮，在弹出的下拉菜单中单击“椭圆”，按住“Shift”键画一个“圆”，设置“形状填充”为“无填充颜色”，“形状轮廓”为“3磅、红色，字符宽度 12 字符”。

(2)单击“插入”选项卡中“文本”功能区中“艺术字”按钮，在弹出的下拉菜单中单击“第一行第三列”，在弹出的“文本框”中输入“秦州理工大学”，设置“三号、黑体，文本填充、轮廓填充均为红色”。

(3)选定艺术字，单击“绘图工具栏”下“格式”选项卡中“艺术字样式”功能组中“文本效果”菜单下“转换”，在弹出的菜单中单击“路径跟随”菜单下“圆”，按住“文本框”旋转按钮，逆时针旋转 90°，将艺术字移动到“圆”的合适位置，按住“Shift”键旋转“圆”和“艺术字”，单击“格式”选项卡下“排列”功能组中“组合”，将“圆”和“艺术字”组合。

(4)单击“插入”选项卡中“插图”功能区中的“形状”按钮，在弹出的下拉菜单中单击“星与旗帜”下的“五角星”，画一个大小合适的“五角星”，设置“形状填充”和“形状轮廓”均为“红色”，移动到合适位置，按住“Shift”键选定“五角星”和前面的“组合图形”进行组合。

(5)插入“横向文本框”，输入“招生办公室”，设置文字为“黑体、四号、红色”，文本框为“无形状填充色、无轮廓颜色”，移动到合适位置，与前面的“组合图形”组合。

(6)将“公章”移动到“录取通知书”落款处，“录取通知书”主文档最终效果如图 3-66 所示。

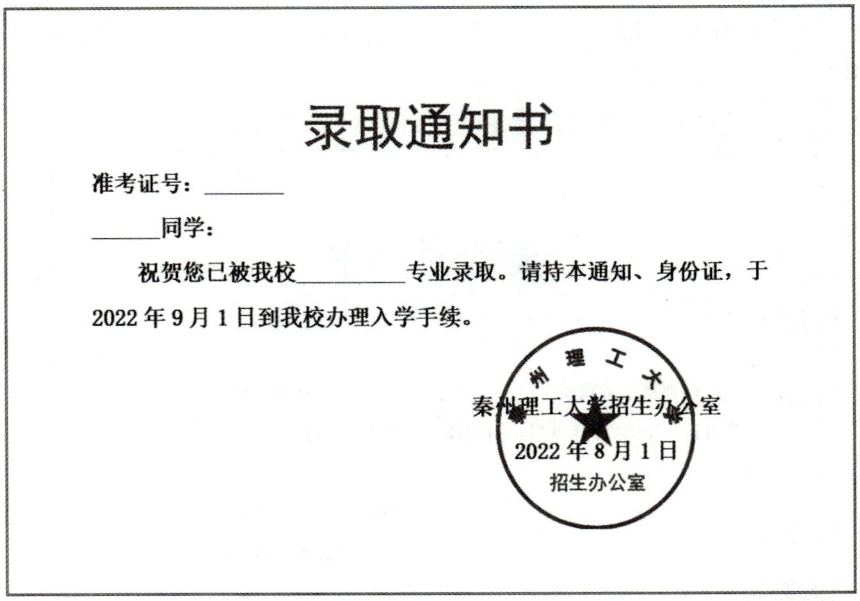

录取通知书

准考证号：_______

______同学：

祝贺您已被我校__________专业录取。请持本通知、身份证，于2022 年 9 月 1 日到我校办理入学手续。

秦州理工大学招生办公室

2022 年 8 月 1 日



图 3-66　主文档最终效果

操作 3：在 Excel 中建立“新生录取信息”数据源，如图 3-67 所示。

操作 4：邮件合并。

(1)在主文档窗口，选择“邮件”选项卡，在“开始邮件合并”选项组中，单击“开始邮件合并”按钮，在下拉列表中选择“邮件合并分步向导”，打开“邮件合并”向导第 1 步窗格，如图 3-68 所示。

(2)单击“下一步：开始文档”，进入“邮件合并”向导第 2 步窗格，如图 3-69 所示。

| 准考证号 | 姓名 | 录取专业 |
|---|---|---|
| 20[redacted]010201 | 蔡腾达 | 计算机应用技术 |
| 20[redacted]010202 | 陈惠娟 | 计算机应用技术 |
| 20[redacted]010203 | 成姚龙 | 计算机应用技术 |
| 20[redacted]010204 | 方兴 | 自动控制 |
| 201[redacted]010205 | 高月利 | 自动控制 |
| 201[redacted]010206 | 古永武 | 自动控制 |
| 201[redacted]010207 | 江金华 | 机械一体化 |
| 201[redacted]010208 | 李广华 | 机械一体化 |
| 201[redacted]010209 | 李鸿华 | 机械一体化 |
| 201[redacted]010210 | 廖芹 | 电子商务 |
| 201[redacted]010211 | 刘升 | 电子商务 |
| 201[redacted]010212 | 刘小翠 | 电子商务 |
| 201[redacted]10213 | 阙海和 | 国际贸易 |
| 201[redacted]10214 | 沈建昆 | 国际贸易 |
| 201[redacted]10215 | 舒礼清 | 国际贸易 |

图 3-67　“新生录取信息”数据源

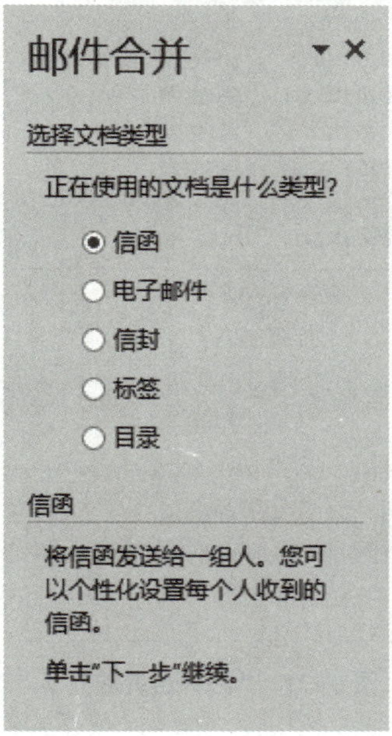


图 3-68　选择文档类型

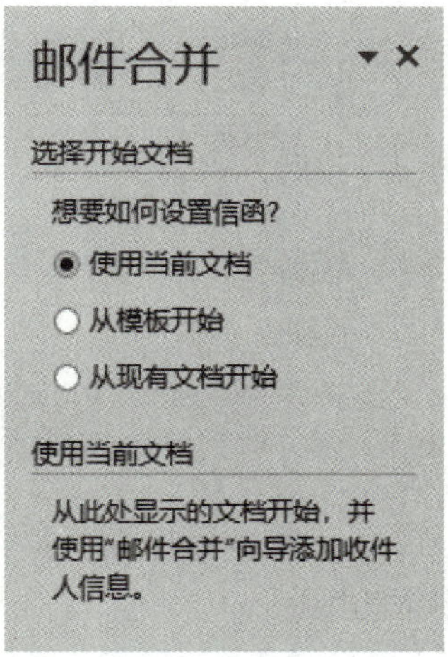


图 3-69　开始邮件合并

(3)在“选择收件人”选项组中选择“使用现有列表”单选按钮。单击“浏览”按钮，打开“选取数据源”对话框，选择已保存好的 Excel 表格，出现“选择表格”对话框，如图 3-70 所示。选取“Sheet1 $”，单击“确定”按钮，然后打开“邮件合并收件人”对话框，如图 3-71 所示。选中“全选”复选框，单击“确定”按钮，重新回到 Word 2016 窗口。

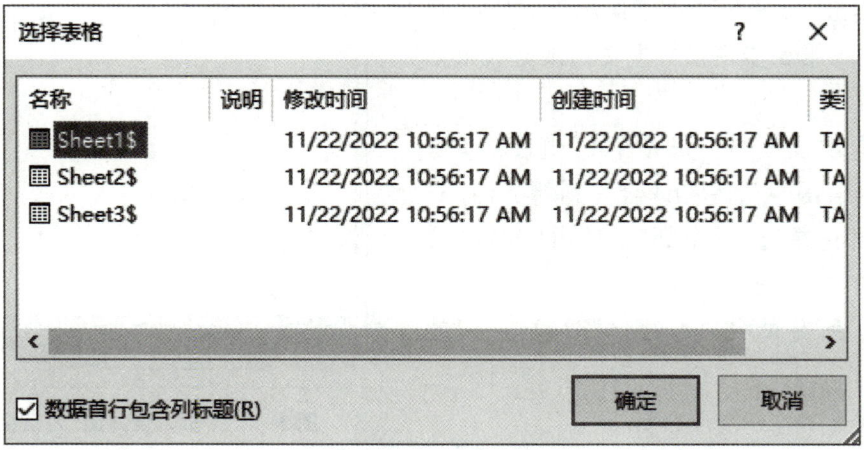


图 3-70　“选择表格”对话框

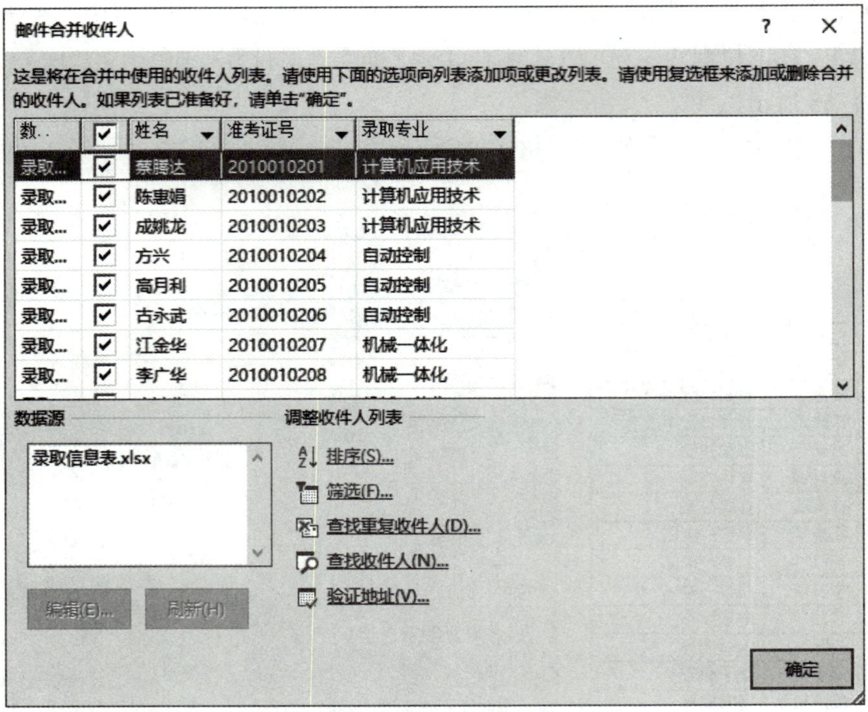


图 3-71 “邮件合并收件人”对话框

(4)单击“下一步：撰写信函”，将光标定位到“准考证号”后下划线位置，单击“其他项目”按钮，出现“插入合并域”对话框，选择“准考证号”，单击“插入”按钮，单击“关闭”按钮，完成“准考证号”域插入，如图 3-72 所示。用同样方法插入“姓名、录取专业”域。

(5)单击“下一步：预览信函”，进入“邮件合并”向导第 5 步窗格，主文档预览效果如图 3-73 所示。

(6)单击“下一步：完成合并”链接，单击“编辑单个信函…”，弹出“合并到新文档”对话框，合并记录选择“全部”，单击“确定”按钮，如图 3-74 所示。

至此，所有录取学生的“录取通知书”就制作完成了。

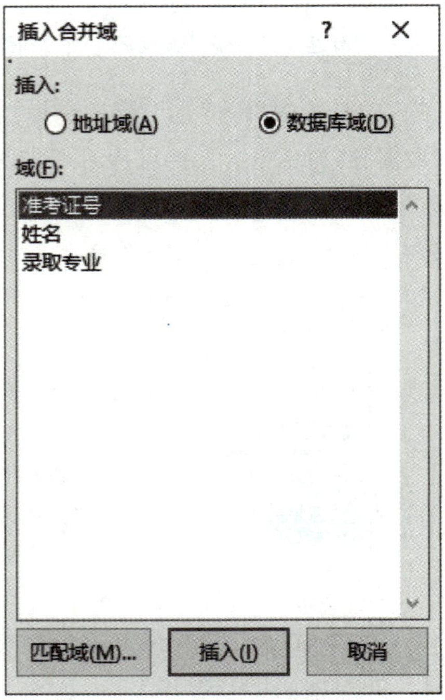


图 3-72 “插入合并域”对话框

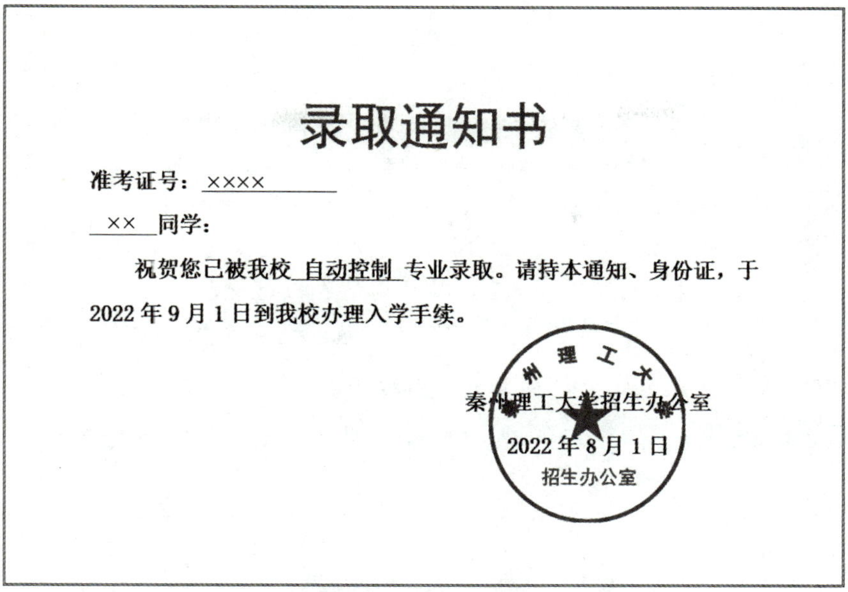

# 录取通知书

准考证号：__××××__

__××__同学：

祝贺您已被我校__自动控制__专业录取。请持本通知、身份证，于2022 年 9 月 1 日到我校办理入学手续。

秦州理工大学招生办公室

2022 年 8 月 1 日



图 3-73　主文档预览效果

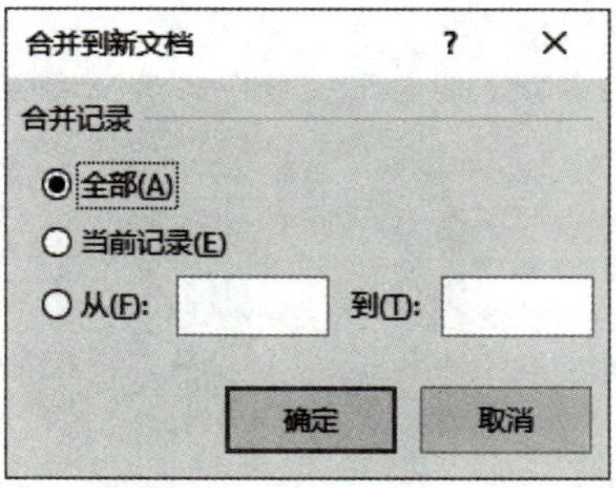


图 3-74　合并到新文档

【能力拓展】邮件合并主要用于打印请帖、录取通知书或信封、工资条、成绩单、请柬、奖状等。

邮件合并的原理是将发送的文档中相同的重复部分保存为一个文档，称为主文档；将不同的部分，保存为数据源；然后将主文档与数据源合并起来。

## 项目考核

1. 启动 Word，新建文档，以“我的第一份 Word 文档 . docx”作为文件名保存，关闭文档；然后打开“我的第一份 Word 文档 . docx”，设置文档每 8 分钟自动保存。

2. 打开“请假条 . docx”文档，设置上、下、左、右页边距均为“2 厘米”；纸张大小为“32 开”，纸张方向为“横向”，按图 3-75 进行字符和段落设置，保存文件。

3. 打开“科技周报 . docx”文档，设置上、下、左、右页边距均为“3 厘米”；纸张大小为“A4”，纸张方向为“纵向”，按图 3-76 完成图文混排。

**请假条**

尊敬的王老师：

您好！我是2022级计算机应用专业的×××，因为要去外地参加××应聘面试，于2022年12月23日至2022年12月25日，特请假3天，恳请批准。

此致

请假人：×××

2022年12月22日

图 3-75　请假条效果

图 3-76　科技周报效果

4. 打开“个人简历表 . docx”文档文件，设置纸张大小为“A4、纵向”；上、下、左、右页边距均为“2. 5 厘米”；装订线“左侧 0. 5 厘米”，按图 3-77 完成表格制作，保存文件。

**个人求职简历**

| | | | | | | |
|---|---|---|---|---|---|---|
| 姓　名 | ××× | 性　别 | 男 | 出生日期 | 2003. 02. 15 | 照片 |
| 政治面貌 | 中共党员 | 民　族 | 汉 | 学　历 | 大专 | |
| 毕业学校 | 秦州理工大学 | | | 籍　贯 | 陕西宝鸡 | |
| 工作年限 | 应届毕业生 | | | | | |
| 通信地址 | 秦州大道中段 88 号信息工程系 | | | | | |
| 求职意向 | 网页设计、网站维护、网络管理、网络工程、IT 产品营销 | | | | | |
| 教育背景 | 主修课程：<br>网络技术基础、网页制作、Web 编程技术（PHP）、网络数据库、网络管理技术（交换、路由）、网络安全技术、网络互联技术、云计算与虚拟化等<br>选修课程：<br>IT 营销、工程制图、动画制作、平面图形设计等 | | | | | |
| 实践经历 | 2022 年在天地网吧，担任网吧主管<br>负责：人员工作安排、人员关系协调、资金管理 | | | | | |
| | 2021 年海信 Hisense 彩电促销人员<br>负责：卖场商品宣传、卖场商品介绍、咨询、促销 | | | | | |
| 活动经历 | 2019 年学校学生会实践部成员<br>参与“生存大挑战”活动策划组织执行全过程<br>参与“爱心家教”等一系列社会公益实践活动 | | | | | |
| | 2018 年高中校友录“品味大学”特约版主<br>发表原创小说、随笔等，参与制作了前两电子版校友录<br>组织各位师兄师姐为高中校友选择大学、专业等提供帮助 | | | | | |
| | 天地社区博客论坛 VIP 成员<br>博客主页及各种网页特效制作<br>HTML、CSS、Photoshop 学习、讨论及 LOGO 标志制作等 | | | | | |
| 获奖情况 | 2022 年获秦州市励志奖学金<br>2021 年被评为学校优秀班干部<br>2020 年获国家奖学金<br>2020 年被评为省优秀毕业生 | | | | | |
| 个人简历 | ☆ 英语通过四级考试，具备基本的听、读、写能力<br>☆ 能够运用 C++编程语言<br>☆ 熟练使用 Word，Excel，PowerPoint 等办公软件，能较好地使用 Photoshop、FireWorks 等工具，一定的 HTML、CSS 使用经验<br>☆ 爱好文学，并且很喜欢足球、篮球，因此做事很有斗志<br>☆ 很强的学习能力，富有责任心，团队合作意识强，永远保持积极的心态 | | | | | |

图 3-77　个人简历效果

5. 打开“荣誉证书 . docx”文档文件，设置纸张大小为“A4、横向”；上、下、左、右页边距均为“3 厘米”，按图 3-78 完成“荣誉证书”，保存文件。

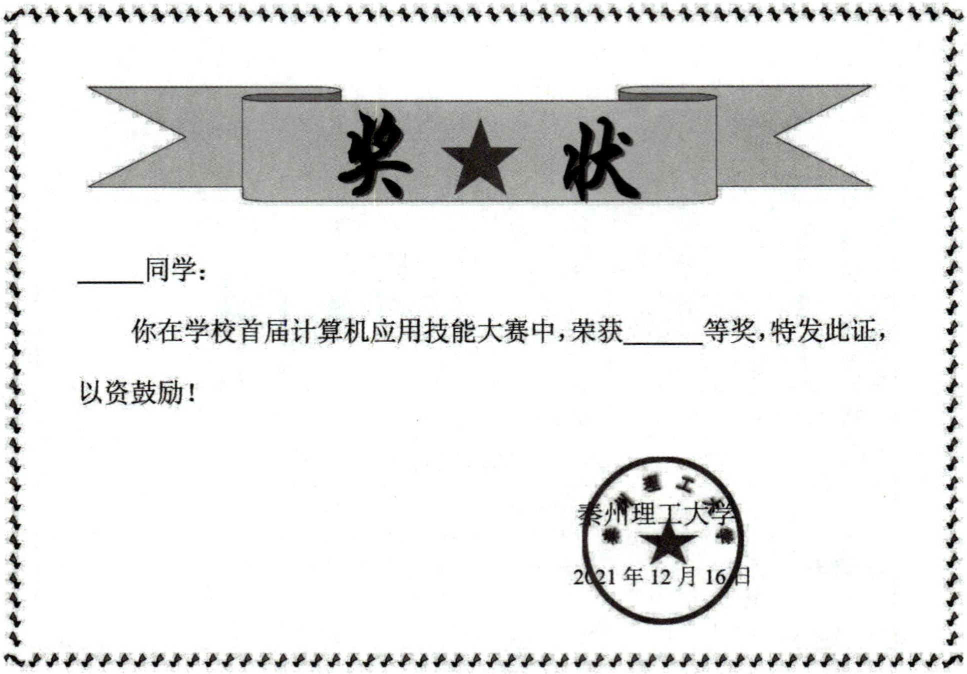


图 3-78　荣誉证书效果

6. 打开“使用说明书 . docx”文档文件，设置纸张大小为“A4、纵向”；上、左页边距均为“2.5 厘米”；下、右页边距均为“2 厘米”，按图 3-79 完成“使用说明书”，保存文件。

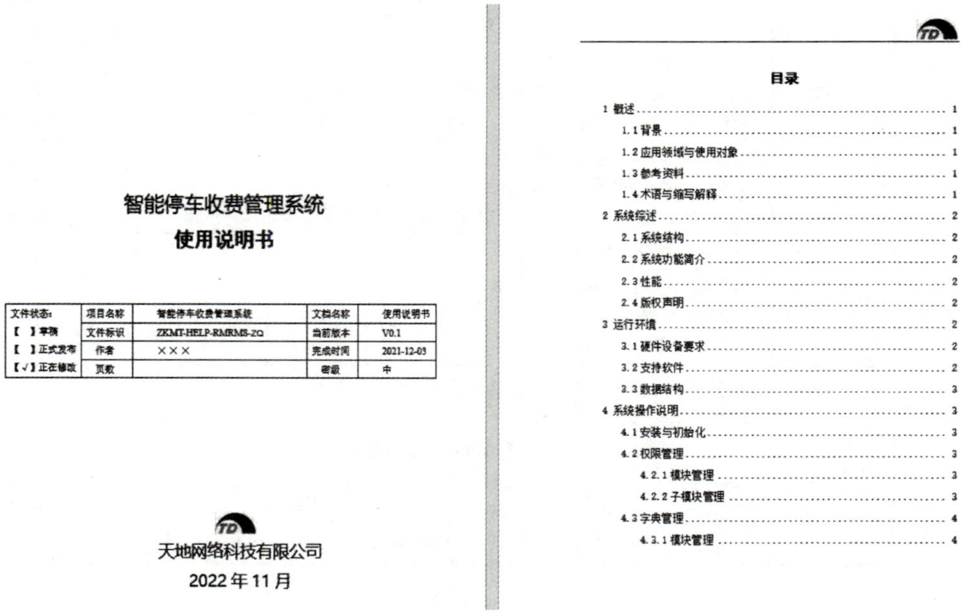


图 3-79　使用说明效果

# 项目四

# Excel 2016 的使用

## 项目分析

Excel 是电子表格处理软件，用于对表格中的数据进行各种计算，解决一些复杂的数学问题，并以图表、图形表现出来，实现表格与数据库的完美结合，广泛应用于财务、统计、经济分析等领域。本项目的实施目标是通过几项任务的实施，让学生熟练使用 Excel 进行数据处理、统计分析和辅助决策等操作。

## 课程思政

通过人事档案表数据的输入和设置，引导学生规范数据格式，提升学生规范意识；通过使用函数与公式对数据进行统计时，强调原始数据的真实性、可靠性，提高学生诚信意识；通过制作产品采购销售分析表，培养学生多角度看待问题的思维，透过现象看本质的辩证观科学精神、职业素养。

# 项目实施

## 任务一 Excel 2016 基础操作

### 任务要求

在应用 Excel 2016 进行表格创建之前，首先需要了解 Excel 2016 的一些基本知识，例如 Excel 术语、Excel 2016 的工作界面等。

### 任务实施

操作 1：创建 Excel 表格。启动 Excel 2016，新建一个空白工作簿，默认的文件名为“工作簿 1. xlsx”，操作界面如图 4-1 所示。

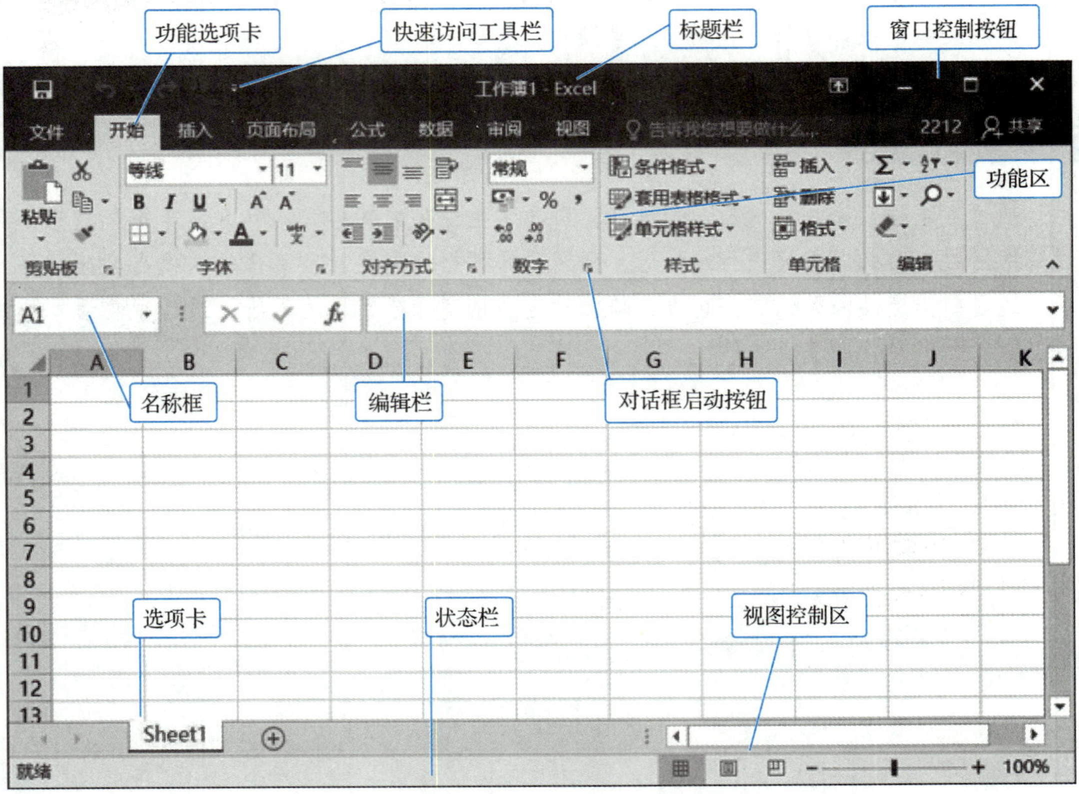


图 4-1 Excel 2016 操作界面

**【任务提示】**初次打开 Excel 2016 后，可以看到 Excel 2016 的工作窗口主要由 11 个部分组成，其中包括快速访问工具栏、标题栏、窗口控制按钮、功能区、名称框、编辑栏、工作表编辑区、工作表选项卡和视图控制区。

工作表：工作表是用于存储和处理数据的主要文档，也称为电子表格。它由单元格组成。一个工作簿可以由多个工作表组成，默认情况下包含 3 张工作表。

单元格：一行与一列的交叉处为一个单元格，单元格是组成工作表的最小单位，用于输入各种类型的数据和公式。在 Excel 2016 中，每张工作表由 1 048 576 行、16 384 列组成。

单元格地址：在 Excel 中，每一个单元格对应一个单元格地址(即单元格名称)，即用列的字母加行的数字来表示。例如，选择 A 列第 1 行的单元格，在编辑栏左方的名称框中将显示该单元格地址为 A1。

**【能力拓展】**启动 Excel 2016 应用程序后，将自动创建一个名为"工作簿 1"的新工作簿。在应用 Excel 进行工作的过程中，用户还可以通过如下 3 种方法创建新的工作簿。

(1)使用功能菜单创建：选择"文件"选项卡，在弹出的菜单中选择"新建"命令。然后在弹出的"可用模板"窗格中可以根据需要选择不同的模板，并且在选择其中一个选项时，即可在右侧预览框中对该选项进行预览。

(2)使用快速访问工具栏创建：单击"自定义快速访问工具栏"后面的下拉按钮，在弹出的菜单中选择"新建"命令，如图 4-2 所示，将在快速访问工具栏中添加"新建"按钮，然后单击该按钮即可创建一个新的空白工作簿。

(3)使用模板创建：在 Excel 中，可以通过两种方式获取模板文件：一种是 Excel 程序自带的模板，如最近打开的模板、样本模板等；另一种是从 Microsoft Office Online 中下载模板，如会议议程、预算和日历等。

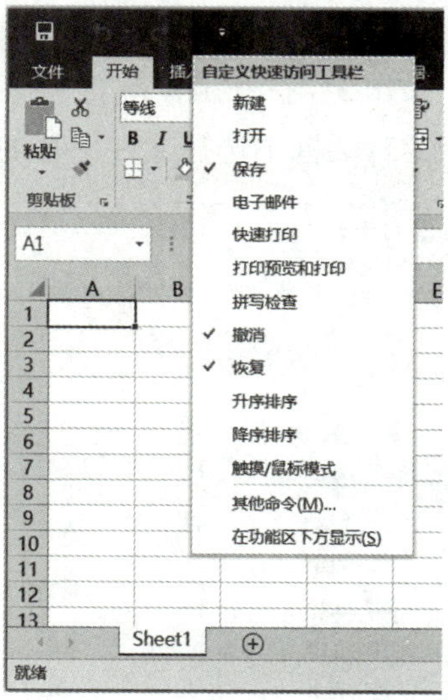


**图 4-2 利用快速访问工具栏创建文件**

操作 2：保存工作簿。选择"文件"选项卡，在弹出的菜单中选择"保存"命令，然后在打开的"另存为"对话框中设置文件保存的位置、文件名称和保存类型，如图 4-3 所示。

**【能力拓展】**使用"保存"命令在保存已有工作簿的过程中，将不会弹出"另存为"对话框，将使用原路径和原文件名对已有工作簿进行保存。如果需要对修改后的工作簿进行重新命名，或修改工作簿的保存位置时，可以选择"文件"选项卡，在弹出的菜单中选择"另存为"命令，然后在打开的"另存为"对话框中重新设置文件的保存位置、文件名或保存类型，单击"保存"按钮即可。

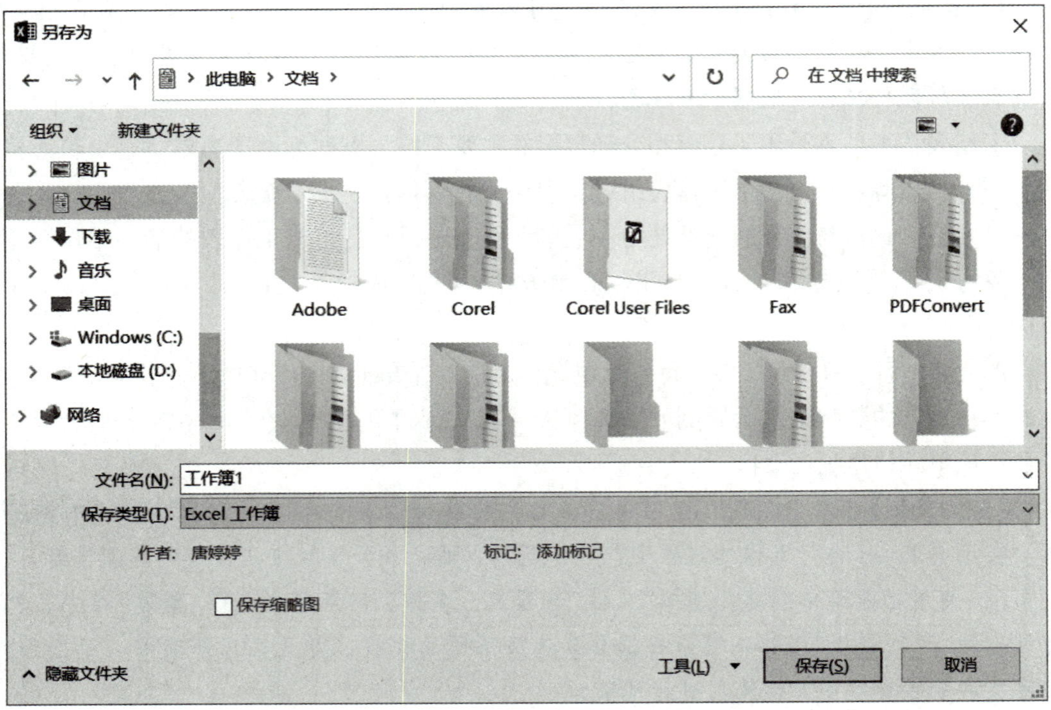


图 4-3 “另存为”对话框

操作 3：打开工作簿。选择“文件”选项卡，在弹出的菜单中选择“打开”命令，然后在打开的对话框中选择文件保存的位置，如图 4-4 所示。

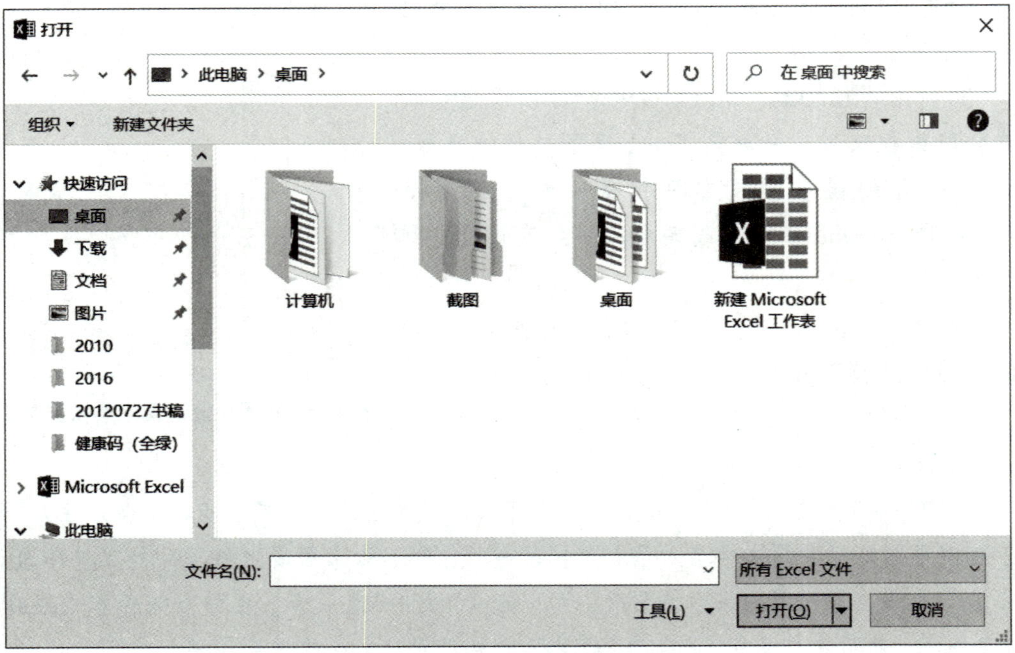


图 4-4 “打开”对话框

【能力拓展】对于已经创建的 Excel 工作簿，如果需要查看其内容，或是对其进行修改和编辑，也可以通过以下两种方式打开工作簿，然后进行相应操作。

1. 打开最近所用的工作簿

单击“文件”选项卡，再单击“最近使用的文件”，就会在右边显示最近使用 Excel 工作簿文件和存放的位置，如图 4-5 所示。

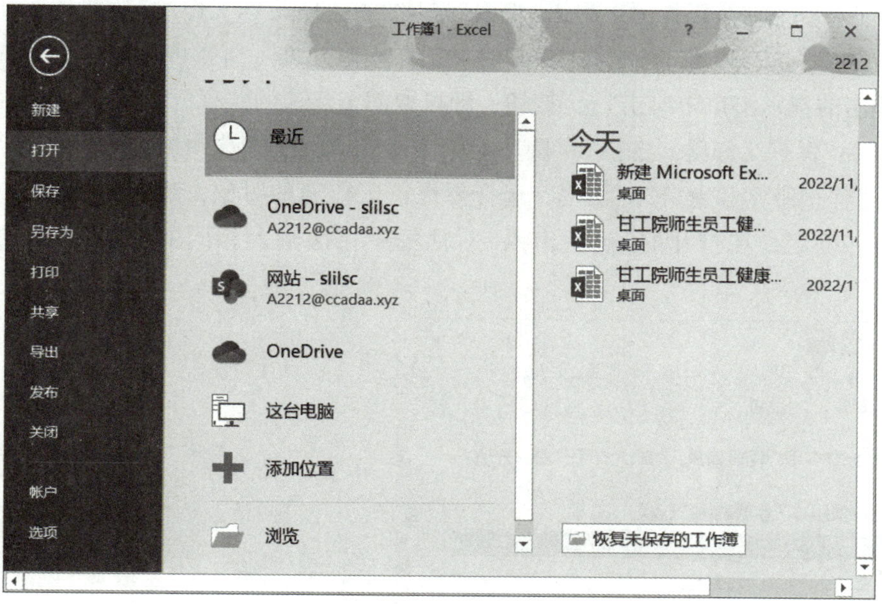


图 4-5　打开最近使用的文件

2. 直接打开指定的工作簿

找到 Excel 工作簿文件存放的位置，双击直接打开。

操作 4：关闭工作簿。完成工作簿的创建或编辑，并保存所做的工作后，就需要将工作簿关闭。

(1)关闭工作簿但不退出 Excel 应用程序的方法通常包括如下几种：

①直接单击工作簿右上方“关闭”按钮。

②选择“文件”选项卡，在弹出的菜单中选择“关闭”命令。

(2)如果要关闭工作簿，并退出 Excel 应用程序，通常可以通过如下几种方法来实现：

①直接单击应用窗口右上方“关闭”按钮。

②双击自定义快捷访问工具栏内的应用程序图标。

③选择“文件”选项卡，在弹出的菜单中选择“退出”命令。

④使用鼠标右键单击工作簿窗口的标题栏，在弹出的菜单中选择“关闭”命令。

⑤直接按下 Alt+F4 组合键。

操作 5：创建共享工作簿。在 Excel 窗口中，选择“审阅”选项卡，单击“更改”选项组中的“共享工作簿”按钮，在打开的“共享工作簿”对话框中选中“允许多用户同时编辑，同时允许工作簿合并”选项，在“正在使用本工作簿的用户”区域中将显示当前编辑工作簿的用户信息，如图 4-6 所示。

**【能力拓展】**对工作簿进行操作的过程中，用户可以设置工作簿的共享，加快数据的录入，使多个用户可以同时在一个工作簿中进行工作，并且 Excel 会自动保护信息的更新。当用户将工作簿发送给其他人浏览时，可以对共享工作簿进行跟踪修订。当返回文件时，用户可以看到工作簿的修改内容，并根据情况接受或拒绝这些修改。

操作 6：取消共享工作簿。单击“更改”选项组中的“共享工作簿”按钮，在弹出的“共享工作簿”对话框中禁用“允许多用户同时编辑，同时允许工作簿合并”选项，然后进行确定，在弹出的提示窗口中单击“是”按钮，即可取消工作簿的共享。

操作 7：保护工作簿。选择“审阅”选项卡，单击“更改”选项组中的“保护工作簿”按钮，打开“保护结构和窗口”对话框，选择要保护工作簿的对象，然后在“密码”文本框中输入密码并确定，在打开的“确认密码”对话框中再次输入相同的密码即可，如图 4-7 所示。

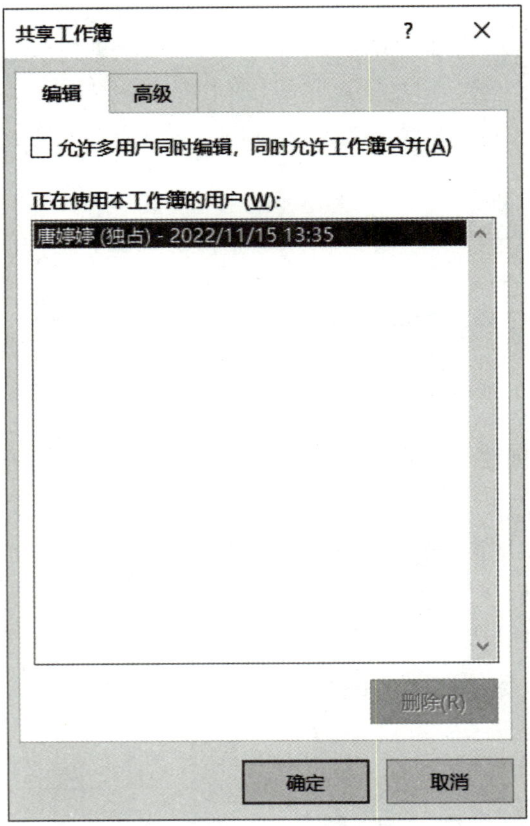


图 4-6　创建共享工作簿

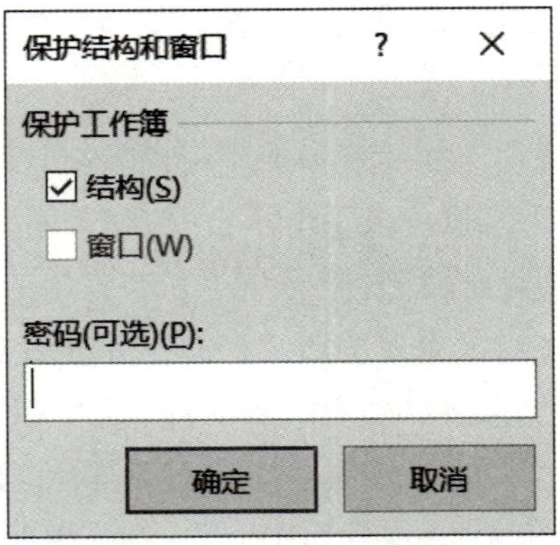


图 4-7　“保护结构和窗口”对话框

操作 8：要取消对工作簿的结构或窗口进行保护，可以单击“更改”选项组中的“保护工作簿”按钮，在打开的“撤销工作簿保护”对话框中输入保护工作簿时设置的密码并确定，即可取消对工作簿的保护，如图 4-8 所示。

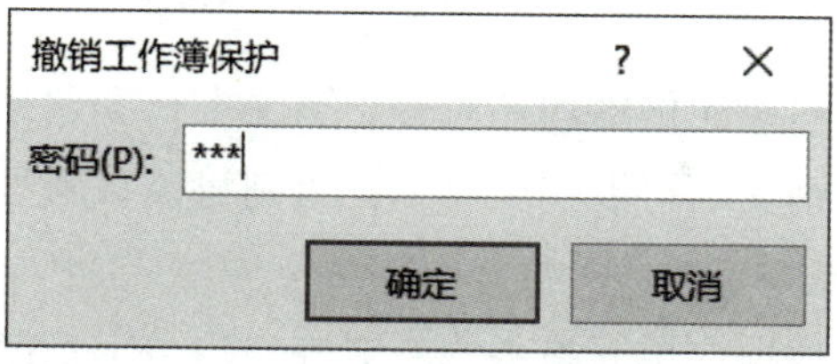


图 4-8　撤销工作簿保护

# 任务二　数据输入与修改

## 任务要求

数据是表格中的重要构成要素。因此，对于数据创建和修改就显得尤其重要。在创建和修改数据的操作中，用户首先需要掌握选择单元格和单元格区域的方法，以提高工作效率。通过人事档案表的制作，学习如何选择单元格和单元格区域、输入和修改数据的方法。

## 任务实施

操作 1：输入数据。启动 Excel 2016，单击 A1 单元格，输入“人事档案表”，然后按下“回车”键，输入其他数据信息，如图 4-9 所示的数据。

| | A | B | C | D | E | F | G | H | I | J | K | L |
|---|---|---|---|---|---|---|---|---|---|---|---|---|
| 1 | 人事档案表 | | | | | | | | | | | |
| 2 | 序号 | 姓名 | 性别 | 出生年月 | 民族 | 文化程度 | 政治面貌 | 籍贯 | 职称 | 身份证号 | | |
| 3 | | 李一一 | 男 | 1958/11/02 | 汉 | 本科 | 党员 | 山东蓬莱 | 高讲 | 370202XXXXXXXX1234 | | |
| 4 | | 刘一二 | 女 | 1960/03/24 | 蒙 | 本科 | 群众 | 内蒙呼市 | 讲师 | 110108XXXXXXXX5678 | | |
| 5 | | 周一三 | 男 | 1972/07/03 | 汉 | 研究生 | 党员 | 宁夏永宁 | 讲师 | 370221XXXXXXXX2468 | | |
| 6 | | 朱　五 | 女 | 1980/11/12 | 汉 | 本科 | 党员 | 河北廊坊 | 讲师 | 370205XXXXXXXX1357 | | |
| 7 | | 王　六 | 男 | 1969/07/03 | 汉 | 本科 | 群众 | 北京市 | 助馆 | 370203XXXXXXXX4321 | | |
| 8 | | 程　四 | 男 | 1971/04/16 | 汉 | 专科 | 党员 | 河南郑州 | 助政 | 370109XXXXXXXX8765 | | |
| 9 | | 王一一 | 女 | 1982/08/02 | 藏 | 中专 | 群众 | 江苏沛县 | 职员 | 302212XXXXXXXX8462 | | |
| 10 | | 孙二三 | 男 | 1980/09/18 | 汉 | 研究生 | 群众 | 山东历城 | 高讲 | 370212XXXXXXXX7531 | | |
| 11 | | 梁　六 | 男 | 1965/11/04 | 汉 | 本科 | 党员 | 湖南南县 | 讲师 | 202230XXXXXXXX2468 | | |
| 12 | | 李三四 | 男 | 1960/05/06 | 汉 | 本科 | 党员 | 山东招远 | 高讲 | 370204XXXXXXXX1234 | | |
| 13 | | 赵五六 | 女 | 1970/12/26 | 汉 | 研究生 | 党员 | 山东蓬莱 | 讲师 | 370202XXXXXXXX2468 | | |
| 14 | | 曲六六 | 女 | 1974/06/02 | 汉 | 本科 | 群众 | 山东招远 | 助讲 | 370203XXXXXXXX1357 | | |

图 4-9　人事档案表制作

**【能力拓展】**选中单元格后，即可在指定的单元格中进行数据的输入操作。按下“回车”键后活动单元格将跳到下一行，也可以用上、下、左、右方向键改变活动单元格的位置进行数据输入。

在 Excel 中可以输入多种数据类型，包括数值型数据、字符型数据、日期、时间、货币、公式和函数等。

(1)文本数据。

在默认状态下，文本在单元格中均左对齐。当文本长度超出单元格宽度时，若右侧相邻的单元格中没有数据，则文本可以完全显示，否则将被截断显示。

(2)数值数据。

在默认状态下，数值数据在单元格中均右对齐。当数字长度超出单元格宽度或数值位数超过 11 位时，都会以科学计数法表示，如 1.234 57E+19。

特别提示：如果要将有些由纯数字构成的数据(如身份证号、学号、电话号码、邮政编码等)作为文本型数据处理，则需要在输入的数字前加上英文的单引号“'”。

(3)特殊数据的输入。

当在单元格中输入数字“0581”或“1/2”时，点击“确定”后，会发现文本框中显示为“581”和“1 月 2 日”，对于这类特殊数字，Excel 2016 对其输入有如下规定：

①对于“0581”这类数字的处理方式为：在输入时应当在数字前添加“'”(单引号)，即输入“'0581”，这时单元格中显示为“0581”。

②对于“1/2”这类分数的处理方式为：在输入时应当在数字前添加“0 和空格”，即输入“0 1/2”，这时单元格中显示为“1/2”。

(4)日期和时间的输入。

按住 Ctrl+；(分号)，这时会在单元格中输入当前系统日期；按住 Ctrl+Shift+；(分号)，这时会在单元格中输入当前系统时间。如果要在同一个单元格中同时输入日期和时间，则需要在它们之间用空格分隔。

(5)记忆式输入。

在输入数据时，如果所输入数据的起始字符与该列其他单元格中的数据起始字符相符，Excel 会自动将符合的数据作为建议显示出来，并将建议部分反白显示，此时用户可以根据具体情况选择操作。

(6)设置自动换行。

在 Excel 默认的情况下，单元格中的数据显示在同一行中。如果单元格不够宽，其中的部分数据文本将自动隐藏或显示在右边的空白单元格中。用户可以通过设置自动换行来正确显示数据内容。设置单元格中数据自动换行的操作如下：

选择“开始”选项卡，单击“对齐方式”选项组中的“自动换行”按钮。或者在“设置单元格格式”对话框中选择“对齐”选项卡，然后选中“自动换行”选项并确定，如图 4-10 所示。

(7)自动填充数据。

在实际应用中，工作表中的某一行或某一列中的数据经常是一些有规律的序列。对于这样的序列，可以通过使用 Excel 中的自动填充功能填充数据。

①序列的自动填充：选择输入有序的数据单元格，将鼠标指向所选单元格右下角的填充柄，指针将改变形状“十”字形，按下 Ctrl 键拖曳至目标单元格后松开(图 4-11)。

②重复数据的自动填充：使用填充柄可以方便对重复的数据进行填充，其实质是对

单元格内容的复制，具体操作为：选中要进行复制的单元格，将鼠标指针指向填充柄，当指针变为黑色实心十字时拖动鼠标，释放鼠标后，被鼠标拖过的单元格将被填充，如图 4-12 所示。

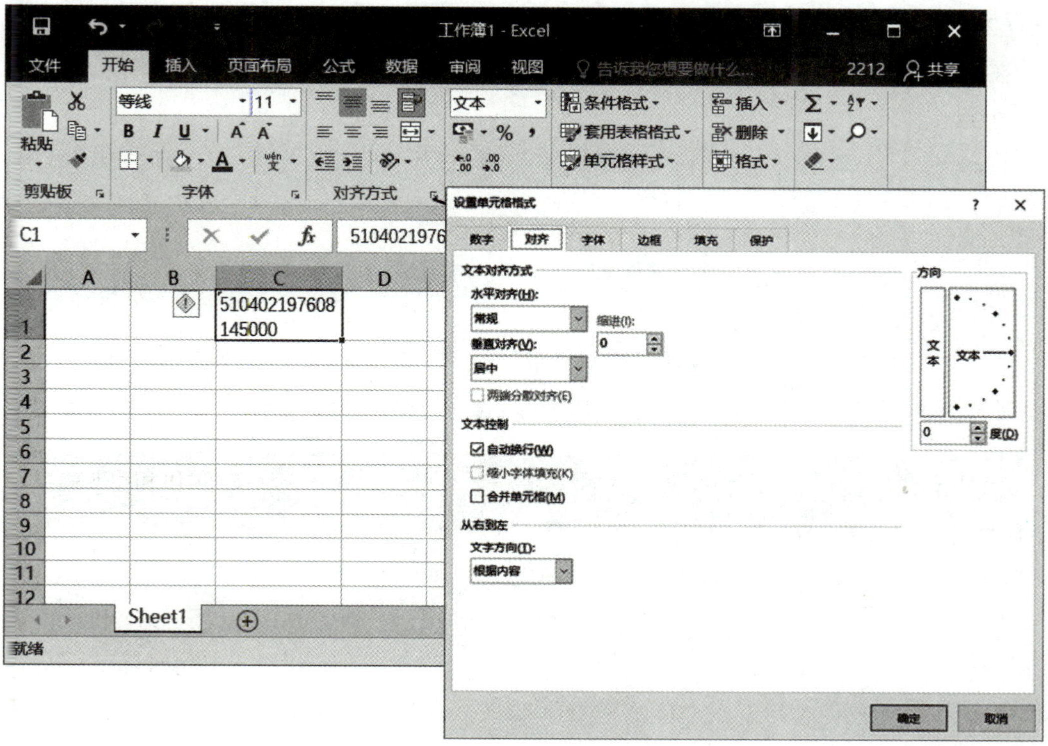


图 4-10　设置自动换行

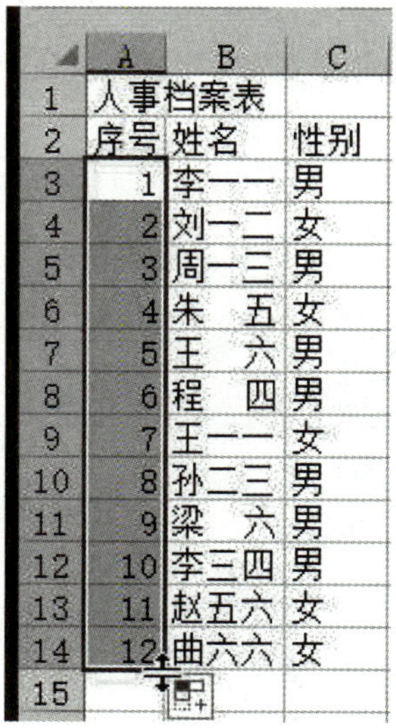


图 4-11　使用填充柄填充

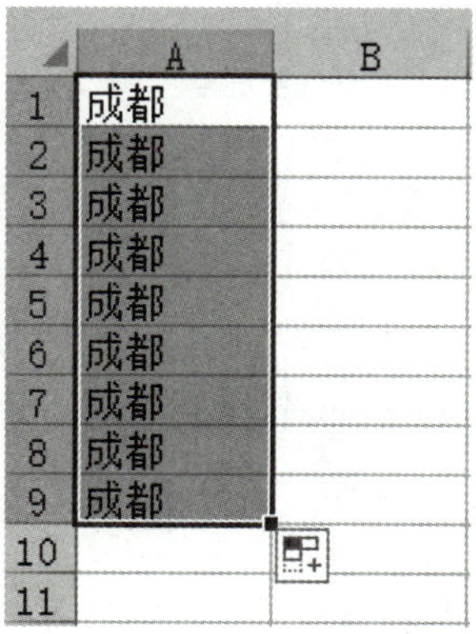


图 4-12　重复数据自动填充

操作 2：修改单元格数据。选择要修改数据的单元格，然后直接输入修改后的数据，即可使用输入的内容替换单元格中原来的数据。也可以双击单元格修改部分数据，然后使用鼠标指定光标的位置，再输入需要的数据，或者在指定光标的位置后，删除单元格中的部分数据，最后按下 Enter 键进行确定即可，如图 4–13 所示。

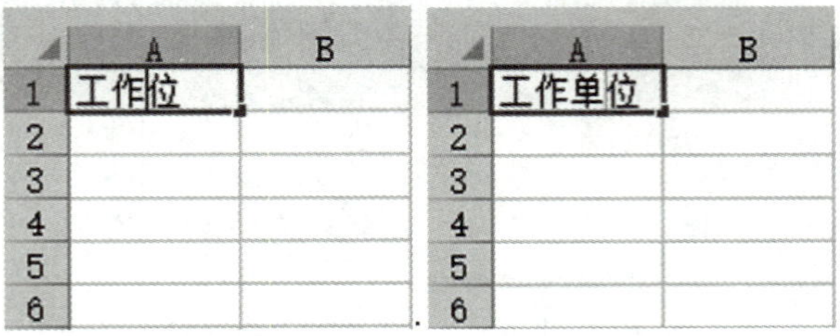


图 4–13 修改单元格数据

操作 3：清除单元格数据。

选择要清除的单元格、行或列，然后单击“编辑”选项组中的“清除”下拉按钮，在弹出的列表中选择需要的命令，即可清除相应的对象，如图 4–14 所示。

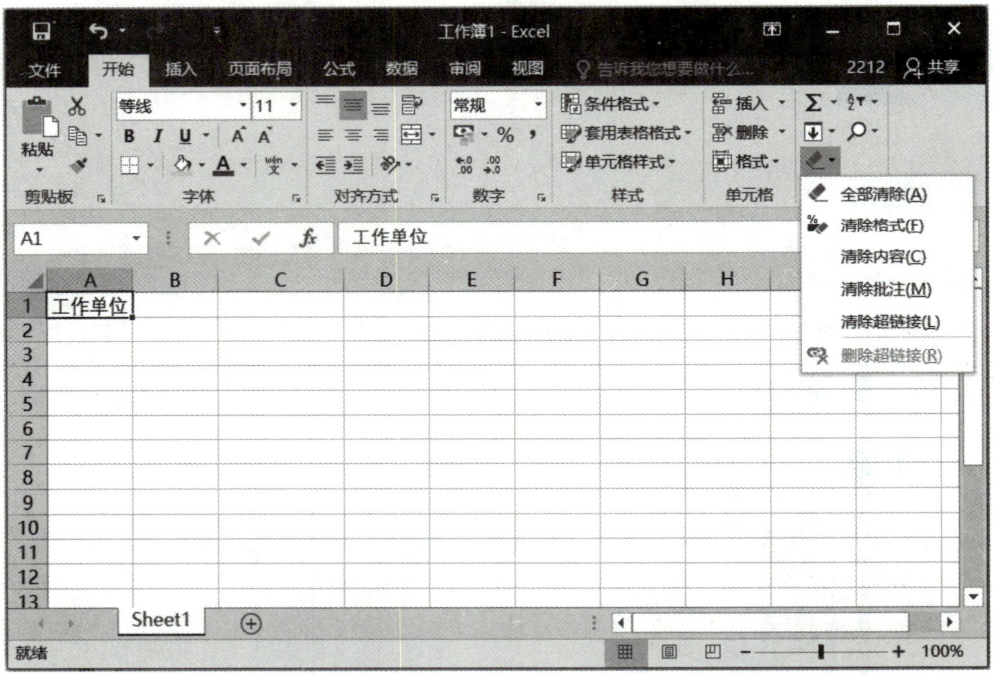


图 4–14 清除单元格数据

**【能力拓展】**清除单元格是指清除单元格中的内容、格式和批注。它应与删除单元格区分开来，清除单元格操作并不会删除选择的单元格，也不会影响到工作表中其他单元格的布局。

操作 4：查找和替换。

在 Excel 中，用户可以通过“查找”的方式定位工作表的某一位置；可以通过“替换”方式一次性替换工作表中特定的内容，如图 4–15 所示。

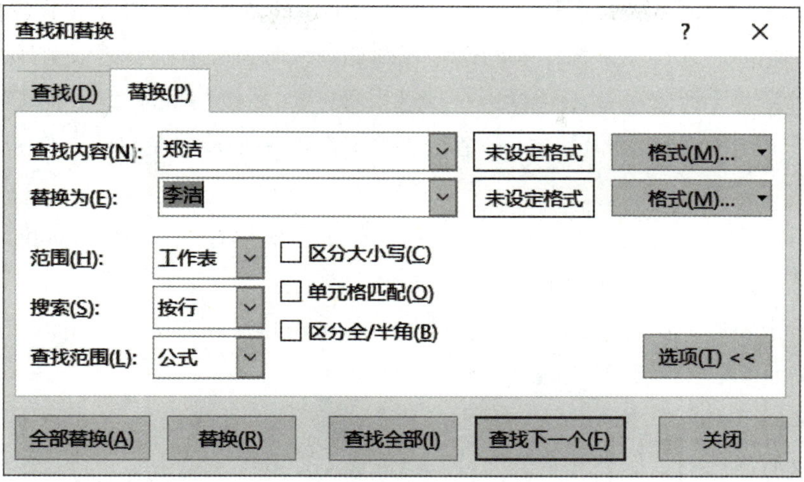


图 4-15　查找和替换

# 任务三　操作工作表

## 任务要求

Excel 中的操作，通常是在某个工作簿内的一张工作表中进行的。用户可以根据需要在工作簿中添加和删除其中的工作表，在不同的工作表之间，可以进行数据的传递和计算等。

## 任务实施

操作 1：选择工作表。

一个工作簿包括多个工作表，在对其中的工作表进行操作时，首先应该选择相应的工作表，使其成为当前工作表，用户可以一次选择一个工作表，也可以同时选择多个工作表。

(1)在 Excel 中，用户可以根据具体情况，使用不同的方法选择需要的工作表，选择单个工作表通常包括如下 3 种方法：

①直接选择。在工作簿的下方，单击需要选择的工作表的标签，即可选中该工作表。

②右键单击标签滚动按钮。在工作簿的左下方，使用鼠标右键单击标签滚动按钮，然后在弹出的列表中选择需要的工作表，即可选中工作表。

③使用快捷键。按下 Ctrl+PageUp 组合键可以选中与当前工作表相邻的上一个工作表；按下 Ctrl+PageDown 组合键可以选中与当前工作表相邻的下一个工作表。

(2)在 Excel 的操作中，用户可以通过选择多个工作表使其成为一个工作组，以方便对其进行统一操作。选择多个工作表的操作包括如下几种方式：

①选择相邻的工作表。首先选择第一张工作表，然后按住 Shift 键，同时单击需要选择的最后一张工作表标签，即可选择多个相邻的工作表。此时，在活动工作表的标题栏上将出现“工作组”字样。

②选择不相邻的工作表。首先选择第一张工作表，然后按住 Ctrl 键，同时单击其他工作表标签，可选择多个不相邻的工作表。

③选择不相邻的工作表。使用鼠标右键单击工作表标签，然后在弹出的快捷菜单中选择“选择全部工作表”命令，即可选择工作簿中的所有工作表。

如果在选择多张工作表后，发现有不需要选择在工作表被选中了，可以按住 Ctrl 键，同时单击要取消选择的工作表标签，即可取消对该工作表的选择。

操作 2：设置页眉和页脚。

页眉和页脚是文档中每个页面的顶部、底部和两侧页边距(即页面上打印区域之外的空白空间)中的区域。许多文稿，特别是比较正式的文稿都需要设置页眉和页脚。得体的页眉和页脚，会使文稿显得更为规范，也会给读者带来方便。

单击“页面布局”选项卡，再单击页面设置右面按钮，弹出“页面设置”对话框，在“页面设置”对话框中单击“页眉/页脚”选项卡进行相关设置，如图 4-16 所示。

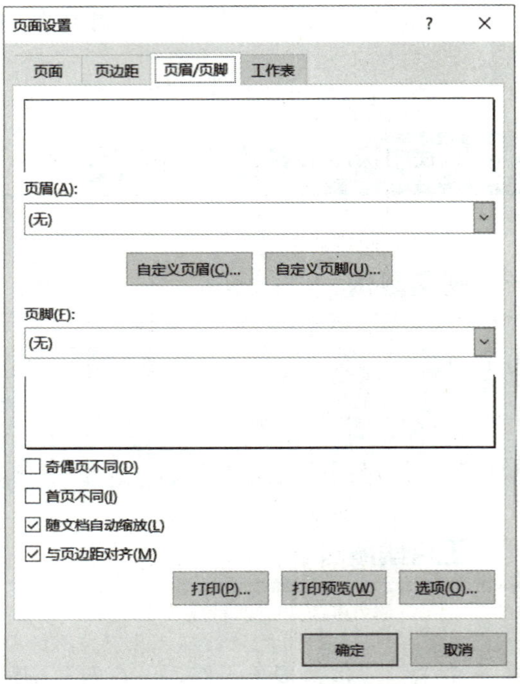


**图 4-16　设置页眉页脚**

操作 3：重命名工作表。

当一个工作簿中存在多个工作表时，为了方便用户对工作表进行查找、移动或复制等操作，应该对使用的工作表进行重命名。用户可以通过如下 3 种方法对工作表进行重命名：

(1)双击标签法。

(2)使用工具命令。

(3)使用快捷菜单命令。

操作 4：移动工作表。

在 Excel 中，用户可以通过移动工作表来改变工作表的顺序，移动工作表通常包括如下 3 种方法：

(1)直接移动工作表。

(2) 使用对话框。

(3) 使用工具按钮。

操作 5：复制工作表。

通过复制工作表可以为当前活动的工作表创建一个副本，以便对当前工作表中的数据进行备份。复制工作表与移动工作表的方法类似，主要包括如下 3 种方法：

(1) 使用鼠标拖动工作表。

(2) 使用对话框。

(3) 使用工具按钮。

操作 6：添加工作表。

在默认情况下，一个工作簿中存在 3 张工作表。而实际有时需要更多的工作表来完成用户的工作，就需要重新设置工作表的数量。

在 Excel 中，用户可以通过插入工作表的方法添加新的工作表。插入工作表的方法通常包括以下几种：

(1) 使用“插入”命令。

(2) 使用快捷菜单。

(3) 使用工具按钮。

(4) 使用快捷键。

操作 7：删除工作表。

当工作簿中存在太多的工作表时，将不方便查找需要的工作表，对于一些没有意义或不再需要的工作表，用户可以使用如下两种方法将其删除：

(1) 使用鼠标右键单击需要删除的工作表标签，在弹出的快捷菜单中选择“删除”命令，即可将当前工作表删除。

(2) 选择需要删除的工作表，在“开始”选项卡中单击“单元格”选项组中的“删除”下拉按钮，在弹出的列表中选择“删除工作表”命令即可。

操作 8：设置默认工作表的数量。

选择“文件”选项卡，在弹出的菜单中选择“选项”命令，在打开的“Excel 选项”对话框中选择“常规”选项卡，然后在“新建工作簿时”选项组中的“包含的工作表数”数字框中设置合适的工作表数量，然后进行确定即可，如图 4-17 所示。

操作 9：设置网格线。

网格线是显示工作表中行列间的线条，可以方便用户进行编辑和阅读。用户可以根据需要隐藏网格线，或是重新设置工作表中网格线的颜色。

(1) 隐藏网格线。

选择要隐藏网格线的工作表，然后选择“视图”选项卡，取消“显示”选项组中的“网格线”选项，即可隐藏当前工作表中的网格线，如图 4-18 所示。

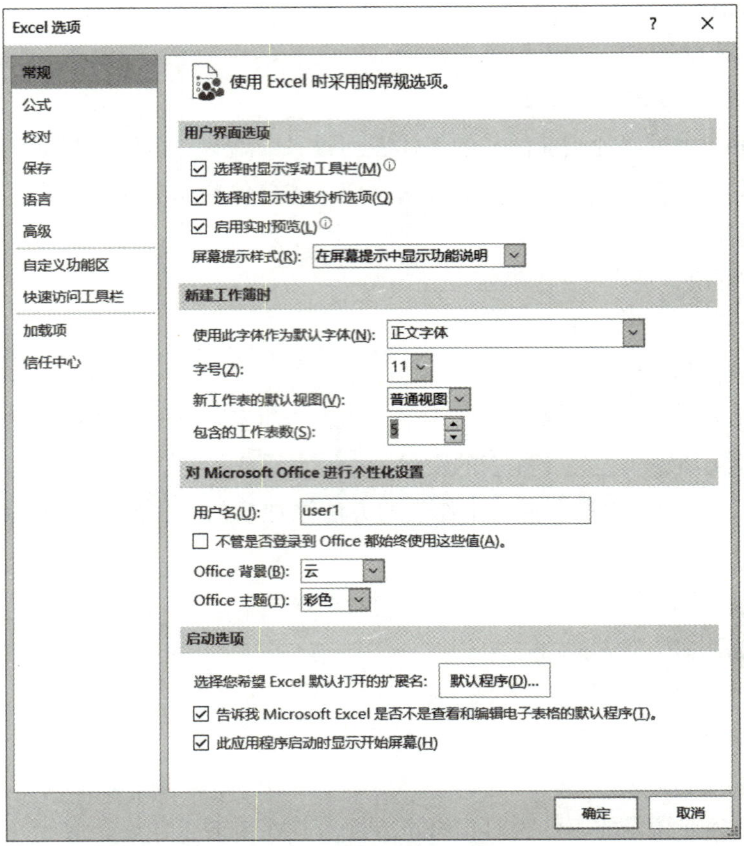


图 4-17　默认工作表的数量

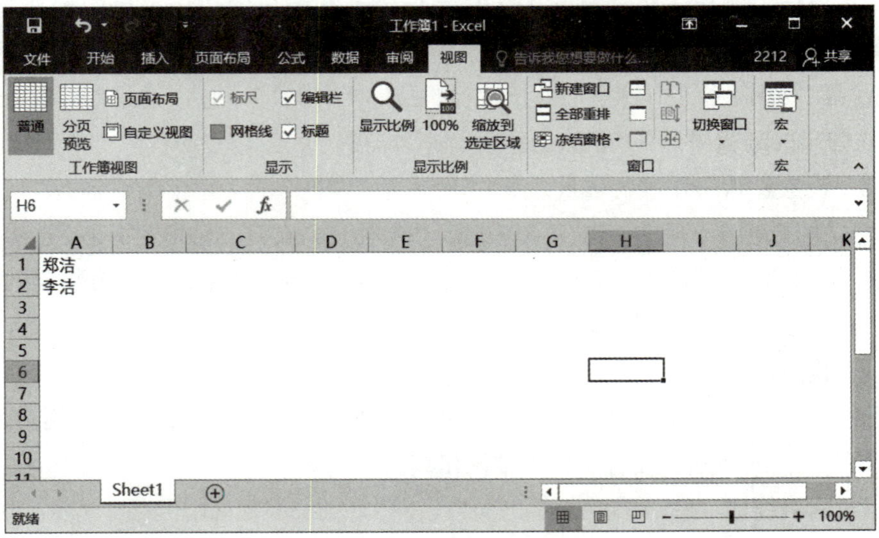


图 4-18　设置网格线

(2)设置网格线颜色。

选择需要改变网格线颜色的工作表，然后选择“文件”选项卡，在弹出的列表中选择

“选项”命令，如图 4-19 所示。

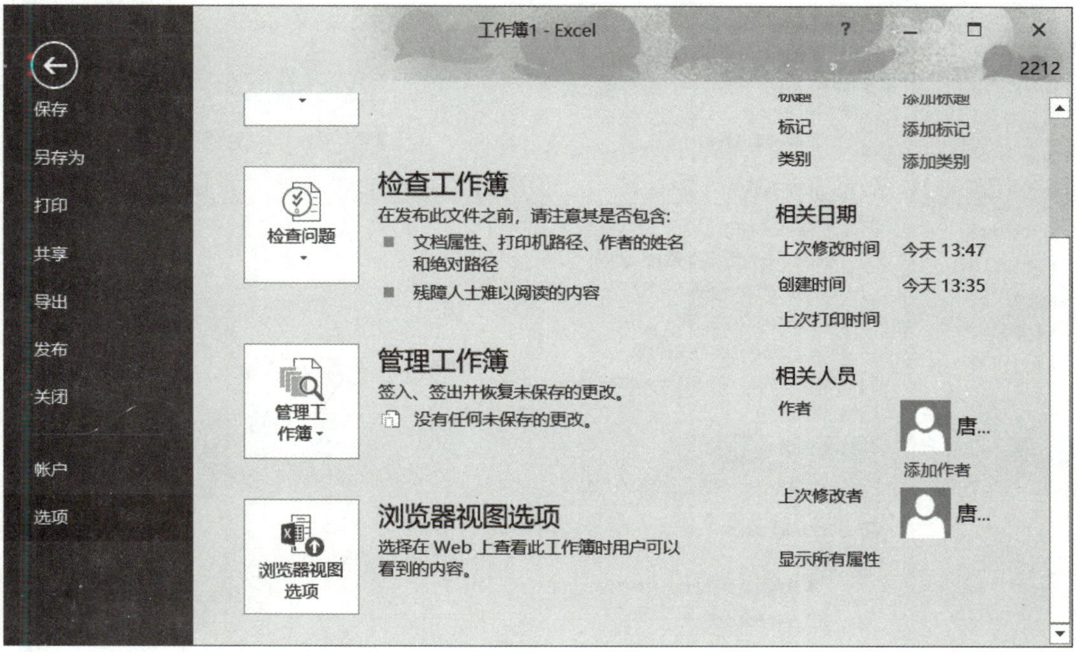


图 4-19　打开“选项”命令

在打开的“Excel 选项”对话框左方的列表中选择“高级”选项栏，然后在右方的“此工作表的显示选项”选项组中单击“网格线颜色”下拉按钮，即可在弹出的颜色面板中选择需要的颜色作为网格线颜色，如图 4-20 所示。

操作 10：拆分与冻结工作表。

当工作表中的数据过多时，拆分工作表可以很方便地对前后数据进行核对。另外，通过冻结工作表，可以在滚动工作表时，保持行列标志或其他数据处于可见状态，从而更方便查看工作表中的内容。

(1)拆分工作表。

拆分工作表是指将工作表按照水平或垂直方向拆分成独立的窗格，每个窗格中可以独立地显示并滚动到工作表的任意位置。用户可以通过如下两种方法拆分工作表：

①使用鼠标拖动拆分条：水平拆分工作表的方法是，将鼠标指向水平拆分条，指针变成上下箭头形状时，然后向下拖动拆分条即可拆分工作表。

②使用工具按钮：选择在拆分工作表时进行拆分定位的单元格，然后选择“视图”选项卡，单击“窗口”选项组中的“拆分”按钮，即可在活动单元格的左方和上方对工作表进行拆分。

(2)冻结工作表。

在 Excel 2016 中，冻结工作表操作包括冻结拆分窗格、冻结首行和冻结首列几种情况。

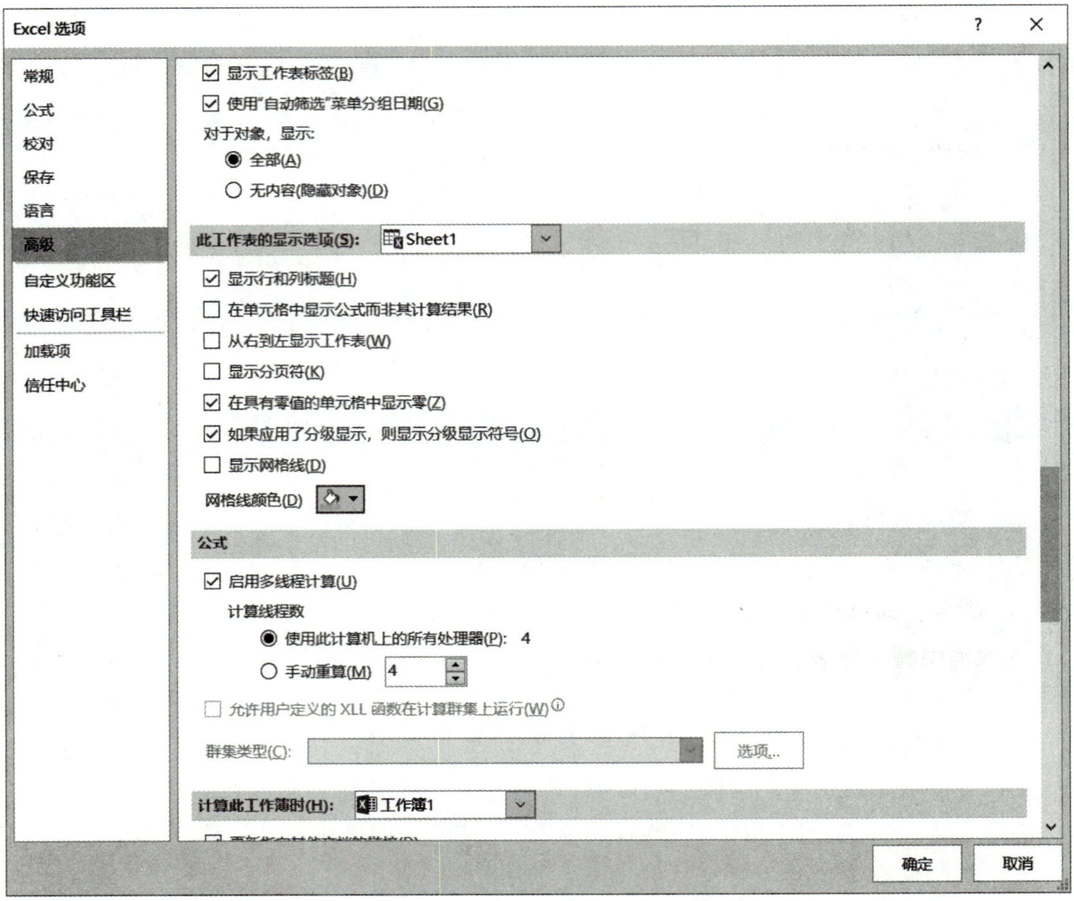


图 4-20　设置网格线颜色

选择要冻结的工作表，单击“窗口”选项组中的“冻结窗格”下拉按钮，在弹出的列表中即可选择冻结窗格的方式。

①冻结拆分窗格：将冻结活动单元格左侧和顶部的窗格，在滚动工作表的其余部分时，可以保持行和列处于可见状态。

②冻结首行：将冻结工作表的首行内容，在滚动工作表的其余部分时，可以保持首行处于可见状态。

③冻结首列：将冻结工作表的首列内容，在滚动工作表的其余部分时，可以保持首列处于可见状态。

操作 11：隐藏与显示工作表。

当工作表中的数据过多时，为了避免对不需要进行修改的数据进行错误操作，用户可以将这些内容暂时隐藏起来，在需要查看时再将其恢复出来。

（1）隐藏工作表。

在隐藏工作表的操作中，用户可以对工作表中的行、列和工作表进行单独隐藏。

①隐藏行：选择需要隐藏行所在的某个单元格，然后在“开始”选项卡中单击“单元

格"选项组中的"格式"下拉按钮，在弹出的列表中选择"隐藏和取消隐藏"→"隐藏行"命令。

②隐藏列：选择需要隐藏列所在的某个单元格，然后单击"单元格"选项组中的"格式"下拉按钮，在弹出的列表中选择"隐藏和取消隐藏"→"隐藏列"命令。

③隐藏工作表：选择需要隐藏的工作表，然后单击"单元格"选项组中的"格式"下拉按钮，在弹出的列表中选择"隐藏和取消隐藏"→" 隐藏工作表"命令。

(2)显示工作表。

当隐藏工作表中的对象后，如果想将其显示出来，可以对其进行显示操作。

①取消隐藏行：选择需要操作的工作表，并按下 Ctrl+A 组合键全选该工作表，然后在"开始"选项卡中单击"单元格"选项组中的"格式"下拉按钮，在弹出的列表中选择"隐藏和取消隐藏"→"取消隐藏行"命令，即可将工作表中的所有行显示出来。

②取消隐藏列：选择需要操作的工作表，并按下 Ctrl+A 组合键全选该工作表，然后单击"单元格"选项组中的"格式"下拉按钮，在弹出的列表中选择"隐藏和取消隐藏"→"取消隐藏列"命令，即可将工作表中的所有列显示出来。

③取消隐藏工作表：选择需要操作的工作簿，单击"单元格"选项组中的"格式"下拉按钮，在弹出的列表中选择"隐藏和取消隐藏"→"取消隐藏工作表"命令，在打开的"取消隐藏"对话框中选择需要取消隐藏的工作表，然后进行确定，即可将指定的工作表显示出来。

## 任务四　格式化工作表

### 任务要求

设置工作表中单元格的数据格式，可以使工作表的外观看起来更美观、排列更整齐、重点更突出，这个过程就叫格式化。

### 任务实施

操作 1：设置字体。

(1)选择 A1 单元格，在字体功能区的字体下拉列表框中设置字体为"华文新魏"，字号下拉列表框设置字号为 "28 磅"，字体颜色为"红色"。

(2)选择 A2：J2 单元格区域，设置字体为"楷体""14 磅""橙色"。

(3)选择 A3：J14 单元格区域，设置字体为"宋体""加粗""12 磅"。设置后的工作表如图 4-21 所示。

| | A | B | C | D | E | F | G | H | I | J |
|---|---|---|---|---|---|---|---|---|---|---|
| 1 | 人事档案表 | | | | | | | | | |
| 2 | 序号 | 姓名 | 性别 | 出生年月 | 民族 | 文化程度 | 政治面貌 | 籍贯 | 职称 | 身份证号 |
| 3 | 1 | 李一一 | 男 | 1958/11/02 | 汉 | 本科 | 党员 | 山东蓬莱 | 高讲 | 370202XXXXXXXX1234 |
| 4 | 2 | 刘一二 | 女 | 1960/03/24 | 蒙 | 本科 | 群众 | 内蒙呼市 | 讲师 | 110108XXXXXXXX5678 |
| 5 | 3 | 周一三 | 男 | 1972/07/03 | 汉 | 研究生 | 党员 | 宁夏永宁 | 讲师 | 370221XXXXXXXX2468 |
| 6 | 4 | 朱　五 | 女 | 1980/11/12 | 汉 | 本科 | 党员 | 河北廊坊 | 讲师 | 370205XXXXXXXX1357 |
| 7 | 5 | 王　六 | 男 | 1969/07/03 | 汉 | 本科 | 群众 | 北京市 | 助馆 | 370203XXXXXXXX4321 |
| 8 | 6 | 程　四 | 男 | 1971/04/16 | 汉 | 专科 | 党员 | 河南郑州 | 助政 | 370109XXXXXXXX8765 |
| 9 | 7 | 王一一 | 女 | 1982/08/02 | 藏 | 中专 | 群众 | 江苏沛县 | 职员 | 302212XXXXXXXX8462 |
| 10 | 8 | 孙二三 | 男 | 1980/09/18 | 汉 | 研究生 | 群众 | 山东历城 | 高讲 | 370212XXXXXXXX7531 |
| 11 | 9 | 梁　六 | 男 | 1965/11/04 | 汉 | 本科 | 党员 | 湖南南县 | 讲师 | 202230XXXXXXXX2468 |
| 12 | 10 | 李三四 | 男 | 1960/05/06 | 汉 | 本科 | 党员 | 山东招远 | 高讲 | 370204XXXXXXXX1234 |
| 13 | 11 | 赵五六 | 女 | 1970/12/26 | 汉 | 研究生 | 党员 | 山东蓬莱 | 讲师 | 370202XXXXXXXX2468 |
| 14 | 12 | 曲六六 | 女 | 1974/06/02 | 汉 | 本科 | 群众 | 山东招远 | 助讲 | 370203XXXXXXXX1357 |

图 4-21　设置字体

**【能力拓展】**设置文本格式可以使工作表更加美观，也可以使工作表中的某些数据更加醒目、突出，达到一目了然的效果。设置文本格式的内容包括设置文本字体、字号、字形以及其他特殊文本效果。

操作 2：设置对齐方式。

(1)选择 A1：J1 单元格区域，单击“对齐方式”功能区上的(合并后居中)下拉列表框，单击“合并后居中”命令项，即可完成合并居中。

(2)选择 A2：J14 单元格区域，单击“对齐方式”功能区上的(居中)按钮。完成以上步骤后，工作表如图 4-22 所示。

| | A | B | C | D | E | F | G | H | I | J |
|---|---|---|---|---|---|---|---|---|---|---|
| 1 | 人事档案表 | | | | | | | | | |
| 2 | 序号 | 姓名 | 性别 | 出生年月 | 民族 | 文化程度 | 政治面貌 | 籍贯 | 职称 | 身份证号 |
| 3 | 1 | 李一一 | 男 | 1958/11/02 | 汉 | 本科 | 党员 | 山东蓬莱 | 高讲 | 370202XXXXXXXX1234 |
| 4 | 2 | 刘一二 | 女 | 1960/03/24 | 蒙 | 本科 | 群众 | 内蒙呼市 | 讲师 | 110108XXXXXXXX5678 |
| 5 | 3 | 周一三 | 男 | 1972/07/03 | 汉 | 研究生 | 党员 | 宁夏永宁 | 讲师 | 370221XXXXXXXX2468 |
| 6 | 4 | 朱　五 | 女 | 1980/11/12 | 汉 | 本科 | 党员 | 河北廊坊 | 讲师 | 370205XXXXXXXX1357 |
| 7 | 5 | 王　六 | 男 | 1969/07/03 | 汉 | 本科 | 群众 | 北京市 | 助馆 | 370203XXXXXXXX4321 |
| 8 | 6 | 程　四 | 男 | 1971/04/16 | 汉 | 专科 | 党员 | 河南郑州 | 助政 | 370109XXXXXXXX8765 |
| 9 | 7 | 王一一 | 女 | 1982/08/02 | 藏 | 中专 | 群众 | 江苏沛县 | 职员 | 302212XXXXXXXX8462 |
| 10 | 8 | 孙二三 | 男 | 1980/09/18 | 汉 | 研究生 | 群众 | 山东历城 | 高讲 | 370212XXXXXXXX7531 |
| 11 | 9 | 梁　六 | 男 | 1965/11/04 | 汉 | 本科 | 党员 | 湖南南县 | 讲师 | 202230XXXXXXXX2468 |
| 12 | 10 | 李三四 | 男 | 1960/05/06 | 汉 | 本科 | 党员 | 山东招远 | 高讲 | 370204XXXXXXXX1234 |
| 13 | 11 | 赵五六 | 女 | 1970/12/26 | 汉 | 研究生 | 党员 | 山东蓬莱 | 讲师 | 370202XXXXXXXX2468 |
| 14 | 12 | 曲六六 | 女 | 1974/06/02 | 汉 | 本科 | 群众 | 山东招远 | 助讲 | 370203XXXXXXXX1357 |

图 4-22　设置对齐方式

**【能力拓展】**对齐是指单元格的内容相对单元格上、下、左、右的显示位置。用户可以根据实际需要对单元格进行合适的对齐设置，使表格看起来更整齐、美观。

在默认情况下，工作表中的文本对齐方式为左对齐，数字为右对齐，逻辑值和错误值为居中对齐。

操作 3：设置行高和列宽。

(1)选择第 1 行，在“单元格”功能区单击格式下拉按钮，然后单击“行高”命令，在弹出的“行高”对话框中输入行高“36”，单击“确定”按钮，如图 4-23 所示。

(2)选择第 2 行，设置行高为“33”。

(3)选择第 3 行~第 14 行，设置行高为“20.5”。

(4)选择第 A 列~第 J 列，单击“自动调整列宽”命令，被选定的列将根据列中的数据自动调整为最适合的宽度。

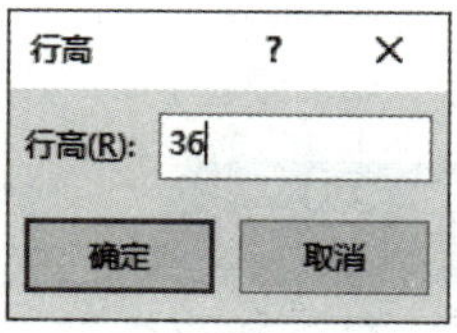

图 4-23　设置行高

操作 4：设置表格线。

(1)选择 A2：J14 单元格区域，在“单元格”功能区单击格式下拉按钮，单击“设置单元格格式”命令，弹出“设置单元格格式”对话框，切换到“边框”选项卡中进行设置，如图 4-24 所示，分别单击“外边框”和“内部”按钮，然后单击“确定”按钮，完成外边框及内框线设置。

(2)选择 A2：J14 单元格区域，设置下框线为“双线”“蓝色”，单击“确定”按钮，完成标题行下框线设置。

(3)至此，整个人事档案表制作完毕，单击“快速访问工具栏”的“保存”按钮，在弹出的“另存为”对话框中，输入文件名“人事档案表.xls”，单击“保存”按钮，即可保存到默认位置“我的文档”中。

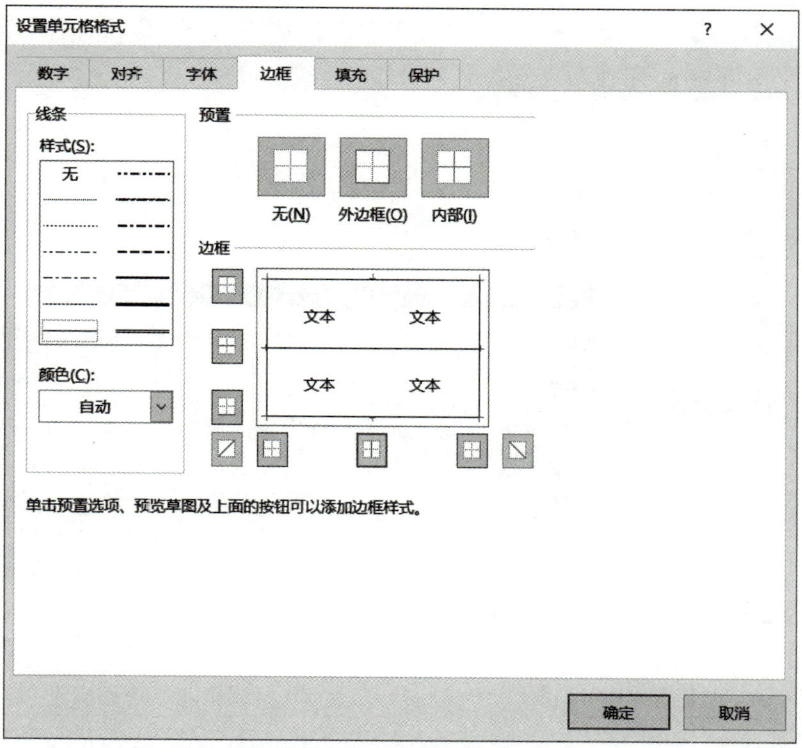

图 4-24　设置单元格格式

**【能力拓展】**在默认情况下，Excel 中的单元格线条并不是表格的边框线，而是网格线，在打印文件时并不会显示出来。用户可以自行添加表格边框，使打印出来的表格具有实际的边框线。

# 任务五 工作表的美化

## 任务要求

对 Excel 工作表进行美化，不仅仅是让 Excel 工作表更美观，还可以让表格看起来更清晰，一目了然，让看表人根据你的思路去看表格。

## 任务实施

（1）选择 A3：A14 单元格区域，选择“格式/设置单元格格式”命令，弹出“设置单元格格式”对话框，切换到“数字”选项卡进行设置，如图 4-25 所示。单击“确定”按钮，完成“序号”自定义格式设置。

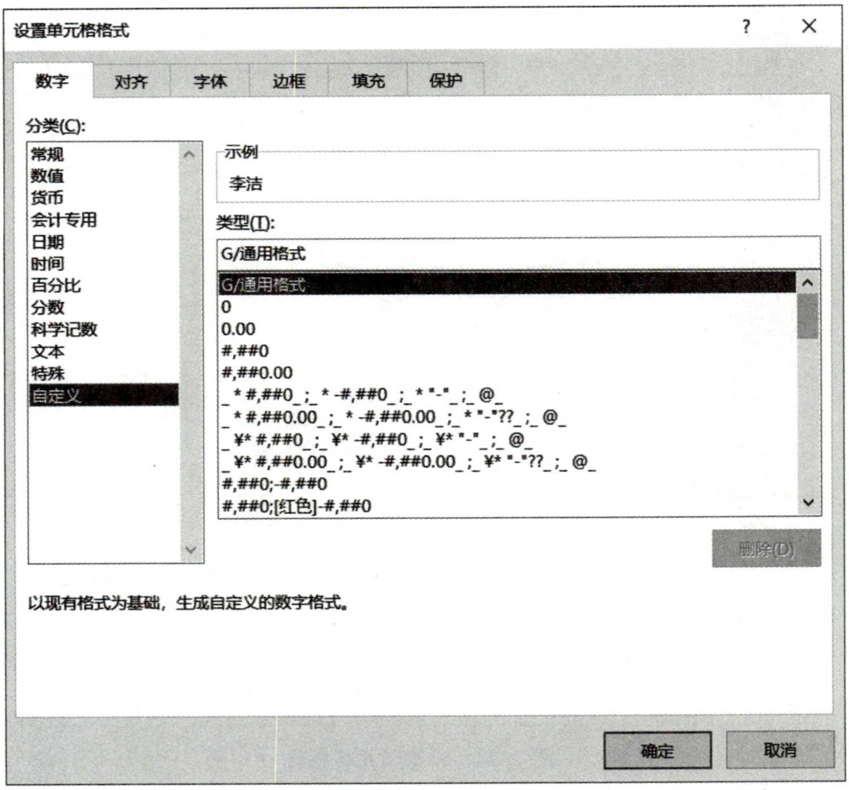


图 4-25 “序号”自定义格式设置

（2）选择 D3：D14 单元格区域，选择“格式/设置单元格格式”命令，弹出“设置单元格格式”对话框，切换到“数字”选项卡进行设置，如图 4-26 所示。单击“确定”按钮，完成“出生日期”自定义格式设置。

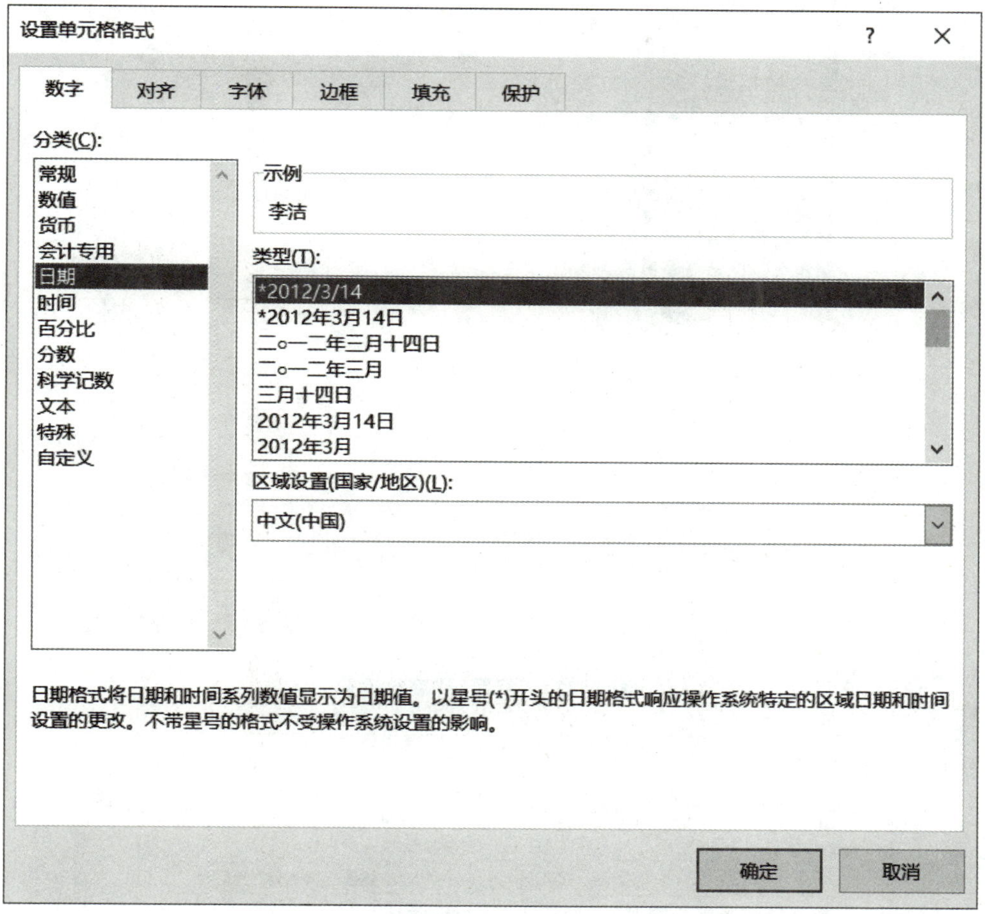


图 4-26　“出生日期”自定义格式设置

(3)选择 A2：J2 单元格区域，选择“格式/设置单元格格式”命令，弹出“设置单元格格式”对话框，切换到“填充”选项卡进行设置。单击“确定”按钮，完成“标题行”底纹设置，如图 4-27 所示。

(4)选择 A3：A14 单元格区域，选择“格式/设置单元格格式”命令，弹出“设置单元格格式”对话框，切换到“填充”选项卡，在“图案样式”下的“图案”列表中，设置如图 4-28 所示，单击“确定”按钮，完成“序号”底纹图案设置。

(5)选择 E4 单元格，选择“审阅/新建批注”命令，在“批注”文本框中，删除“计算机名”，输入内容并进行字体设置，如图 4-29 所示。

(6)选择 E4 单元格，单击(复制)按钮，再选择 E9 单元格，选择“粘贴/选择性粘贴”命令，在弹出的“选择性粘贴”对话框中进行设置，如图 4-30 所示，完成批注的复制。

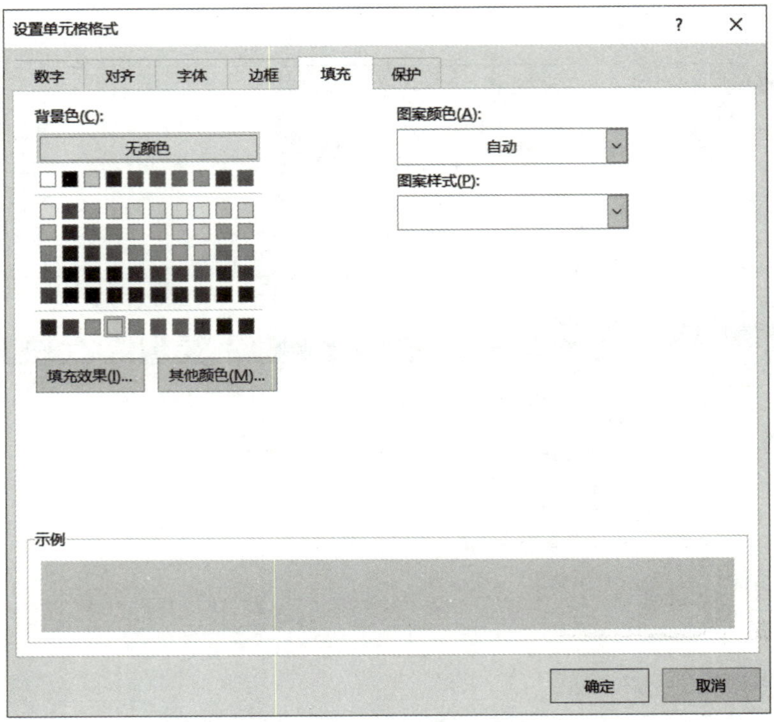


图 4-27 “标题行”底纹设置

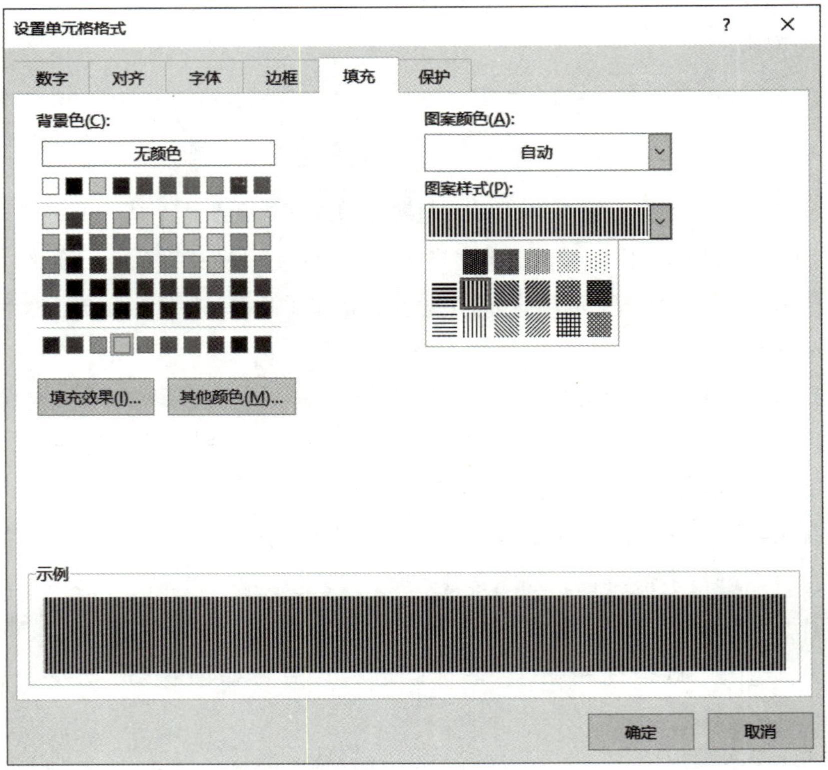


图 4-28 “序号”底纹图案设置

图 4-29 插入批注

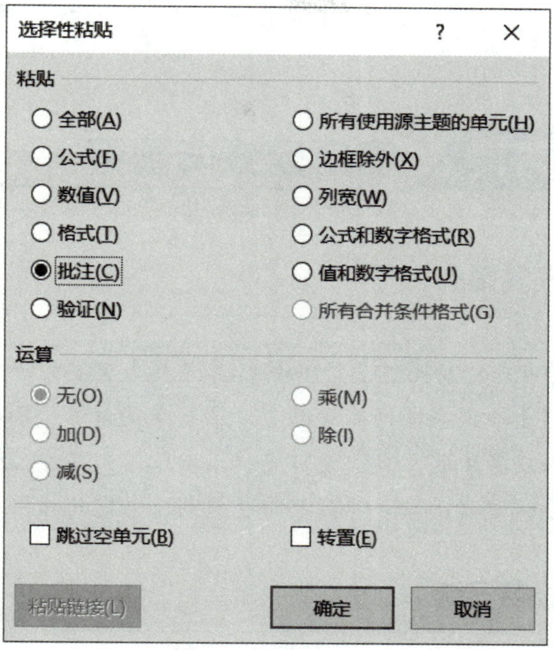


图 4-30 复制批注

(7) 双击工作表标签“Sheet1”，将其重命名为“人事档案表”。

(8) 右键单击“人事档案表”工作表标签，在弹出的快捷菜单中，选择“工作表标签颜色”命令，在弹出的“设置工作表标签颜色”对话框中进行设置，如图 4-31 所示。

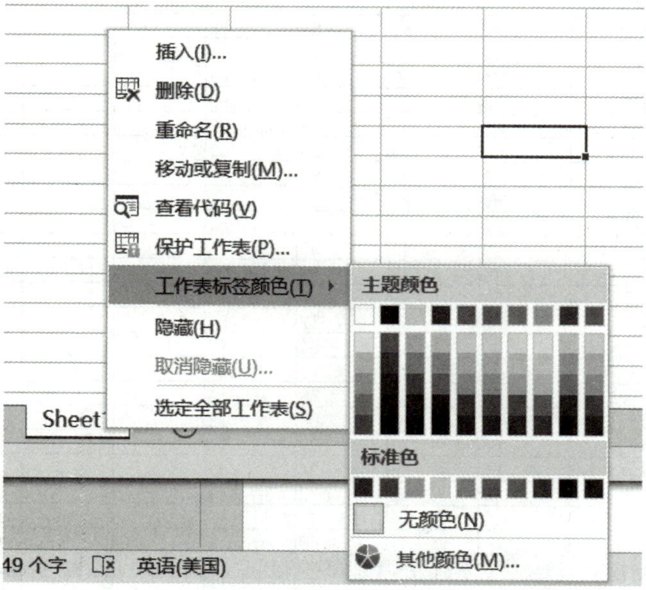


图 4-31 设置工作表标签颜色

(9) 至此，“人事档案表”项目美化完成，单击“保存”按钮保存退出。

【能力拓展】为工作表填充颜色或图案，可以美化工作表的外观，也可以突出其中的特殊数据。填充工作表包括填充纯色、填充渐变色、填充图案 3 种方式。

# 任务六 应用公式与函数

## 任务要求

在 Excel 2016 中，数据的计算是相当重要的一项功能，对于简单的计算，用户可以自己写出公式来求计算结果，对于复杂的计算，Excel 2016 给出了相应的函数，用户只要输入函数中的参数，便可直接求出结果。另外，运算符的类型以及运算的优先级，在使用公式或者函数计算数据时也起到了关键的作用。

## 任务实施

操作 1：输入数据并格式化。

(1)启动 Excel 2016，输入“《计算机基础》成绩表”数据，内容如图 4-32 所示。

| | A | B | C | D | E | F | G | H | I | J |
|---|---|---|---|---|---|---|---|---|---|---|
| 1 | 《计算机基础》成绩表 | | | | | | | | | |
| 2 | 学号 | 姓名 | 平时（10%） | 作业（10%） | 上机（20%） | 期终（60%） | 总分 | 平均分 | 名次 | 评语 |
| 3 | 2011023001 | 张一一 | 78 | 82 | 69 | 88 | | | | |
| 4 | 2011023002 | 王一二 | 53 | 89 | 82 | 85 | | | | |
| 5 | 2011023003 | 耿一 | 71 | 50 | 94 | 85 | | | | |
| 6 | 2011023004 | 骆六 | 72 | 61 | 57 | 90 | | | | |
| 7 | 2011023005 | 耿一三 | 81 | 54 | 89 | 80 | | | | |
| 8 | 2011023006 | 张一二 | 58 | 90 | 83 | 61 | | | | |
| 9 | 2011023007 | 李三三 | 51 | 99 | 93 | 51 | | | | |
| 10 | 2011023008 | 闫一一 | 86 | 93 | 90 | 73 | | | | |
| 11 | 2011023009 | 薛二三 | 59 | 59 | 68 | 61 | | | | |
| 12 | 2011023010 | 冯一六 | 80 | 65 | 99 | 76 | | | | |
| 13 | 2011023011 | 杨六一 | 74 | 88 | 53 | 60 | | | | |
| 14 | 2011023012 | 王三三 | 52 | 83 | 84 | 65 | | | | |
| 15 | 2011023013 | 黄一 | 66 | 56 | 57 | 59 | | | | |
| 16 | 2011023014 | 刘三二 | 70 | 63 | 51 | 77 | | | | |
| 17 | 2011023015 | 关一四 | 77 | 81 | 70 | 81 | | | | |
| 18 | 2011023016 | 丁一二 | 52 | 63 | 60 | 64 | | | | |
| 19 | 2011023017 | 常三六 | 67 | 77 | 65 | 78 | | | | |
| 20 | 2011023018 | 贾四 | 60 | 71 | 72 | 64 | | | | |
| 21 | 2011023019 | 温五六 | 66 | 76 | 94 | 88 | | | | |
| 22 | 2011023020 | 何三三 | 76 | 68 | 72 | 69 | | | | |
| 23 | 最高分 | | | | | | | | | |
| 24 | 最低分 | | | | | | | | | |
| 25 | 分数段统计 | 90分以上 | 89-80分 | 70-79分 | 60-69分 | 60分以下 | 平均分 | 及格人数 | 不及格人数 | 及格率 |
| 26 | | | | | | | | | | |

图 4-32 输入数据

(2)美化工作表，选择单元格 A1：J1，将其“合并居中”并设置字号为 18 磅，颜色为“蓝色”。

(3)选择 A2：J2 单元格，打开“格式/设置单元格格式”对话框，单击“对齐”选项卡，单击“自动换行”复选框，如图 4-33 所示。

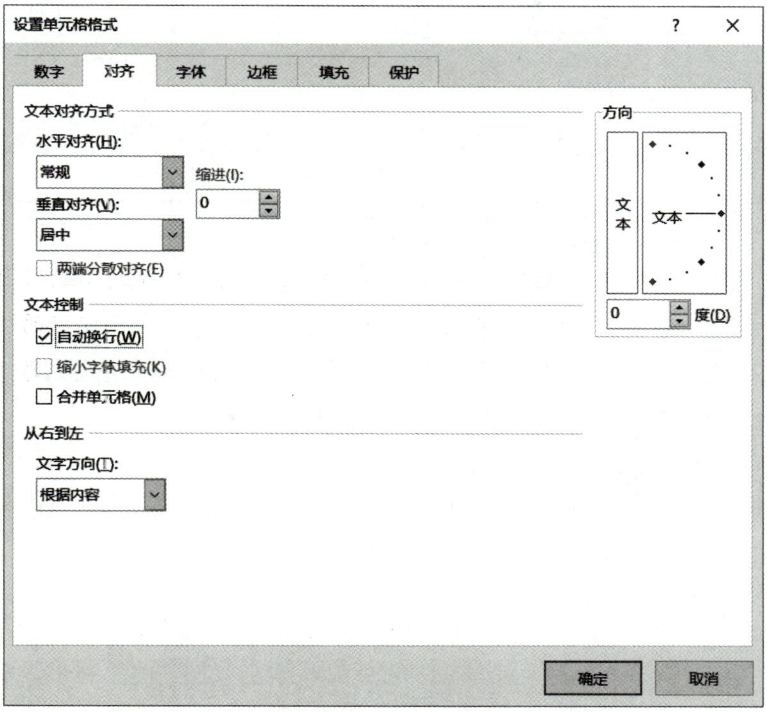


图 4-33　设置单元格格式

(4)合并 A23：B23 单元格、合并 A24：B24 单元格。

(5)设置单元格背景颜色。选择 B25：J25，打开“格式/设置单元格格式”对话框，单击“填充”选项卡，单击“背景色”下面的“色块”，如图 4-34 所示。

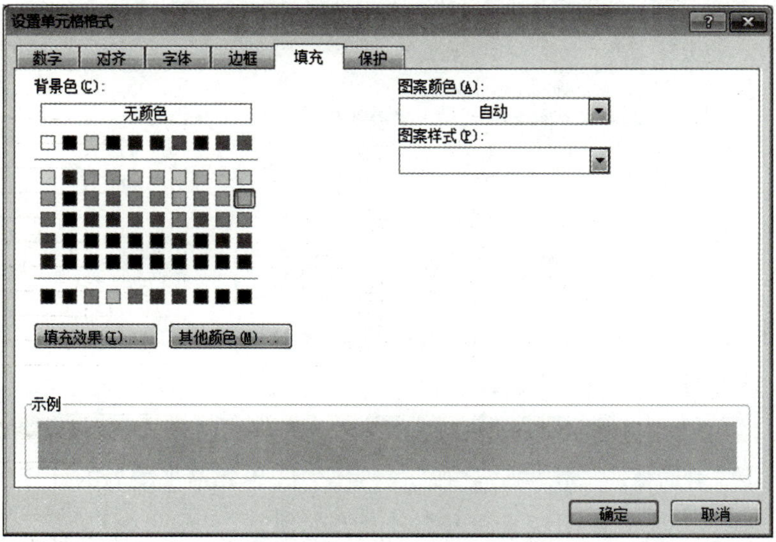


图 4-34　设置单元格背景颜色

操作 2：计算总分。

（1）总分的计算：单击单元格 G3，在其中输入公式“=C3 * 10%+D3 * 10%+E3 * 20%+F3 * 60%”，按下“Enter”键或单击“编辑”工具栏上的输入（✓）按钮，计算出“总分”，如图 4-35 所示。

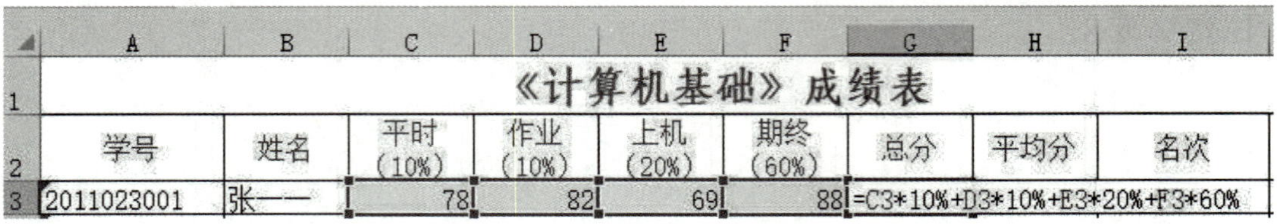

| | A | B | C | D | E | F | G | H | I |
|---|---|---|---|---|---|---|---|---|---|
| 1 | 《计算机基础》成绩表 | | | | | | | | |
| 2 | 学号 | 姓名 | 平时（10%） | 作业（10%） | 上机（20%） | 期终（60%） | 总分 | 平均分 | 名次 |
| 3 | 2011023001 | 张一一 | 78 | 82 | 69 | 88 | =C3*10%+D3*10%+E3*20%+F3*60% | | |

图 4-35 输入公式

（2）公式的复制计算：选定单元格 G3，拖曳填充柄至 G22 单元格处释放鼠标左键，利用填充柄完成公式的复制，计算出 G3：G22 单元格区域的“总分”。

操作 3：平均分的计算。

（1）使用函数计算“平均分”：选定单元格 H3，单击编辑栏 $f_x$ 按钮，在弹出的“插入函数”对话框中选择函数“AVERAGE”，如图 4-36 所示。

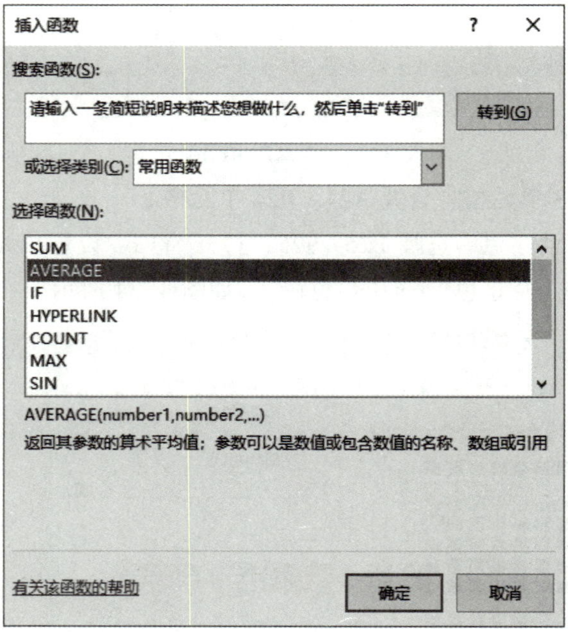


图 4-36 “插入函数”对话框

（2）单击“确定”按钮，弹出“函数参数”对话框，如图 4-37 所示，单击右侧“ ”按钮，出现如图 4-38 所示的对话框，用鼠标选择 C3：F3 单元格，再单击右边的“ ”按钮，返回到“函数参数”对话框，单击“确定”按钮，完成 H3 单元格平均分的计算。

（3）复制公式，完成 H4：H22 单元格的平均成绩计算。

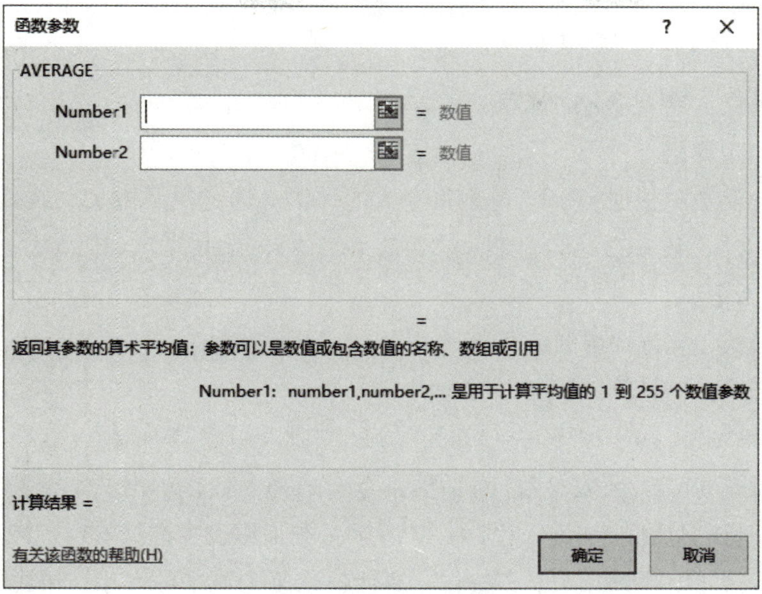


图 4-37　"函数参数"对话框

图 4-38　输入函数参数

操作 4：名次的计算。

(1)选定单元格 I3，单击编辑栏 $f_x$ 按钮，在弹出的"插入函数"对话框中选择函数"RANK"，如图 4-39 所示。

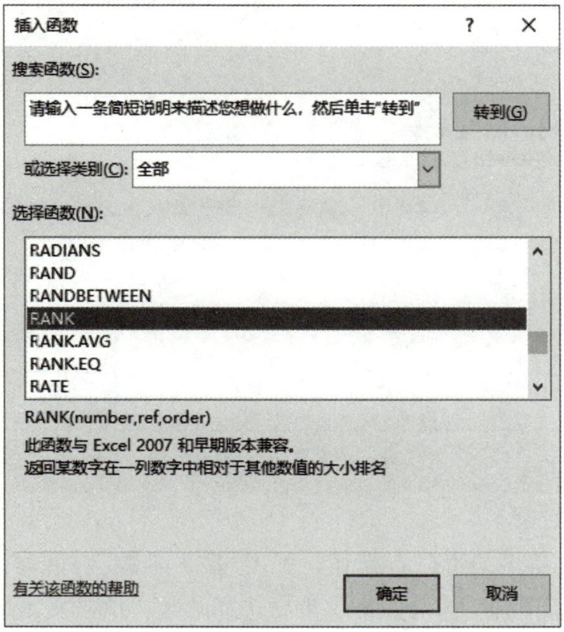


图 4-39　插入"RANK"函数

(2)单击“确定”按钮，在弹出的“函数参数”对话框中输入如图 4-40 所示的参数，单击“确定”按钮。

(3)复制公式，完成排名的计算。

操作 5：给定评语。

(1)使用 if 函数，根据“总分”得出每个人的评语。选定单元格 J3，在其中输入“=IF(G3>85,"优秀",IF(G3>80,"良好",IF(G3>70,"中等",IF(G3>60,"一般","差"))))”后回车。

(2)复制公式，完成评语的计算。

操作 6：最高分的计算。

选择 C23 单元格，单击编辑栏 $f_x$ 按钮，弹出“插入函数”对话框，选择“MAX”函数，单击“确定”按钮。弹出“函数参数”对话框。重新选择参数，单击文本框右侧的“(折叠)”按钮，这时该对话框缩小至如图 4-37 所示，在工作表中选择 C3：C22 单元格区域，作为函数的参数。单击“(展开)”按钮，对话框恢复为原来的大小。单击“确定”按钮，计算出“平时”的最高分。

选择 C23 单元格，拖曳填充柄至 G23 单元格处释放鼠标左键，利用填充柄完成公式的复制，计算出 C23：C22 单元格区域的“最高分”。

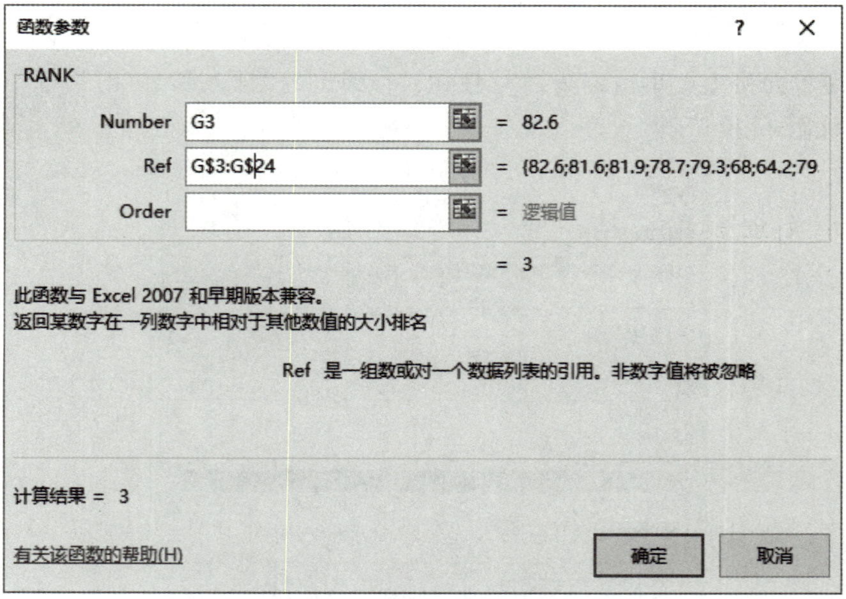


图 4-40 输入参数

操作 7：最低分的计算。

选择 C24 单元格，单击编辑栏 $f_x$ 按钮，弹出“插入函数”对话框，选择“min”函数，单击“确定”按钮。弹出“函数参数”对话框。重新选择参数，单击文本框右侧的“(折叠)”按钮，这时该对话框缩小至如图 4-38 所示，在工作表中选择 C3：C22 单元格区域，作为函数的参数。单击“(展开)”按钮，对话框恢复为原来的大小。单击“确定”按钮，计算出“平时”的最低分。

选择 C24 单元格，拖曳填充柄至 G24 单元格处释放鼠标左键，利用填充柄完成公式的复制，计算出 C3：C22 单元格区域的“最低分”。

操作 8：各分数段人数的统计。

(1)单击 B26 单元格，输入公式“=COUNTIF($G$3：$G$22,">=90")”，按下“Enter”键或单击“编辑”工具栏上的输入($f_x$)按钮，计算出“90 分以上”的人数。

(2)选定 C26 单元格，输入公式“=COUNTIF($G$3：$G$22,">=80")”，按下“Enter”键或单击“编辑”工具栏上的输入(✓)按钮，计算出“80-89 分”的人数。

(3)选定 D26 单元格，输入公式“=COUNTIF($G$3：$G$22,">=70")-COUNTIF($G$3：$G$22,">=80")”，按下“Enter”键或单击“编辑”工具栏上的输入(✓)按钮，计算出“70-79 分”的人数。

(4)选定 E26 单元格，输入公式“=COUNTIF($G$3：$G$22,">=60")-COUNTIF($G$3：$G$22,">=70")”，按下“Enter”键或单击“编辑”工具栏上的输入(✓)按钮，计算出“60-69 分”的人数。

(5)选定 E26 单元格，输入公式“=COUNTIF($G$3：$G$22,"<60")”，按下“Enter”键或单击“编辑”工具栏上的输入(✓)按钮，计算出“60 分以下”的人数。

操作 9：平均分的计算。

选定 G26 单元格，输入公式“=AVERAGE(G3：G22)”，按下“Enter”键或单击“编辑”工具栏上的输入(✓)按钮，计算出“平均分”。

操作 10：计算及格人数。

选定 F26 单元格，输入公式“=B26+C26+D26+E26”，计算“及格人数”按下“Enter”键或单击“编辑”工具栏上的输入(✓)按钮，计算出“及格人数”。

操作 11：计算及格率。

选定 G26 单元格，输入公式“=H26/(H26+I26)”，计算“及格人数”按下“Enter”键或单击“编辑”工具栏上的输入(✓)按钮，计算出“及格率”。

至此，使用公式和函数计算“《计算机基础》成绩表”相关数据完成，单击“保存”按钮，最终效果如图 4-41 所示。

| | A | B | C | D | E | F | G | H | I | J |
|---|---|---|---|---|---|---|---|---|---|---|
| 1 | 《计算机基础》成绩表 | | | | | | | | | |
| 2 | 学号 | 姓名 | 平时（10%） | 作业（10%） | 上机（20%） | 期终（60%） | 总分 | 平均分 | 名次 | 评语 |
| 3 | 2011023001 | 张一一 | 78 | 82 | 69 | 88 | 82.6 | 79.25 | 2 | 良好 |
| 4 | 2011023002 | 王一二 | 53 | 89 | 82 | 85 | 81.6 | 77.25 | 4 | 良好 |
| 5 | 2011023003 | 耿一 | 71 | 50 | 94 | 85 | 81.9 | 75 | 3 | 良好 |
| 6 | 2011023004 | 骆六 | 72 | 61 | 57 | 90 | 78.7 | 70 | 8 | 中等 |
| 7 | 2011023005 | 耿一三 | 81 | 54 | 89 | 80 | 79.3 | 76 | 7 | 中等 |
| 8 | 2011023006 | 张一二 | 58 | 90 | 83 | 61 | 68 | 73 | 14 | 一般 |
| 9 | 2011023007 | 李三三 | 51 | 99 | 93 | 51 | 64.2 | 73.5 | 16 | 一般 |
| 10 | 2011023008 | 闫一一 | 86 | 93 | 90 | 73 | 79.7 | 85.5 | 6 | 中等 |
| 11 | 2011023009 | 薛二三 | 59 | 59 | 68 | 61 | 62 | 61.75 | 18 | 一般 |
| 12 | 2011023010 | 冯一六 | 80 | 65 | 99 | 76 | 79.9 | 80 | 5 | 中等 |
| 13 | 2011023011 | 杨六一 | 74 | 88 | 53 | 60 | 62.8 | 68.75 | 17 | 一般 |
| 14 | 2011023012 | 王三三 | 52 | 83 | 84 | 65 | 69.3 | 71 | 13 | 一般 |
| 15 | 2011023013 | 黄一 | 66 | 56 | 57 | 59 | 59 | 59.5 | 20 | 差 |
| 16 | 2011023014 | 刘三二 | 70 | 63 | 51 | 77 | 69.7 | 65.25 | 12 | 一般 |
| 17 | 2011023015 | 关一四 | 77 | 81 | 70 | 81 | 78.4 | 77.25 | 9 | 中等 |
| 18 | 2011023016 | 丁一二 | 52 | 63 | 60 | 64 | 61.9 | 59.75 | 19 | 一般 |
| 19 | 2011023017 | 常三六 | 67 | 77 | 65 | 78 | 74.2 | 71.75 | 10 | 中等 |
| 20 | 2011023018 | 贾四 | 60 | 71 | 72 | 64 | 65.9 | 66.75 | 15 | 一般 |
| 21 | 2011023019 | 温五六 | 66 | 76 | 94 | 88 | 85.8 | 81 | 1 | 优秀 |
| 22 | 2011023020 | 何三三 | 76 | 68 | 72 | 69 | 70.2 | 71.25 | 11 | 中等 |
| 23 | 最高分 | | 86 | 99 | 99 | 90 | 85.8 | 85.5 | | |
| 24 | 最低分 | | 51 | 50 | 51 | 51 | 59 | 59.5 | | |
| 25 | 分数段统计 | 90分以上 | 89-80分 | 70-79分 | 60-69分 | 60分以下 | 平均分 | 及格人数 | 不及格人数 | 及格率 |
| 26 | | 0 | 4 | 7 | 8 | 1 | 72.755 | 19 | 1 | 95.00% |

**图 4-41　最终效果图**

**【能力拓展一】**

1. 单元格的引用

在使用公式进行数据计算时，除了可以直接使用常量数据之外，还可以引用单元格。例如：公式=A1+B3-728 中，引用了单元格 A1 和 B3，同时还使用了常量 728。

引用单元格是通过特定的单元格符号来标识工作表上的单元格或单元格区域，指明公式中所使用的数据位置。通过单元格的引用，可以在公式中使用工作表中不同单元格的数据，或者在多个公式中使用同一单元格的数值。还可以引用同一工作簿不同工作表的单元格、不同工作簿的单元格，甚至其他应用程序中的数据。

2. 按地址引用单元格

按地址引用单元格是指在 Excel 工作表的行采用数字(1、2、3…)编号，列采用字母(A、B、C…)编号，然后使用单元格所在的行列编号来表示单元格。

3. 相对、绝对和混合引用

在 Excel 中有 3 种不同的引用类型：绝对引用、相对引用和混合引用。它们之间既有区别，又有联系。

(1) 相对引用：单元格的相对引用是指在生成公式时，对单元格或单元格区域的引用基于它们与公式单元格的相对位置。使用相对引用后，系统将会记住建立公式的单元格和被引用的单元格的相对位置关系，在粘贴这个公式时，新的公式单元格和被引用的单元格仍保持这种相对位置。

(2) 绝对引用：单元格的绝对引用是指在生成公式时，对单元格或单元格区域的引用是单元格的绝对位置。不论包含公式的单元格处在什么位置，公式中所引用的单元格位置都不会发生改变。

(3)混合引用：混合引用是指行采用相对引用而列采用绝对引用，或是列采用相对引用而行采用绝对引用。绝对引用列采用 $A1、$B1 等形式；绝对引用行采用 A$1、B$1 等形式。

**【能力拓展二】**

1. 公式的概述

公式是指使用运算符和函数，对工作表数据以及普通常量进行运算的方程式。

在工作表中，可以使用公式和函数对表格中原始数据进行处理。通过公式以及在公式中调用函数，除了可以进行简单的数据计算(如加、减、乘、除)外，还可以完成较为复杂的财务、统计及科学计算等。

一个完整的公式由以下几部分组成：

(1)等号“=”：相当于公式的标记，表示之后的字符为公式。

(2)运算符：表示运算关系的符号，如加号“+”、引用符号“:”。

(3)函数：一些预定义的计算关系，可将参数按特定的顺序或结构进行计算，如求和函数 sum。

(4)单元格引用：参与计算的单元格或单元格区域，如单元格 A1。

(5)常量：参与计算的常数，如数字 2。

2. 公式所用的运算符

在 Excel 中，运算符是指在公式中用于进行计算的加、减、乘、除，以及其他运算符等符号。运算符可以分为算术运算符、比较运算符、文本运算符和引用运算符。在公式中使用不同类型的运算符，产生的结果截然不同。

(1)运算符的优先级。

①输入公式。选择需要输入公式的单元格，然后输入“=”作为公式的开始，再输入公式中的其他元素，如“=5+25”，单击“输入”按钮或按“Enter”键，计算结果即可显示在所选单元格中，在编辑栏中将显示公式内容，如图 4-42 所示。

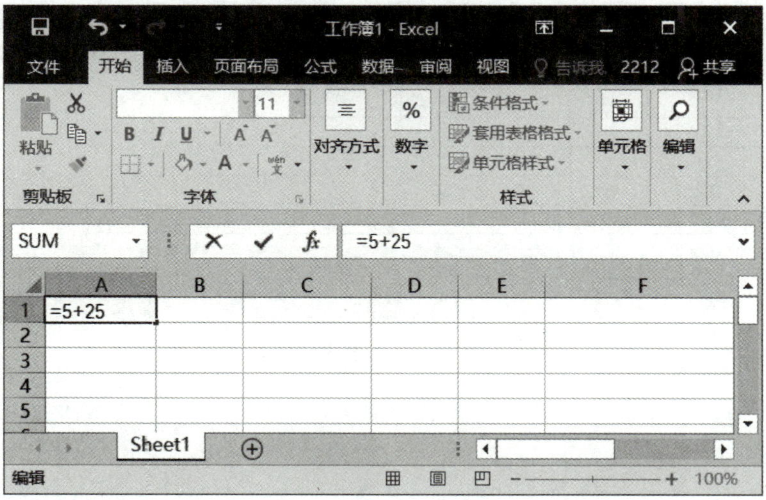


图 4-42　输入公式

②应用数组公式。选择需建立数组公式的单元格区域。输入等号(=)，开始建立公式。在工作表中，指定引用的单元格和输入公式运算符，如图 4-43 所示，公式输入完成后，按下 Ctrl+Shift+Enter 组合键，即可计算出结果，如图 4-44 所示。

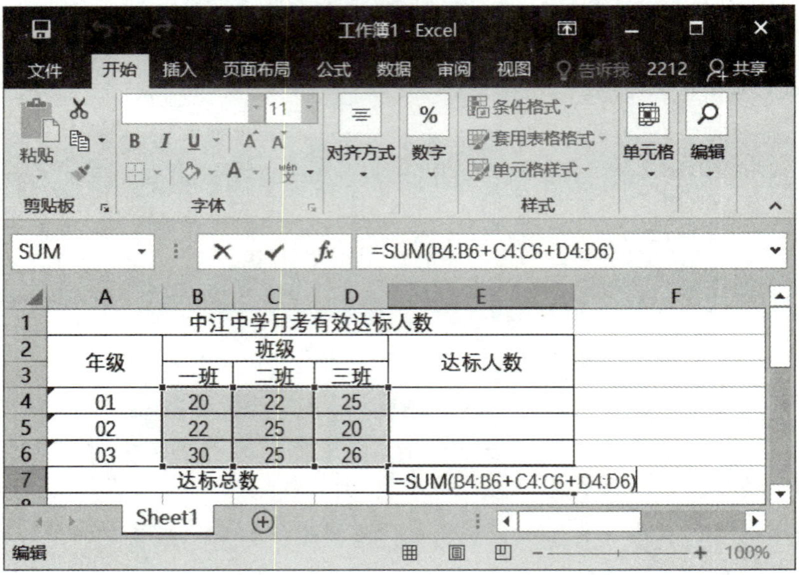


图 4-43　输入公式

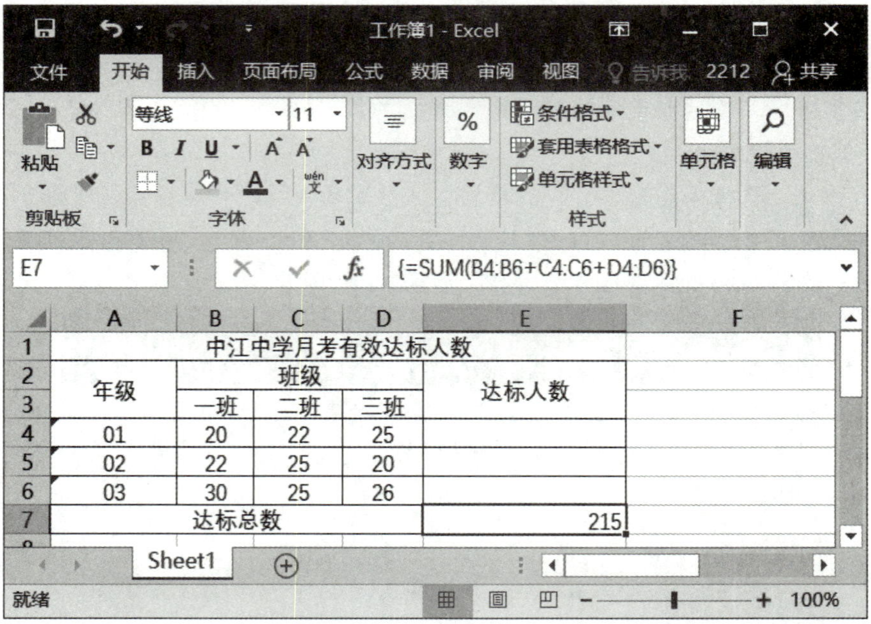


图 4-44　计算结果

③修改公式。在输入公式后，如果要对公式进行修改，可以采用以下两种常用的方法：

双击公式所在的单元格，将光标移动到要修改对象的位置，删除不需要的内容，或输入补充的内容，如图 4-45 所示。

选择公式所在的单元格，在编辑栏中对公式进行修改，如图 4-46 所示。

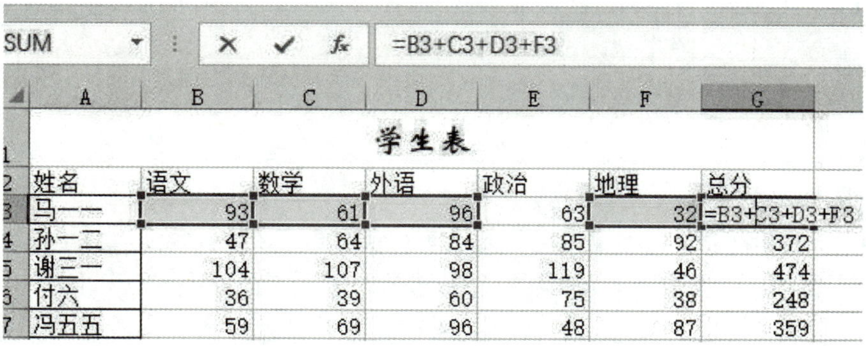


| | A | B | C | D | E | F | G |
|---|---|---|---|---|---|---|---|
| 1 | 学生表 | | | | | | |
| 2 | 姓名 | 语文 | 数学 | 外语 | 政治 | 地理 | 总分 |
| 3 | 马一一 | 93 | 61 | 96 | 63 | 32 | =B3+C3+D3+F3 |
| 4 | 孙一二 | 47 | 64 | 84 | 85 | 92 | 372 |
| 5 | 谢三一 | 104 | 107 | 98 | 119 | 46 | 474 |
| 6 | 付六 | 36 | 39 | 60 | 75 | 38 | 248 |
| 7 | 冯五五 | 59 | 69 | 96 | 48 | 87 | 359 |

**图 4-45　在单元格中修改公式**

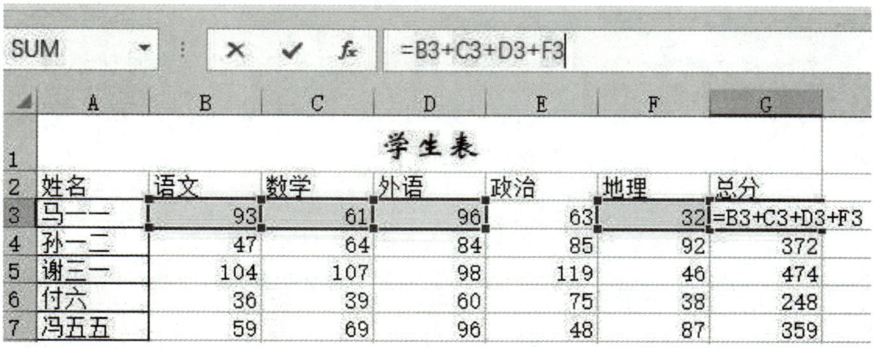


| | A | B | C | D | E | F | G |
|---|---|---|---|---|---|---|---|
| 1 | 学生表 | | | | | | |
| 2 | 姓名 | 语文 | 数学 | 外语 | 政治 | 地理 | 总分 |
| 3 | 马一一 | 93 | 61 | 96 | 63 | 32 | =B3+C3+D3+F3 |
| 4 | 孙一二 | 47 | 64 | 84 | 85 | 92 | 372 |
| 5 | 谢三一 | 104 | 107 | 98 | 119 | 46 | 474 |
| 6 | 付六 | 36 | 39 | 60 | 75 | 38 | 248 |
| 7 | 冯五五 | 59 | 69 | 96 | 48 | 87 | 359 |

**图 4-46　在编辑栏中修改公式**

④复制公式。如果要在多个单元格中使用相同的公式，可以通过复制公式的方法快速完成操作。复制公式的方法通常包括如下几种方法：

使用剪贴板，使用填充柄，使用快捷键。

⑤移动公式。移动公式是将创建的公式移动到其他位置，其操作与复制公式的操作相似。用户可以使用如下两种方式移动公式：

选择要移动的单元格，单击“剪贴板”选项组中的“剪切”按钮，然后选择将公式移动到的单元格，单击“剪贴板”选项组中的“粘贴”按钮，即可将公式移动到该单元格中。

选择要移动公式的单元格，按下 Ctrl+X 组合键剪切公式，然后选择要移动到的单元格，按下 Ctrl+V 组合键进行粘贴，完成公式的移动操作。

⑥查询公式错误。输入的公式如果出现了错误，会造成公式的计算错误。不同原因造成的公式错误，产生的结果也不一样，下面列举了产生错误公式的各种样式和相应的原因。

“#####!”：公式计算出的结果长度超出了单元格的宽度，只需增加单元格列宽即可。

“#DIV/0”：除数为 0，当单元格里为空时，在进行除法运算时，就会出现该错误。

“#N/A”：缺少函数参数，或者没有可用的数值，产生这个错误的原因，往往是因为输入格式不对。

“#NAME?”：公式中引用了无法识别的成分，当公式中使用的名称被删除时，常会产生这个错误。

“#NULL”：使用了不正确的单元格或单元格区域引用。

“#NUM!”：在需要输入数字的函数中，输入了其他格式的参数，或者输入的数字超出了函数范围。

“#REF!”：引用了一个无效的单元格，当该单元格被删除时，就会产生该错误。

“#VALUE!”：公式中的参数产生了运算错误，或者参数的类型不正确。

⑦应用函数。Excel 中所提的函数其实是一些预定义的公式，它们使用一些称为参数的特定数值按特定的顺序或结构进行计算。可以直接用它们对某个区域内的数值进行一系列处理，如分析、处理日期值和时间值等。

函数是由 Excel 内部定义的、完成特定计算的公式。例如，要求单元格 A1 到 H1 中一系列数字之和，可以输入函数=SUM(A1：H1)，而不是输入公式=A1+B1+C1+…+H1。函数可以使用范围引用(如 SALES)及数字值(如 58.64)。

用户要使用函数时，可以在单元格中直接输入函数，也可以使用函数向导插入函数。每个函数都由下面 3 种元素构成：

“=”等：表示后面跟着函数(公式)。

函数名(如 SUM)：表示将执行的操作。

变量(如 A1：H1)：表示函数将作用的值的单元格地址。变量通常是一个单元格区域，还可以表示更为复杂的内容。

**【能力拓展三】**常用函数的运用

Excel 提供了大量的系统函数，功能非常丰富。按照其功能来划分主要有统计函数、日期与时间函数、数学与三角函数、财务函数、逻辑函数、文本函数、数据库函数等。

在输入函数时，必须以“=”开头，输入函数的一般格式为：

=函数名(参数 1，参数 2，…)

(1)SUM(number1，number2，…)，返回参数之和。

(2)AVERAGE(number1，number2，…)，返回参数的平均值。

(3)COUNT(value1，value2，…)，返回包含数字以及包含参数列表中的数字的单元格的个数。

(4)COUNTIF(range，criteria)，返回区域中满足给定条件的单元格的个数，其中：

range 是统计的单元格区域；

criteria 为确定哪些单元格将被计算在内的条件。其形式可以为数字、表达式或文本。例如，条件可以表示为 32、“32”、“>32”或“apples”等。

(5)SUMIF(range，criteria，sum_range)，返回满足条件的若干单元格的和，其中：
range 为用于条件判断的单元格区域；
criteria 为确定哪些单元格将被相加求和的条件；
sum_range 是需要求和的实际单元格(区域)。
(6)逻辑函数 IF(logical_test，value_if_true，value_if_false)。
执行真假值判断，根据逻辑计算的真假值，返回不同结果。其中：
logical_test 表示计算结果为 TRUE 或 FALSE 的任意值或表达式；
value_if_true 是 logical_test 为 TRUE 时返回的值；
value_if_false 是 logical_test 为 FALSE 时返回的值。
如：=if(5>3,"Y","N")返回"Y"，而=if(5>30,"Y","N")返回"N"。

# 任务七 数据分析与管理

## 任务要求

Excel 在数据组织、数据管理、数据计算、数据分析等方面都具有非常强大的功能。财务人员可以使用它在数据库管理方面的特性进行财务分析和统计分析；管理人员也可以用它进行管理分析等操作。

## 任务实施

操作 1：数据排序。

在工作表数据库，即数据清单中，可以按照记录的单位对数据进行排序。在对数据记录进行排序时，Excel 将利用指定的排序顺序重新排列行、列或单元格。排序时可按单个字段也可按多个字段进行排序。

(1)首先建立如图 4-47 所示的“天地网络有限公司职员工资表.xlsx”，并做相应设置。

(2)按“浮动工资”由高到低降序排序。选择“浮动工资”列中的任一单元格，单击打开“数据”选项卡“排序和筛选”功能区中“排序”按钮左侧“降序”命令，按金额由高到低降序排序，如图 4-48 所示。

天地网络有限公司职员工资表

| 姓名 | 性别 | 出生年月 | 学历 | 基本工资 | 浮动工资 | 生活补贴 | 总收入 |
|---|---|---|---|---|---|---|---|
| 赵一一 | 女 | 1980-1-23 | 本科 | 519 | 363 | 269 | 1151 |
| 魏一二 | 女 | 1990-9-12 | 大专 | 627 | 195 | 124 | 946 |
| 李一三 | 女 | 1987-6-7 | 本科 | 1058 | 838 | 137 | 2033 |
| 魏四六 | 女 | 1988-11-4 | 研究生 | 1326 | 813 | 249 | 2388 |
| 陈一六 | 男 | 1992-4-9 | 研究生 | 1331 | 249 | 173 | 1753 |
| 姜八八 | 女 | 1991-9-23 | 研究生 | 1351 | 854 | 213 | 2418 |
| 扬一三 | 男 | 1989-7-5 | 大专 | 1368 | 607 | 170 | 2145 |
| 李四五 | 男 | 1984-3-5 | 大专 | 1525 | 547 | 160 | 2232 |
| 王一五 | 男 | 1988-5-8 | 本科 | 1534 | 187 | 242 | 1963 |
| 王四五 | 女 | 1991-12-20 | 本科 | 1562 | 693 | 147 | 2402 |

图 4-47　职员工资表

天地网络有限公司职员工资表

| 姓名 | 性别 | 出生年月 | 学历 | 基本工资 | 浮动工资 | 生活补贴 | 总收入 |
|---|---|---|---|---|---|---|---|
| 姜八八 | 女 | 1991-9-23 | 研究生 | 1351 | 854 | 213 | 2418 |
| 李一三 | 女 | 1987-6-7 | 本科 | 1058 | 838 | 137 | 2033 |
| 魏四六 | 女 | 1988-11-4 | 研究生 | 1326 | 813 | 249 | 2388 |
| 王四五 | 女 | 1991-12-20 | 本科 | 1562 | 693 | 147 | 2402 |
| 扬一三 | 男 | 1989-7-5 | 大专 | 1368 | 607 | 170 | 2145 |
| 李四五 | 男 | 1984-3-5 | 大专 | 1525 | 547 | 160 | 2232 |
| 赵一一 | 女 | 1980-1-23 | 本科 | 519 | 363 | 269 | 1151 |
| 陈一六 | 男 | 1992-4-9 | 研究生 | 1331 | 249 | 173 | 1753 |
| 魏一二 | 女 | 1990-9-12 | 大专 | 627 | 195 | 124 | 946 |
| 王一五 | 男 | 1988-5-8 | 本科 | 1534 | 187 | 242 | 1963 |

图 4-48　按“浮动工资”由高到低降序排序

(3)按“基本工资”由低到高升序排序。选择“基本工资”列中的任一单元格，单击打开“数据”选项卡“排序和筛选”功能区中“排序”按钮左侧“升序”命令，按基本工资由低到高升序排序，如图 4-49 所示。

(4)按“基本工资”升序排序，若“基本工资”相同则按“浮动工资”降序排序。选择 A3：H12 单元格区域，在“数据”选项卡“排序和筛选”功能中单击“排序”按钮，弹出“排序”对话框。在对话框中进行设置，主要关键字为“基本工资”“升序”，次要关键字为“浮动工资”“降序”，如图 4-50 所示。单击“确定”按钮，则排序完成。

| | A | B | C | D | E | F | G | H |
|---|---|---|---|---|---|---|---|---|
| 1 | 天地网络有限公司职员工资表 | | | | | | | |
| 2 | 姓名 | 性别 | 出生年月 | 学历 | 基本工资 | 浮动工资 | 生活补贴 | 总收入 |
| 3 | 赵一一 | 女 | 1980-1-23 | 本科 | 519 | 363 | 269 | 1151 |
| 4 | 魏一二 | 女 | 1990-9-12 | 大专 | 627 | 195 | 124 | 946 |
| 5 | 李一三 | 女 | 1987-6-7 | 本科 | 1058 | 838 | 137 | 2033 |
| 6 | 魏四六 | 女 | 1988-11-4 | 研究生 | 1326 | 813 | 249 | 2388 |
| 7 | 陈一六 | 男 | 1992-4-9 | 研究生 | 1331 | 249 | 173 | 1753 |
| 8 | 姜八八 | 女 | 1991-9-23 | 研究生 | 1351 | 854 | 213 | 2418 |
| 9 | 扬一三 | 男 | 1989-7-5 | 大专 | 1368 | 607 | 170 | 2145 |
| 10 | 李四五 | 男 | 1984-3-5 | 大专 | 1525 | 547 | 160 | 2232 |
| 11 | 王一五 | 男 | 1988-5-8 | 本科 | 1534 | 187 | 242 | 1963 |
| 12 | 王四五 | 女 | 1991-12-20 | 本科 | 1562 | 693 | 147 | 2402 |

图 4-49　按基本工资升序排序

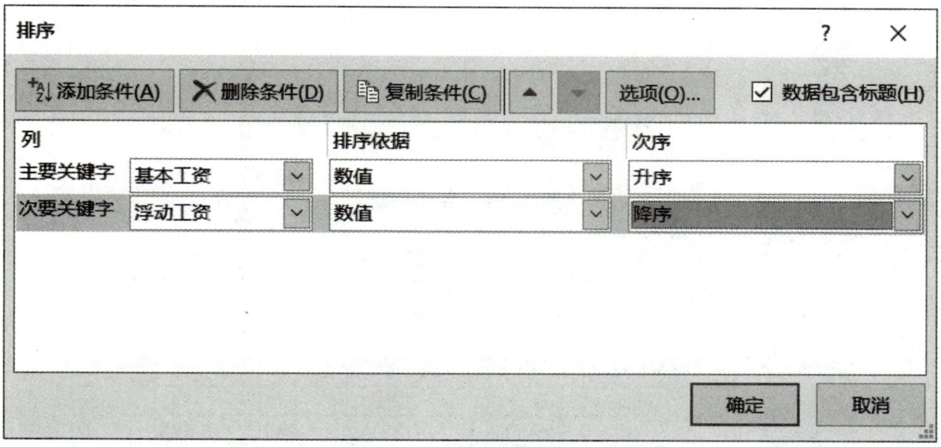


图 4-50　“排序”对话框

操作 2：自动筛选。

若要将符合一定条件的数据记录显示或放置在一起，可以使用 Excel 提供的数据筛选功能，按一定的条件对数据记录进行筛选。使用数据筛选功能可以从庞大的数据中选择某些符合条件的数据，并隐藏无用的数据，从而减少数据量，易于查看。

Excel 提供了两种数据筛选方式，即用于简单筛选的“自动筛选”和进行复杂筛选的“高级筛选”。

(1)筛选“学历”为“研究生”的记录。单击数据区域中的任一单元格，在“数据”选项卡“排序和筛选”功能中单击“筛选”按钮，启动自动筛选功能，数据区中各字段名称右下角出现一个(自动筛选)按钮。单击该按钮，在下拉列表中选择“研究生”，如图 4-51 所示，筛选结果如图 4-52 所示。

(2)利用“高级筛选”筛选出“生活补贴”大于等于“200”或小于“150”的记录。单击“数据”选项卡，在 J2：K4 单元格区域建立筛选的“条件区域”，如图 4-53 所示，在“排序和筛选”功能区单击“高级”按钮，弹出“高级筛选”对话框，设置条件如图 4-54 所示，单击

“确定”按钮，筛选结果如图 4-55 所示。

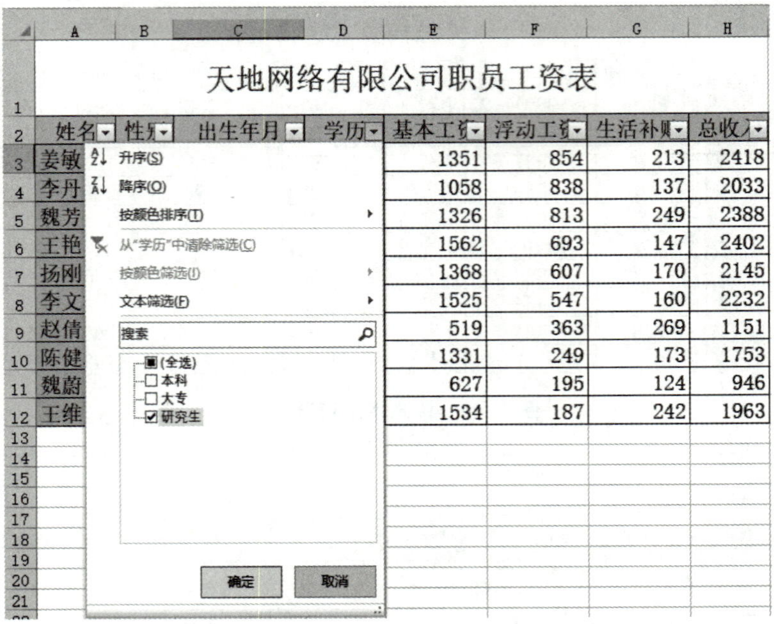


图 4-51　自动筛选

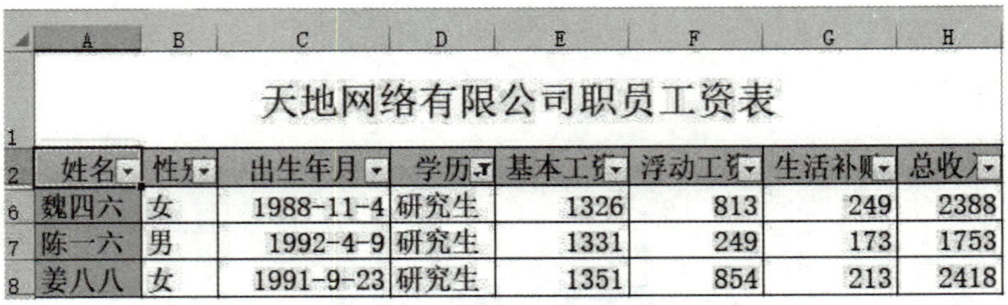

天地网络有限公司职员工资表

| 姓名 | 性别 | 出生年月 | 学历 | 基本工资 | 浮动工资 | 生活补贴 | 总收入 |
|---|---|---|---|---|---|---|---|
| 魏四六 | 女 | 1988-11-4 | 研究生 | 1326 | 813 | 249 | 2388 |
| 陈一六 | 男 | 1992-4-9 | 研究生 | 1331 | 249 | 173 | 1753 |
| 姜八八 | 女 | 1991-9-23 | 研究生 | 1351 | 854 | 213 | 2418 |

图 4-52　自动筛选“研究生”结果

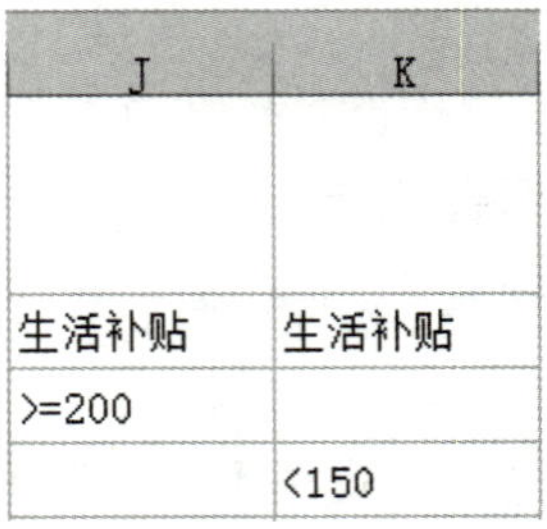

| J | K |
|---|---|
| 生活补贴 | 生活补贴 |
| >=200 | |
| | <150 |

图 4-53　条件区域

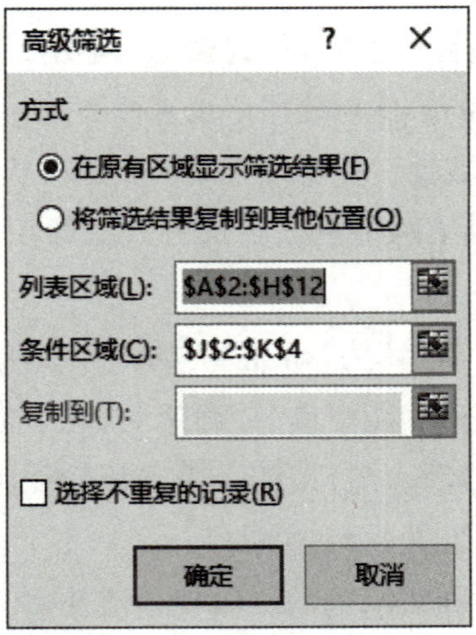


图 4-54　设置高级筛选

| | A | B | C | D | E | F | G | H |
|---|---|---|---|---|---|---|---|---|
| 1 | 天地网络有限公司职员工资表 | | | | | | | |
| 2 | 姓名 | 性别 | 出生年月 | 学历 | 基本工资 | 浮动工资 | 生活补贴 | 总收入 |
| 3 | 赵一一 | 女 | 1980-1-23 | 本科 | 519 | 363 | 269 | 1151 |
| 4 | 魏一二 | 女 | 1990-9-12 | 大专 | 627 | 195 | 124 | 946 |
| 5 | 李一三 | 女 | 1987-6-7 | 本科 | 1058 | 838 | 137 | 2033 |
| 6 | 魏四六 | 女 | 1988-11-4 | 研究生 | 1326 | 813 | 249 | 2388 |
| 8 | 姜八八 | 女 | 1991-9-23 | 研究生 | 1351 | 854 | 213 | 2418 |
| 11 | 王一五 | 男 | 1988-5-8 | 本科 | 1534 | 187 | 242 | 1963 |
| 12 | 王四五 | 女 | 1991-12-20 | 本科 | 1562 | 693 | 147 | 2402 |

图 4-55　高级筛选结果

(3)取消高级筛选。在“数据”选项卡“排序和筛选”功能中单击“清除”按钮，即可去掉筛选结果，显示原有记录。

**【能力拓展】**当用户不需要对数据进行筛选时，可以取消工作表的筛选，取消自动筛选和高级筛选的操作如下：

取消自动筛选：选择“数据”选项卡，单击“排序和筛选”选项组中的“筛选”按钮。

取消高级筛选：选择“数据”选项卡，单击“排序和筛选”选项组中的“清除”按钮。

操作 3：分类汇总。

分类汇总是把数据清单中的数据分门别类地进行统计处理。不需要用户建立公式，Excel 2016 可以自动对各类别的数据进行求和、求平均值等多种计算，并把汇总的结果以“分类汇总”和“总计”显示出来。

(1)按“学历”字段进行分类汇总。首先按“学历”进行排序，选择数据清单中的任一单元格，在“数据”选项卡“分级显示”功能中单击“分类汇总”命令，弹出“分类汇总”对话框。

(2)设置“分类字段”为“学历”、“汇总方式”为“求和”、“选定汇总项”为“浮动工资”，如图 4-56 所示，单击“确定”按钮，分类汇总结果如图 4-57 所示。

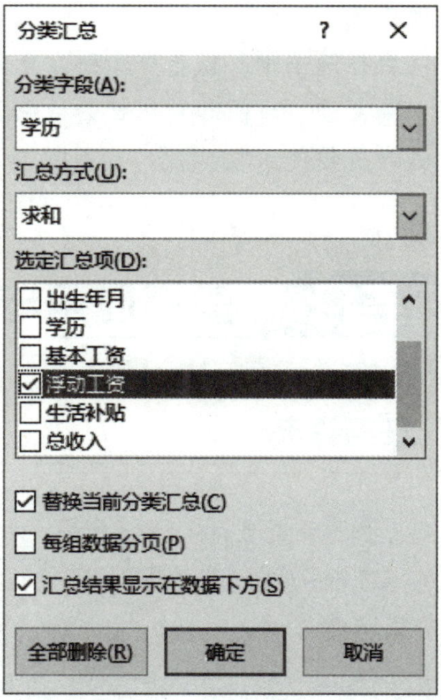


图 4-56　设置分类汇总

(3)删除分类汇总，可恢复工作表到分类汇总前的状态。选择数据清单中的任一单元格，在“数据”选项卡“分级显示”功能中单击“分类汇总”命令，弹出“分类汇总”对话框。在该对话框中单击“全部删除”按钮，即可删除全部分类汇总结果。

| 天地网络有限公司职员工资表 | | | | | | | |
|---|---|---|---|---|---|---|---|
| 姓名 | 性别 | 出生年月 | 学历 | 基本工资 | 浮动工资 | 生活补贴 | 总收入 |
| 赵一一 | 女 | 1980-1-23 | 本科 | 519 | 363 | 269 | 1151 |
| 李一三 | 女 | 1987-6-7 | 本科 | 1058 | 838 | 137 | 2033 |
| 王一五 | 男 | 1988-5-8 | 本科 | 1534 | 187 | 242 | 1963 |
| 王四五 | 女 | 1991-12-20 | 本科 | 1562 | 693 | 147 | 2402 |
| | | | 本科 汇总 | | 2081 | | |
| 魏一二 | 女 | 1990-9-12 | 大专 | 627 | 195 | 124 | 946 |
| 扬一三 | 男 | 1989-7-5 | 大专 | 1368 | 607 | 170 | 2145 |
| 李四五 | 男 | 1984-3-5 | 大专 | 1525 | 547 | 160 | 2232 |
| | | | 大专 汇总 | | 1349 | | |
| 魏四六 | 女 | 1988-11-4 | 研究生 | 1326 | 813 | 249 | 2388 |
| 陈一六 | 男 | 1992-4-9 | 研究生 | 1331 | 249 | 173 | 1753 |
| 姜八八 | 女 | 1991-9-23 | 研究生 | 1351 | 854 | 213 | 2418 |
| | | | 研究生 汇总 | | 1916 | | |
| | | | 总计 | | 5346 | | |

图 4-57　分类汇总结果

**【能力拓展】**汇总是指对数据库中的某列数据进行求和、求平均值、求最大值、最小值等计算。分类汇总是指根据数据库中的某一列数据将所有记录分类，然后对每一类记录进行分类汇总。

在数据清单中，以要分类列为排序字段对分类列数据清单进行排序。例如，要在包含卖场、商品名、时间和销售量的数据清单中，汇总不同商品的销售量，即按商品分类汇总，这时需要使用“商品名”列对数据清单排序。

## 任务八　图表应用与编辑

### 任务要求

数据图表是 Excel 的一大亮点功能，它可以将工作表单元格的数值显示为条形、折线、柱形、饼形或其他形状。当生成图表时，图表中自动显示出工作表中的数值，使用此功能可以直观地表现工作表中的数据，也可以使用数据层次分明、条理清楚、易于理解。

### 任务实施

操作 1：图表创建与编辑。

(1) 建立文件“皮鞋销售情况统计表 . xlsx”，输入如图 4-58 所示的数据。

| | A | B | C | D | E |
|---|---|---|---|---|---|
| 1 | 皮鞋销售情况统计表 | | | | |
| 2 | 地区 | 北京 | 上海 | 重庆 | 天津 |
| 3 | 春季 | 1800 | 2700 | 3400 | 1500 |
| 4 | 夏季 | 2900 | 3500 | 5500 | 3000 |
| 5 | 秋季 | 2300 | 1200 | 2500 | 980 |
| 6 | 冬季 | 880 | 590 | 900 | 100 |
| 7 | 合计 | | | | |
| 8 | 平均销量 | | | | |

图 4-58　输入数据

（2）利用公式或函数计算，并格式化设置，其结果如图 4-59 所示。

皮鞋销售情况统计表

| 地区 | 北京 | 上海 | 重庆 | 天津 |
|---|---|---|---|---|
| 春季 | 1800 | 2700 | 3400 | 1500 |
| 夏季 | 2900 | 3500 | 5500 | 3000 |
| 秋季 | 2300 | 1200 | 2500 | 980 |
| 冬季 | 880 | 590 | 900 | 100 |
| 合计 | 7880 | 7990 | 12300 | 5580 |
| 平均销量 | 1970 | 1997.5 | 3075 | 1395 |

图 4-59　利用函数计算合计与平均销量

（3）选定“A2：E6”单元格区域，单击“插入”选项卡，在“图表”功能区单击“柱形图”下拉按钮，在下拉菜单中单击“三维簇状柱形图”，出现图 4-60。

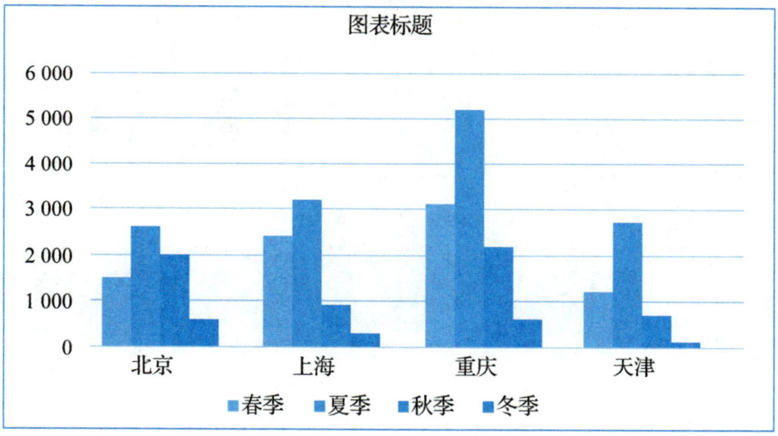


图 4-60　三维簇状柱形图

（4）单击“图表区”，单击“图表标题”输入图表标题。

（5）单击“图表区”左边+按钮，勾选“坐标轴标题”选项，在左侧勾选“主要横坐标轴”/“主要纵坐标轴”，输入横坐标标题和纵坐标标题，如图 4-61 所示。

（6）单击“图表区”，单击“图表工具”→“设计”选项卡，在“位置”组中单击“移动图表”按钮，将图表嵌入到皮鞋销售统计表的 F1：K20 单元格区域，直接拖动即可实现图表的移动，用鼠标拖动图表边界的“控制柄”，可改变图表的大小。

操作 2：图表的格式化。

右击要设置格式的图表项，在弹出菜单中单击“设置图表区域格式”命令，设置填充、边框颜色、边框样式、阴影、三维格式等，如图 4-62 所示。图表最终效果如图 4-63 所示。

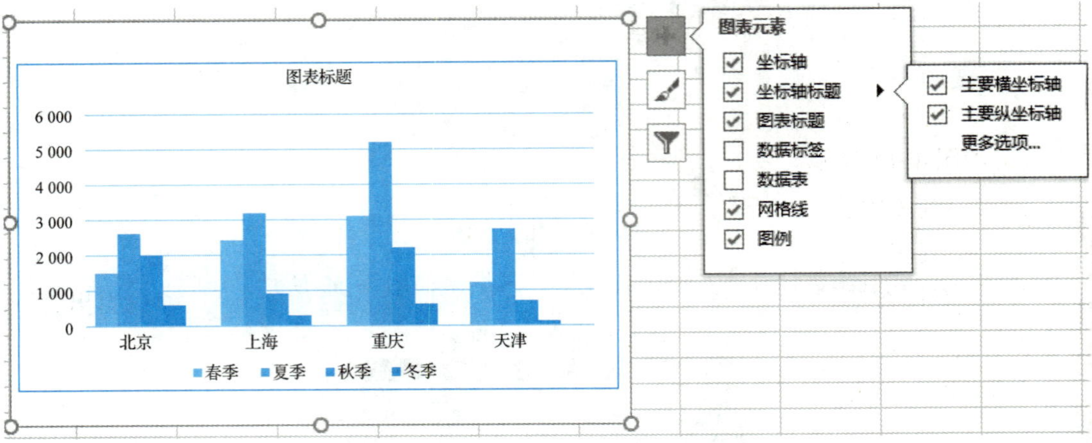


图 4-61 输入纵横坐标标题

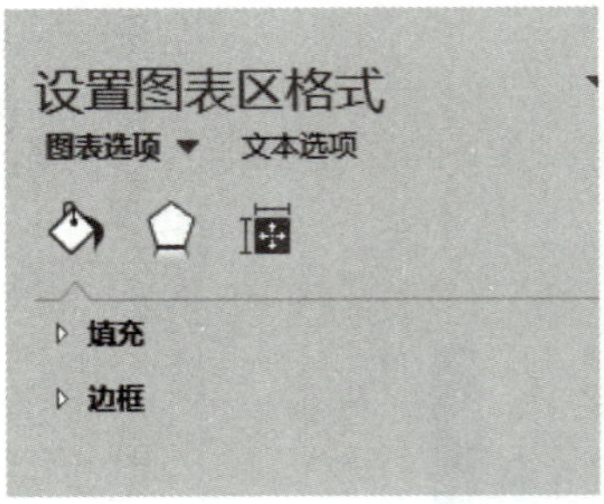


图 4-62 图表的格式化

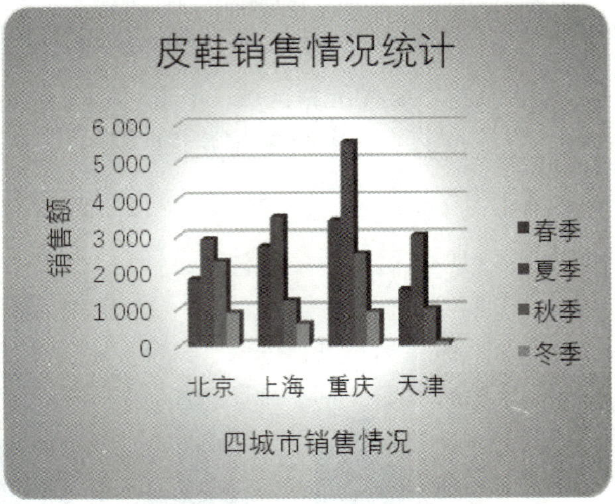


图 4-63 最终效果

## 任务九 打印设置

### 任务要求

对于完成的 Excel 数据表格，在打印之前要进行相关的设置之后才可以打印输出。包括纸张大小的选择、纸张方向、页边距、页眉页脚及工作表的设置等。

## 任务实施

操作 1：设置纸张方向。

（1）在“页面布局”选项卡中的“页面设置”选项区中单击“纸张方向”按钮，弹出其下拉列表，如图 4-64 所示。

（2）在该列表中选择合适的纸张方向，即可更改当前工作表的纸张方向。

操作 2：设置纸张大小。

（1）在“页面布局”选项卡中的“页面设置”选项区中单击“纸张大小”按钮，弹出其下拉列表，如图 4-65 所示。

（2）在该下拉列表中选择合适的选项，即可更改当前的纸张大小。

图 4-64　纸张方向下拉列表

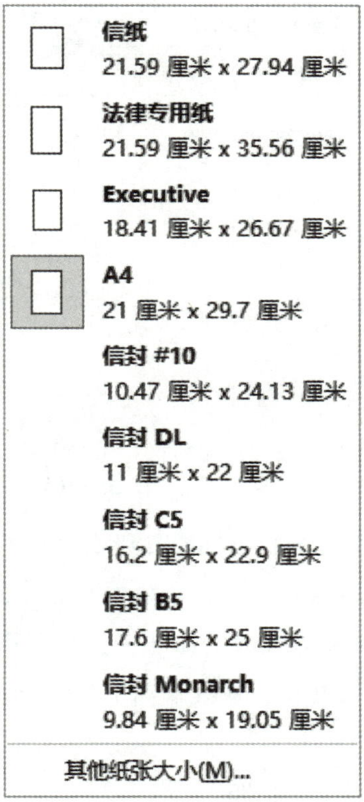


图 4-65　纸张大小下拉列表

**【能力拓展】**如果用户要对工作表的缩放比例及打印质量等进行设置，可按照以下操作步骤进行：

（1）在“页面布局”选项卡中的“页面设置”选项区中单击“对话框启动器”按钮，即可弹出“页面设置”对话框，如图 4-66 所示。

（2）在“缩放”选项区中选中“缩放比例”单选按钮，并在其后的微调框中设置缩放比例，其范围为 10%~400%；选中“调整为”单选按钮，在“页宽”和“页高”微调框中输入页宽和页高的值，可按指定的页宽和页高自动缩放打印比例。

图 4-66 “页面设置”对话框

(3)可根据所用打印机的打印机分辨率，在“打印质量”下拉列表中选择合适的打印分辨率。打印机的分辨率与打印机本身有关，不同的打印机提供不同的打印分辨率。

(4)对于要打印多页的工作表，可以在“起始页码”文本框中输入要打印的实际起始页码，如果不输入数值，默认情况下为“自动”，即从多张工作表中的第一页开始按照默认顺序打印。

操作 3：设置页边距。

(1)在“页面布局”选项卡中的“页面设置”选项区中单击“对话框启动器”按钮，即可弹出“页面设置”对话框。

(2)单击“页边距”标签，打开“页边距”选项卡，如图 4-67 所示。

(3)在“上”“下”“左”“右”4 个微调框中输入数值，可以调整打印内容到页边缘上、下、左、右的距离。数值越大，表示打印内容到页边缘的距离越大。

(4)“居中方式”选项组中包括“水平”和“垂直”两个复选框。水平居中是指打印内容与页面左、右边缘的距离相等，垂直居中是指打印内容与页面上、下边缘的距离相等。

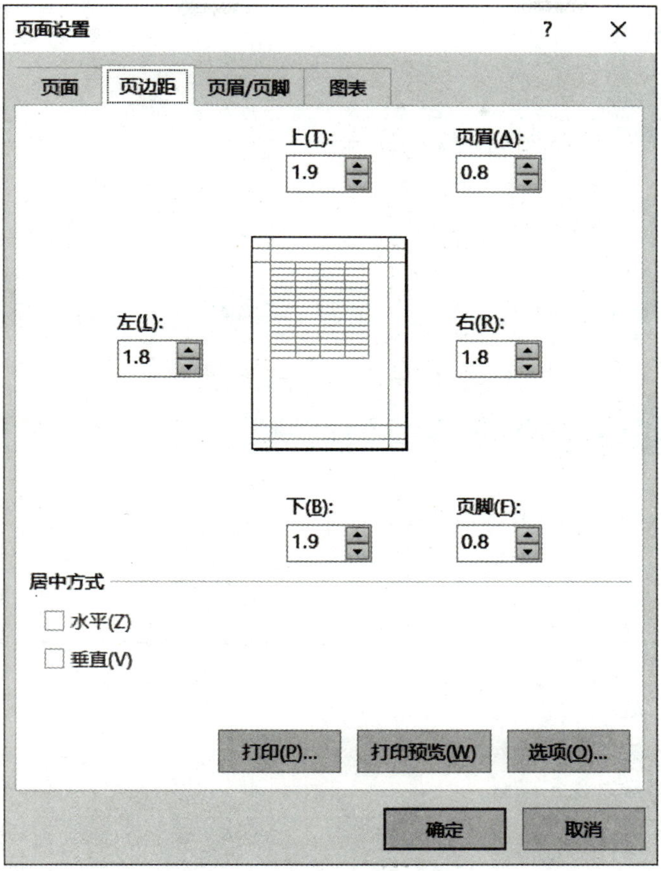


图 4-67　“页边距”选项卡

(5) 设置完成后，单击“确定”按钮即可。

操作 4：设置页眉和页脚。

(1) 在“页面布局”选项卡中的“页面设置”选项区中单击“对话框启动器”按钮，即可弹出“页面设置”对话框。

(2) 单击“页眉/页脚”标签，打开“页眉/页脚”选项卡，如图 4-68 所示。

(3) 在“页眉”下拉列表中选择预定义的页眉和用户自定义的页眉，选择其中之一可以在页面中插入打印页眉。如果不需要在打印工作中显示页眉，则在列表框中选择“无”选项。

(4) 在“页脚”下拉列表中选择一种页脚显示方式，在该下拉列表下方的预览框中可以显示打印时的页脚外观。如果不需要在工作表中显示页脚，则在列表框中选择“无”选项。

(5) 若要在某个奇数页上插入不同的奇数页页眉或页脚，或在某个偶数页上插入不同的偶数页页眉或页脚，可选中“奇偶页不同”复选框。

(6) 要从打印首页中删除页眉和页脚，可选中“首页不同”复选框。

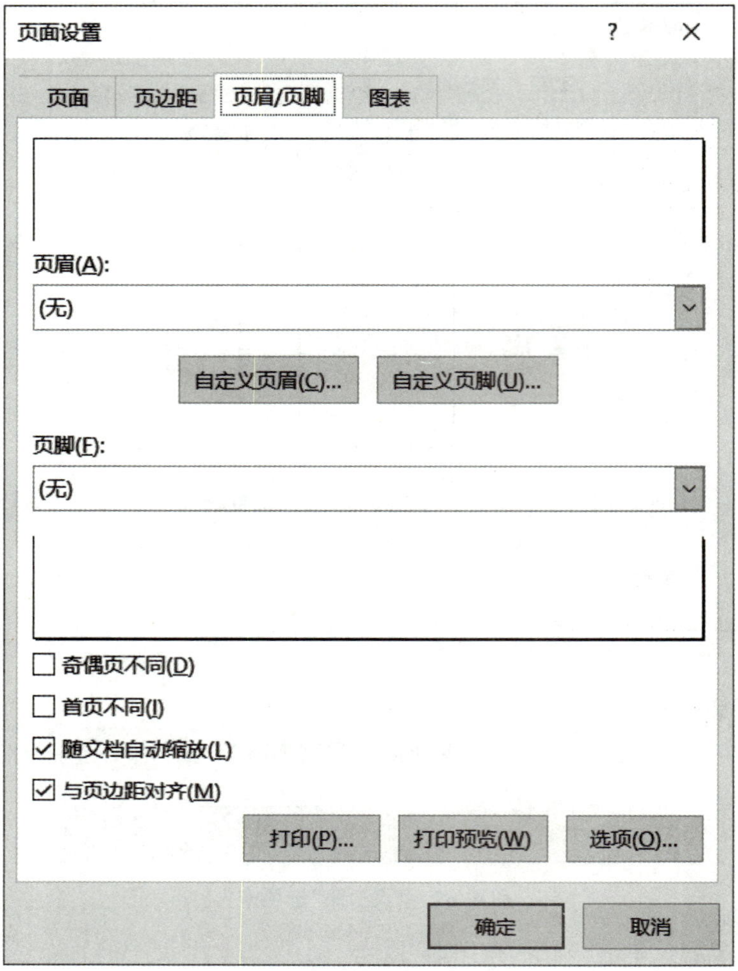


图 4-68 “页眉/页脚”选项卡

(7)要使用与工作表相同的字号和缩放比例，可选中“随文档自动缩放”复选框。要使页眉或页脚的字号和缩放比例与工作表缩放比例无关，从而在多个页面上获得一致的显示效果，可取消选中该复选框。

(8)若要确保页眉边距或页脚边距与工作表的左右边距对齐，可选中“与页边距对齐”复选框。若要为页眉和页脚的左右边距设置一个与工作表的左右边距无关的特定值，可取消选中该复选框。

(9)用户也可以自定义页眉，单击“自定义页眉”按钮，弹出“页眉”对话框，如图 4-69 所示。

在“页眉”对话框中从左到右列出了 3 个编辑框，分别为“左”“中”“右”。用鼠标单击任意一个编辑框，即可在其中输入文本。在“左”编辑框中输入的内容将自动左对齐，在“中”编辑框中输入的内容将自动居中对齐，在“右”编辑框中输入的内容将自动右对齐。用户可以通过 3 个编辑框上方的按钮来编辑输入的文本。

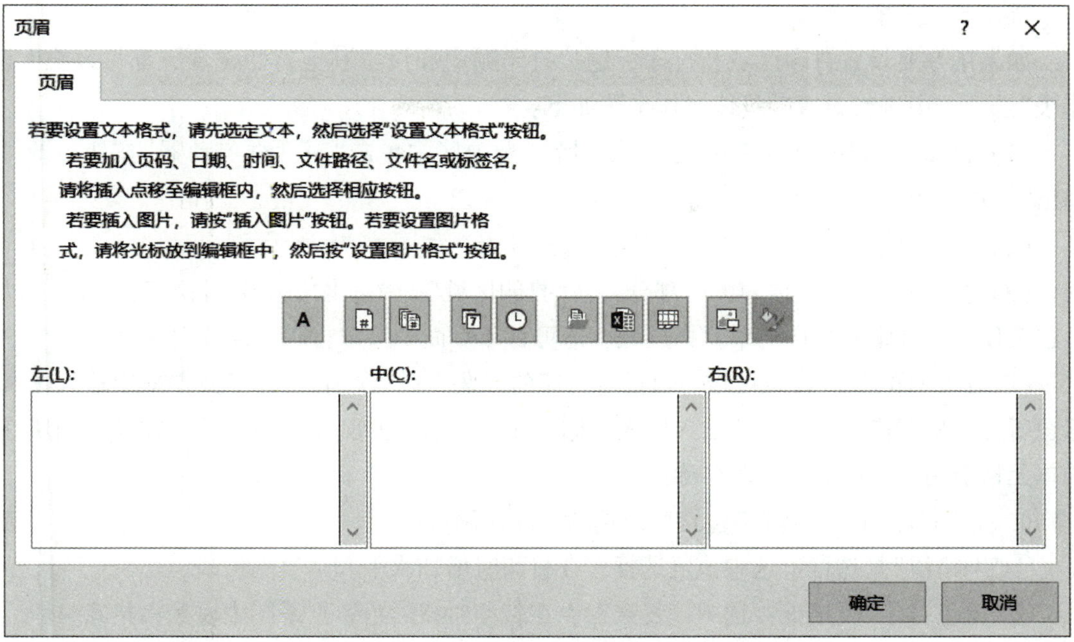


图 4-69　"页眉"对话框

（10）用户也可以自定义页眉，单击"自定义页脚"按钮，弹出"页脚"对话框，如图 4-70 所示。

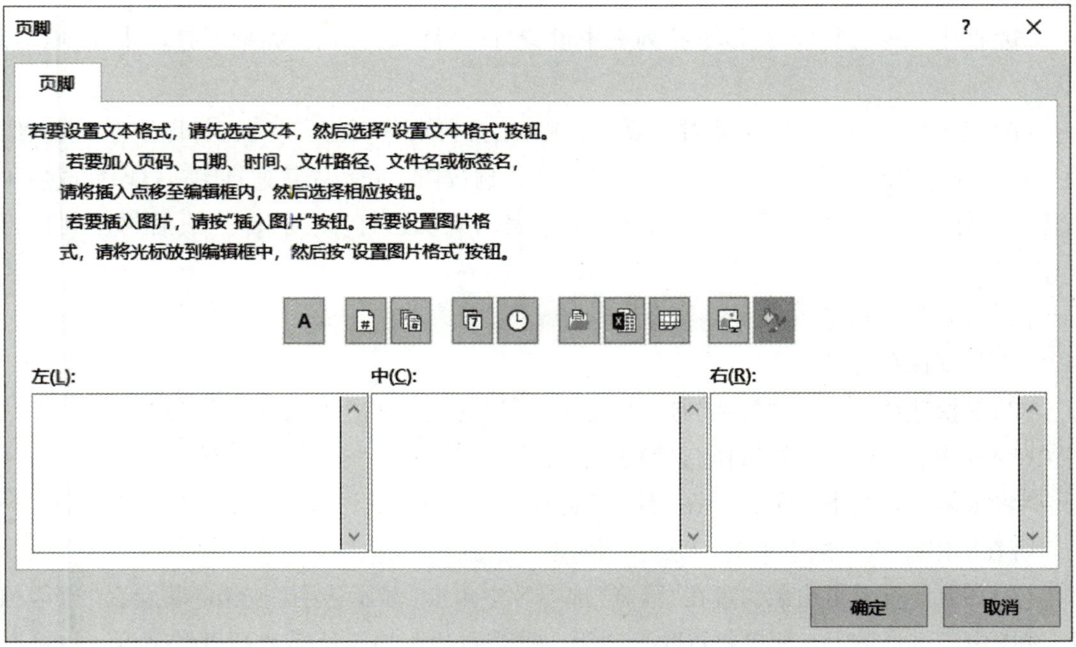


图 4-70　"页脚"对话框

"页脚"对话框中的设置与"页眉"对话框设置基本相同，用户可以按照设置页眉的方法设置页脚，在此不再赘述。

操作5：设置工作表。

如果用户要设置打印区域、打印标题、打印顺序和设置其他打印选项，都可以在“工作表”选项卡中进行设置，具体操作步骤如下：

(1)在“页面布局”选项卡中的“页面设置”选项区中单击“对话框启动器”按钮，即可弹出“页面设置”对话框。

(2)单击“工作表”标签，打开“工作表”选项卡，如图4-71所示。

(3)打开打印工作表内容的一部分，在“打印区域”的文本框中单击“折叠”按钮，然后在工作表中选定要打印的单元格区域，即可打印页面中指定打印的部分内容。

(4)在“打印标题”设置区域可以设置打印的标题。在“顶端标题行”文本框中输入顶端标题所在的单元格引用或直接输入标题名称。在“左端标题列”文本框中输入左端标题所在的单元格引用或直接输入标题名称。

(5)在“打印”设置区域中包含一组选项，其作用如下：

①“网格线”复选框：选中该复选框，在打印时增加水平和垂直网格线。

②“单色打印”复选框：选中该复选框，在打印时将彩色数据或图表以黑白格式打印。

③“草稿品质”复选框：选中该复选框，在打印时不打印大部分图形和网格线，大大减少打印时间。

④“行号列标”复选框：选中该复选框，以A1或R1：B1的单元格引用方式打印行号或列号。

⑤“批注”下拉列表：在该下拉列表中设置打印批注的方式，如果不打印批注则选择“无”。

(6)当工作表的打印区域超过一页时，Excel会自动分页打印。在“打印顺序”选项组中可以设置打印的先后顺序。选中“先列后行”单选按钮，表示先从列打印，打印完成后再从行进行打印；选中“先行后列”单选按钮，表示先从行打印，打印完成后再从列进行打印。

操作6：打印预览。

(1)打开保存的工作表。

(2)在快速访问工具栏勾选“打印预览和打印”选项，如图4-72所示。

(3)在快速访问工具栏选择“打印预览”命令，即可打开“打印预览”窗口。

(4)如果要预览下一页，可在“预览”选项区中单击“下一页”按钮；如果要预览上一页，可在“预览”选项区中单击“上一页”按钮。

(5)如果要查看页边距，可在“预览”选项区中单击“显示边距”按钮。将会在“打印预览”视图中显示页边距。如果要更改页边距，可将页边距拖至所需的高度和宽度，也可以通过拖动打印预览页顶部的控点来更改列宽。

(6)在“打印”选项区中单击“页面设置”按钮，将会弹出“页面设置”对话框，用户可在该对话框中对打印的页面重新进行设置。

(7) 在“预览”选项区中单击“返回”按钮，可关闭预览窗口，返回正常显示状态。

(8) 如果在预览以后确认工作表无误，可直接在“打印”选项区中单击“打印”按钮进行打印。

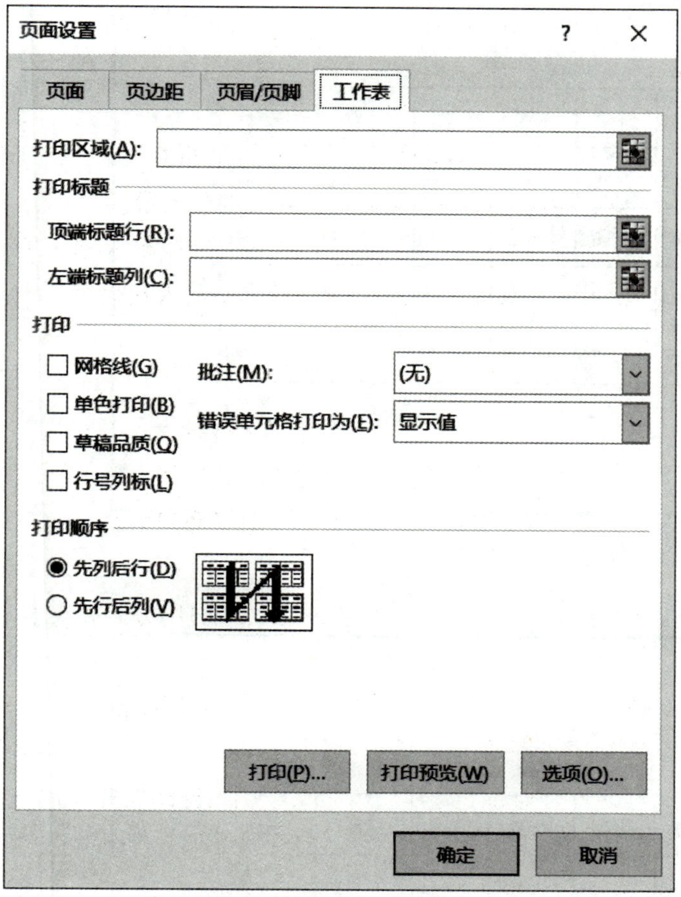


图 4-71　“工作表”选项卡

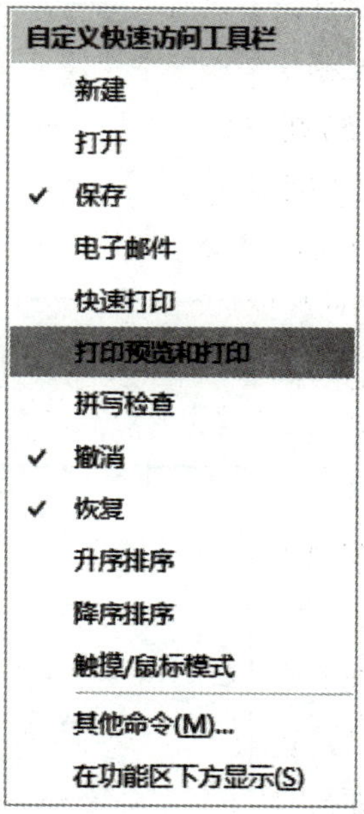


图 4-72　打印预览和打印

**【能力拓展】**

(1) 在“预览”选项区中单击“显示边距”按钮，显示出页边距控制框，如图 4-73 所示。

(2) 将鼠标指针放在页边距控制框中，待指针变成╪或╫形状，按住鼠标左键拖动鼠标即可调整工作表的页边距或列宽，调整后的效果如图 4-74 所示。

操作 7：打印设置。

(1) 在“打印机”中，单击下拉列表中可选择打印机。

(2) 在“设置”中可以指定“打印内容、打印的页数”。

“活动工作表”命令项仅打印活动工作表。

“整个工作簿”命令项打印工作簿中的所有工作表。

“打印选定区域”命令项仅打印当前选定区域。

(3) 在“份数”中可以设置打印的份数。

以上设置完成后，单击“确定”按钮完成设置，如图 4-75 所示。

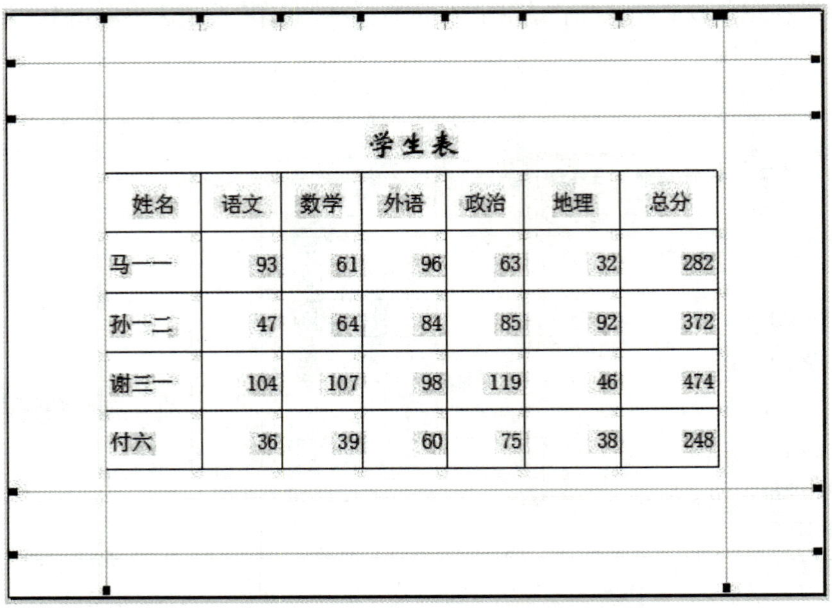

学生表

| 姓名 | 语文 | 数学 | 外语 | 政治 | 地理 | 总分 |
|---|---|---|---|---|---|---|
| 马一一 | 93 | 61 | 96 | 63 | 32 | 282 |
| 孙一二 | 47 | 64 | 84 | 85 | 92 | 372 |
| 谢三一 | 104 | 107 | 98 | 119 | 46 | 474 |
| 付六 | 36 | 39 | 60 | 75 | 38 | 248 |

图 4-73　显示页边距

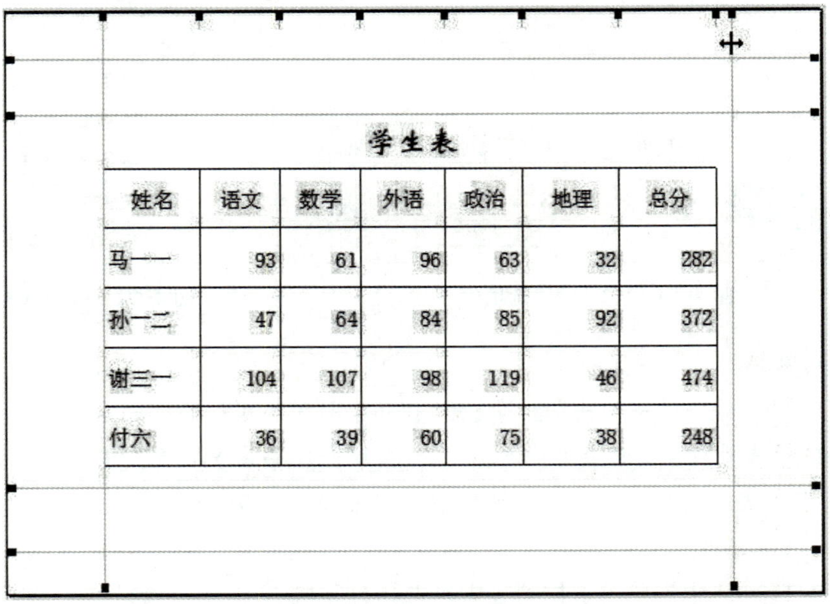

学生表

| 姓名 | 语文 | 数学 | 外语 | 政治 | 地理 | 总分 |
|---|---|---|---|---|---|---|
| 马一一 | 93 | 61 | 96 | 63 | 32 | 282 |
| 孙一二 | 47 | 64 | 84 | 85 | 92 | 372 |
| 谢三一 | 104 | 107 | 98 | 119 | 46 | 474 |
| 付六 | 36 | 39 | 60 | 75 | 38 | 248 |

图 4-74　工作表设置后的效果

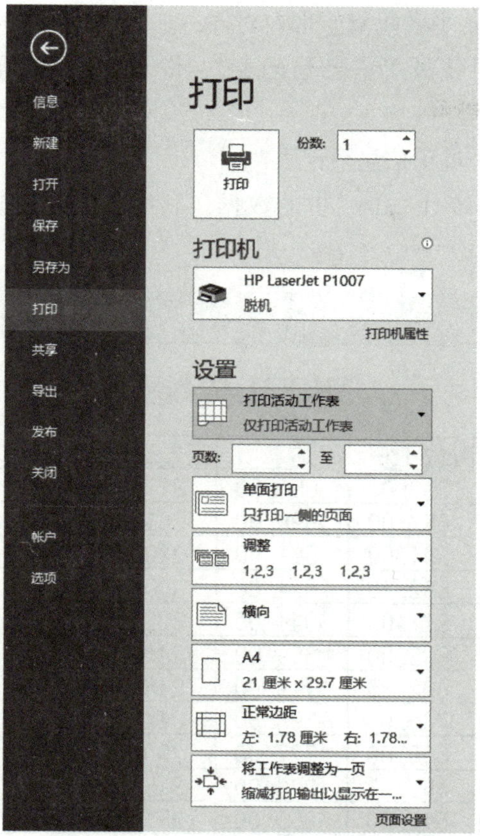


图 4-75　打印设置

## 项目考核

1. 打开“员工信息登记表 . xlsx”工作簿，完成相关操作，最终效果如图 4-76 所示。

| | A | B | C | D | E |
|---|---|---|---|---|---|
| 1 | 天地网络科技员工信息登记表 | | | | |
| 2 | 编号 | 姓名 | 性别 | 入企时间 | 所在部门 |
| 3 | 001 | 张一一 | 女 | 2019年 | 销售部 |
| 4 | 002 | 孙二三 | 男 | 2019年 | 销售部 |
| 5 | 003 | 马六六 | 女 | 2020年 | 研发部 |
| 6 | 004 | 马五五 | 男 | 2020年 | 策划部 |
| 7 | 005 | 陈　七 | 男 | 2020年 | 研发部 |
| 8 | 006 | 刘一九 | 男 | 2021年 | 策划部 |

图 4-76　员工信息登记表效果

（1）页面设置为 A4 纸型，横向，上、下、左、右边距值均为 2 厘米，页眉 1 厘米。

(2)表格对齐方式为水平、垂直，都左对齐，加表格线。

(3)标题“天地网络科技员工信息登记表”，格式为蓝色、黑体、18 号、加粗，行高 30，垂直、水平方向均为居中。

(4)工作表名修改为“员工信息登记表”。

2. 应用“职工工资表统计 . xlsx”中的数据，利用函数或公式完成下列计算，结果如图 4-77 所示。

| | A | B | C | D | E | F | G | H |
|---|---|---|---|---|---|---|---|---|
| 1 | 职工工资统计表 | | | | | | | |
| 2 | 员工姓名 | 基本工资 | 岗位工资 | 津贴 | 应发工资 | 保险 | 公积金 | 实发工资 |
| 3 | 张一一 | 1828.00 | 1298.00 | 650.50 | 3776.50 | 188.83 | 377.65 | 3210.03 |
| 4 | 陈一二 | 1264.00 | 657.00 | 696.00 | 2617.00 | 130.85 | 261.70 | 2224.45 |
| 5 | 张一三 | 1275.00 | 321.60 | 507.00 | 2103.60 | 105.18 | 210.36 | 1788.06 |
| 6 | 杨 六 | 1518.00 | 862.30 | 624.00 | 3004.30 | 150.22 | 300.43 | 2553.66 |
| 7 | 李四 | 1408.60 | 877.00 | 944.00 | 3229.60 | 161.48 | 322.96 | 2745.16 |
| 8 | 王五 | 1113.00 | 632.30 | 659.00 | 2404.30 | 120.22 | 240.43 | 2043.66 |
| 9 | 郭二二 | 1078.00 | 692.30 | 719.00 | 2489.30 | 124.47 | 248.93 | 2115.91 |
| 10 | 马三四 | 1750.50 | 700.00 | 698.00 | 3148.50 | 157.43 | 314.85 | 2676.23 |
| 11 | 刘一五 | 1580.30 | 600.00 | 727.00 | 2907.30 | 145.37 | 290.73 | 2471.21 |
| 12 | 曹七 | 1800.50 | 455.30 | 898.00 | 3153.80 | 157.69 | 315.38 | 2680.73 |
| 13 | 李六七 | 1020.00 | 540.80 | 956.00 | 2516.80 | 125.84 | 251.68 | 2139.28 |
| 14 | 章三三 | 1082.60 | 667.00 | 808.00 | 2557.60 | 127.88 | 255.76 | 2173.96 |
| 15 | 张 七 | 1419.00 | 660.00 | 593.00 | 2672.00 | 133.60 | 267.20 | 2271.20 |
| 16 | 程 六 | 1414.00 | 289.90 | 622.00 | 2325.90 | 116.30 | 232.59 | 1977.02 |
| 17 | 王三三 | 1147.00 | 670.00 | 569.00 | 2386.00 | 119.30 | 238.60 | 2028.10 |
| 18 | | | | 工资总和 | 35098.63 | | | |
| 19 | | | | 平均工资 | 2339.91 | | | |
| 20 | | | | 最高工资 | 3210.03 | | | |
| 21 | | | | 最低工资 | 1788.06 | | | |
| 22 | | | | 员工人数 | 15 | | | |

图 4-77　工资表统计结果

(1)用求和函数或编辑公式计算应发工资(应发工资=基本工资+岗位工资+津贴)，结果保留两位小数。

(2)编辑公式计算保险和公积金(保险=应发工资×5%，公积金=应发工资×10%)，结果保留两位小数。

(3)编辑公式计算实发工资(实发工资=应发工资-保险-公积金)，结果保留两位小数。

(4)用自动求和方法求各工资项的合计，结果保留两位小数。

3. 应用“人力资源情况表 . xlsx”中的数据，筛选出学历为“硕士”并且职称为“高工”的职工信息，如图 4-78 所示，计算每个部门的“年龄”和“工资”平均值，保留两位小数，结果如图 4-79 所示。

| | A | B | C | D | E | F | G | H |
|---|---|---|---|---|---|---|---|---|
| 1 | 天地网络科技公司职工情况表 | | | | | | | |
| 2 | 编号 | 部门 | 姓名 | 性别 | 年龄 | 学历 | 职称 | 工资 |
| 9 | A016 | 工程部 | 郭二二 | 女 | 37 | 硕士 | 高工 | 5000 |
| 14 | A012 | 工程部 | 章三三 | 女 | 35 | 硕士 | 高工 | 5000 |

图 4-78　筛选结果

4. 打开工作簿“设备销售情况表 . xlsx”，选取“办公设备销售情况表”的“产品”和“销售额”两列内容，建立“簇状柱图”，横坐标轴为产品名称，在图表上方插入图表标题为“办公设备销售情况图”，不显示图例，显示主要水平网格线和主要垂直网格线，图表区域填充渐变色“浅色渐变—个性色 2”，如图 4-80 所示。

| | A | B | C | D | E | F | G | H |
|---|---|---|---|---|---|---|---|---|
| 1 | 天地网络科技公司职工情况表 | | | | | | | |
| 2 | 编号 | 部门 | 姓名 | 性别 | 年龄 | 学历 | 职称 | 工资 |
| 16 | | **工程部 平均值** | | | 31.00 | | | 4000.00 |
| 32 | | **开发部 平均值** | | | 30.53 | | | 3833.33 |
| 38 | | **培训部 平均值** | | | 34.00 | | | 3800.00 |
| 47 | | **销售部 平均值** | | | 33.13 | | | 3937.50 |
| 48 | | **总计平均值** | | | 31.61 | | | 3902.44 |

图 4-79　分类汇总结果

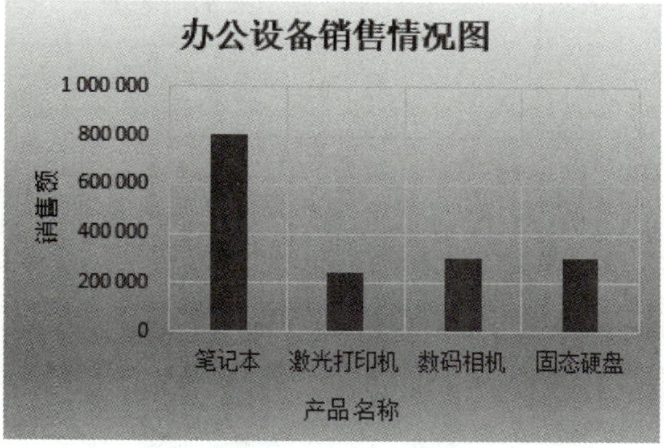


图 4-80　设备销售情况表结果

# 项目五

# PowerPoint 2016 的使用

## 项目分析

PowerPoint 2016 主要用于演示文稿的创建，即幻灯片的制作，简称 PPT，也称为幻灯片制作演示软件，使用 PowerPoint 2016，人们可以使用比以往更多的方式创建动态演示文稿并与观众共享。本项目的实施目标是通过若干项任务的实施，让学生熟练使用 PowerPoint 2016，提高工作效率，快速制作出符合要求的文档。

## 课程思政

通过演示文稿软件的使用，培养学生的审美感、想象能力和创新精神，增强细致认真、精益求精的学习态度，通过竞聘演讲稿等制作的学习，引导学生珍惜大学时光，勇于实践，树立远大的人生目标和一步步实现人生理想的勇气。

## 项目实施

项目实施的操作过程要通过“认识 PowerPoint 2016 界面”、建立“普通文档”、建立“特定文档”“美化文档”和“操作能力强化”等任务，来达到项目目标。

## 任务一　演示文稿的基本操作

### 任务要求

在 PowerPoint 2016 中，创建的幻灯片都保存在演示文稿中，因此，用户首先应该了解和熟悉演示文稿的基本操作。PowerPoint 2016 可以在演示文稿中插入多个幻灯片。

### 任务实施

操作 1：创建演示文稿。

单击“开始”→“程序”→Microsoft Office→Microsoft Office PowerPoint 2016 命令或者双击桌面上的快捷图标，即可创建一个演示文稿。

**【任务提示】**演示文稿就是一个 PowerPoint 文件，扩展名为“. pptx”。

演示文稿中的每一页称为幻灯片，一个演示文稿由若干张幻灯片组成。

**【能力拓展】**在制作演示文稿之前，首先需要创建一个新的演示文稿。新建演示文稿主要有以下几种方式：

①启动 PowerPoint 后，软件将自动新建一个样式文稿。

②选择“文件”选项卡，在窗口左侧选择“新建”命令，然后单击中间的“空白样式文稿’按钮，再单击右侧的“创建”按钮，即可得到新建的样式文稿，在中间区域可以选择多个模板类型。

③打开文件夹，在空白处单击鼠标右键，在弹出的菜单中选择“新建”命令，然后在其子菜单中选择“Microsoft Office PowerPoint 演示文稿”命令，即可新建一个演示文稿。

操作 2：认识 PowerPoint 的窗口组成。

认识标题栏、选项卡、功能区、幻灯片/大纲窗格、幻灯片窗格、备注窗格、演示文稿、幻灯片，如图 5-1 所示。

操作 3：认识 PowerPoint 的视图。

单击“视图”选项卡，在“演示文稿视图”功能区分别单击普通视图、幻灯片浏览视图、备注页视图按钮，如图 5-2 所示。

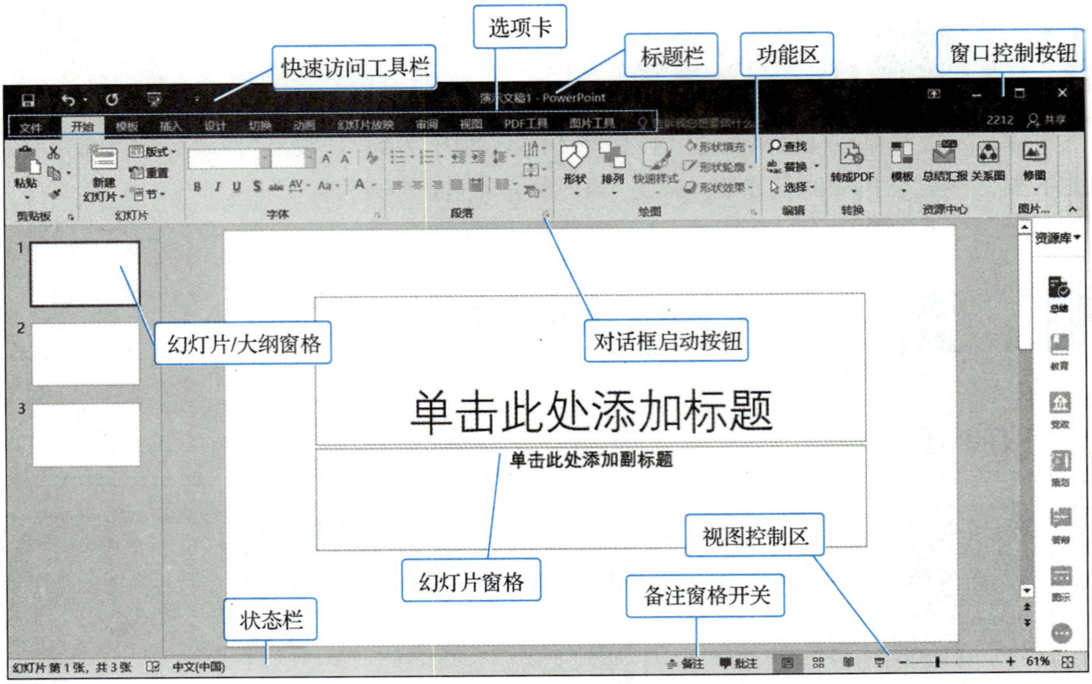


图 5-1　PowerPoint 界面

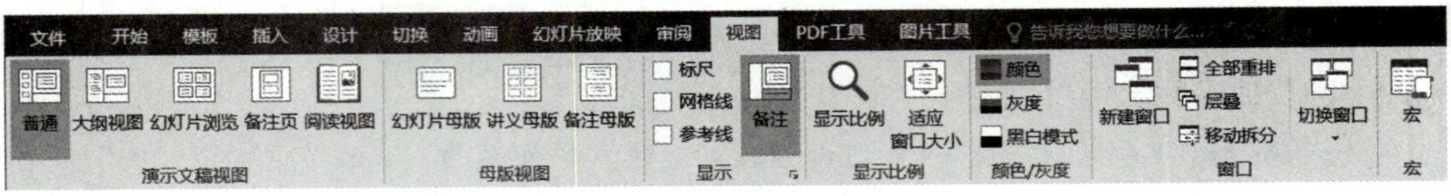


图 5-2　演示文稿视图

**【能力拓展】**视图是 PowerPoint 文档在电脑屏幕中的显示方式，在 PowerPoint 中包括 5 种显示方式，分别是普通视图、大纲视图、幻灯片浏览视图、备注页视图和阅读视图，选择“视图”选项卡，在“演示文稿视图”选项组中可以选择视图显示方式。

普通视图是 PowerPoint 文档的默认视图，是主要的编辑视图，可以用于撰写或设计演示文稿，如图 5-3 所示。

在该视图中，左窗格中包含“大纲”和“幻灯片”两个标签，并在下方显示备注窗格，状态栏显示了当前演示文稿的总页数和当前显示的页数，用户可以使用垂直滚动条上的“上一张幻灯片”和“下一张幻灯片”在幻灯片之间切换。

幻灯片浏览视图可以显示演示文稿中的所有幻灯片的缩图、完整的文本和图片，如图 5-4 所示。

在该视图中，可以调整演示文稿的整体显示效果，也可以对演示文稿中的多个幻灯片进行调整，主要包括幻灯片的背景和配色方案、添加或删除幻灯片、复制幻灯片，以及排列幻灯片。但是在该视图中不能编辑幻灯片中的具体内容。

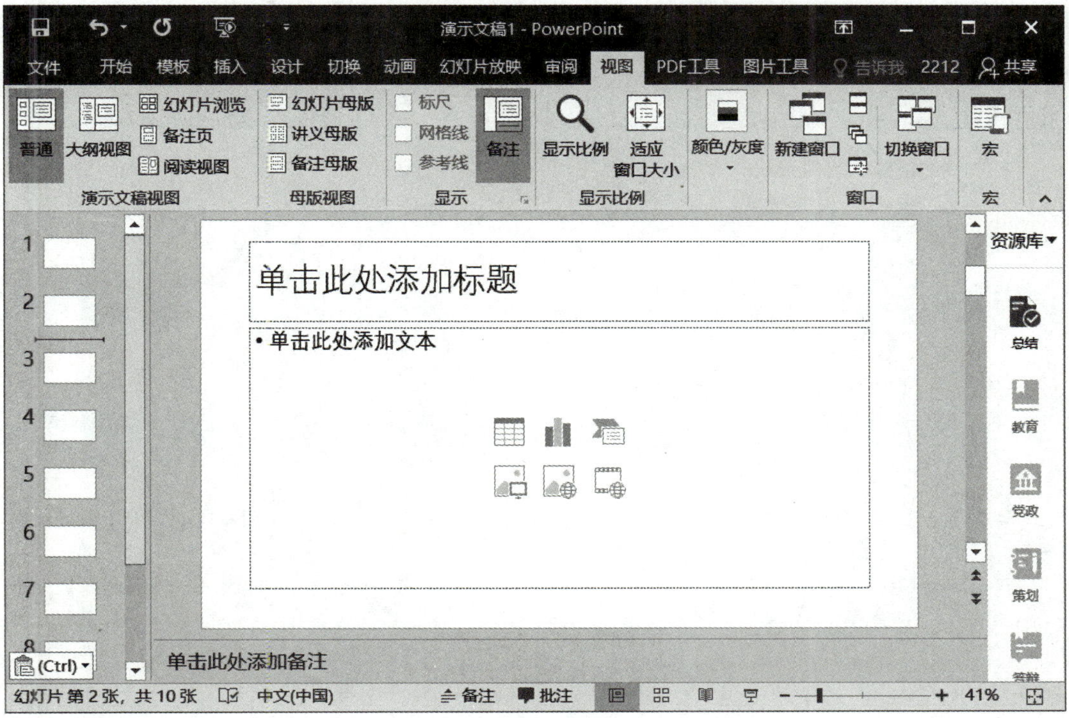


图 5-3　普通视图

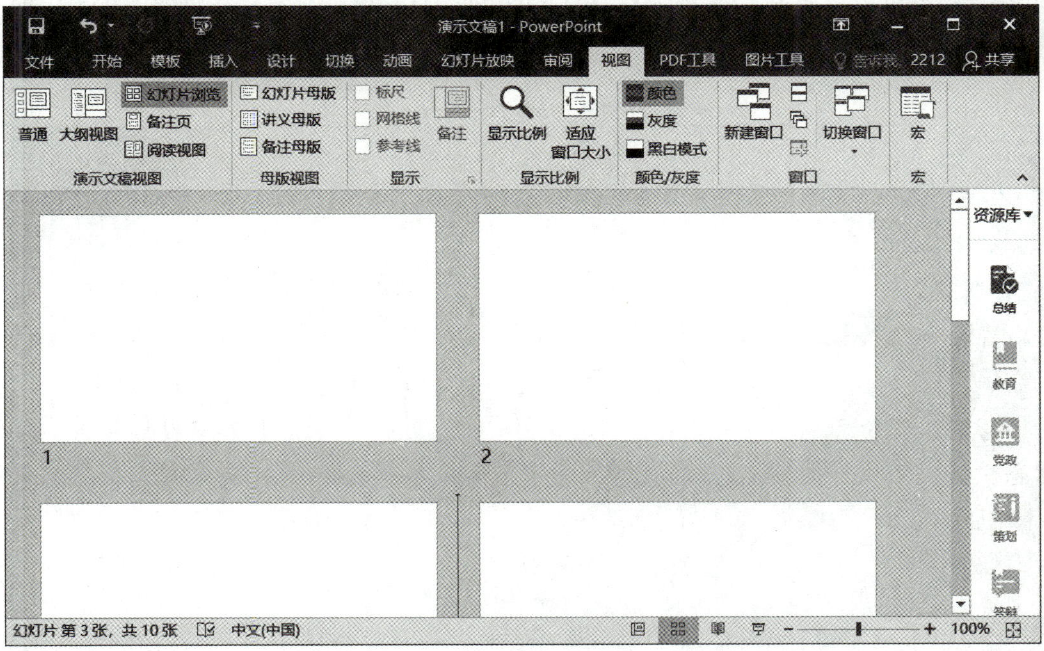


图 5-4　幻灯片浏览视图

用户如果需要以整页格式查看和使用备注，可以使用备注页视图，如图 5-5 所示。在这种视图下，一页幻灯片将被分成两部分，其中上半部分用于展示幻灯片的内容，下半部分则是用于建立备注。

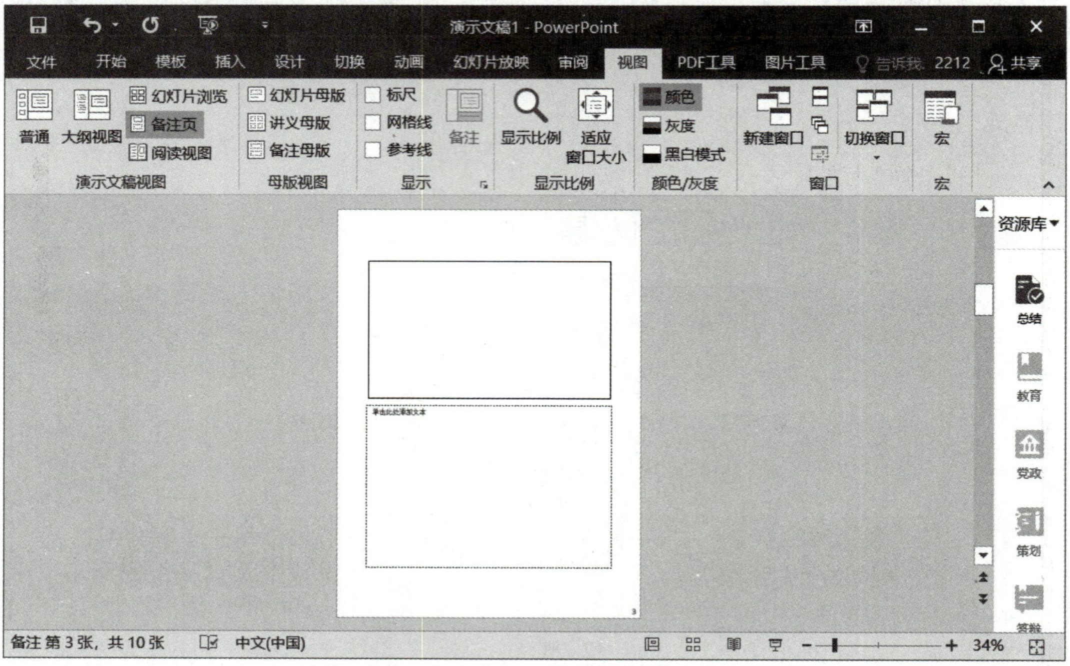


图 5-5　备注页视图

阅读视图可以将演示文稿作为适应窗口大小的幻灯片放映查看，在页面上单击，即可翻到下一页，如图 5-6 所示。

图 5-6　阅读视图

幻灯片放映视图占据了整个电脑屏幕，它与真实的播放幻灯片效果一样，如图 5-7 所示。在该视图中，按照指定的方式动态地播放幻灯片内容，用户可以观看其中的文本、图片、动画和声音等效果。幻灯片放映视图中的播放效果就是观众看到的真实播放效果。

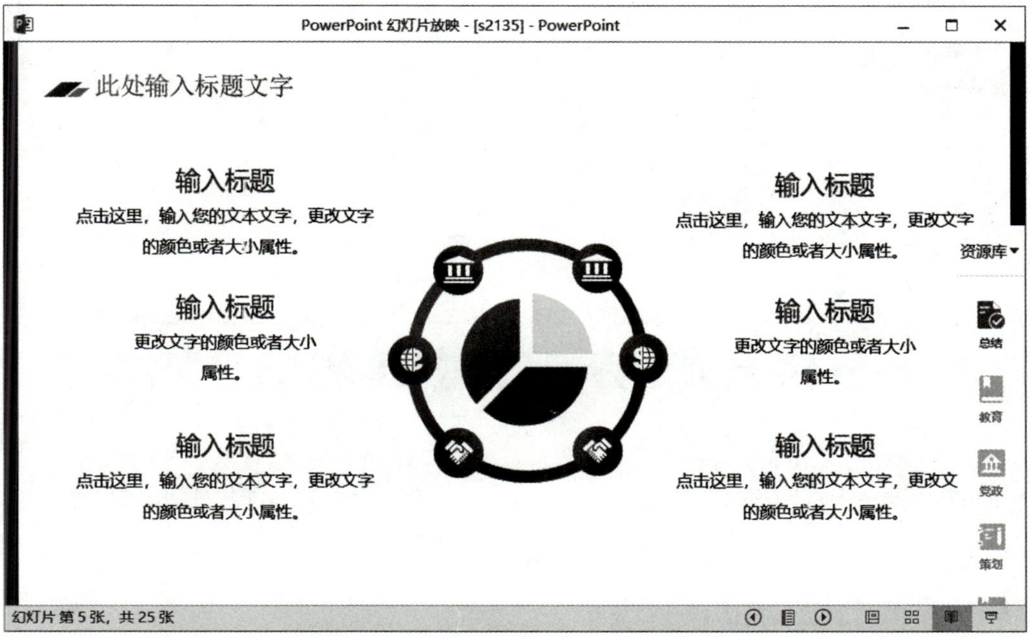


图 5-7　幻灯片放映视图

操作 4：打开演示文稿。

进入演示文稿所在的文件夹，双击该文件即可打开演示文稿。

**【能力拓展】**对于已经存在并编辑好的演示文稿，用户在下一次需要查看或者编辑时，就先要打开该演示文稿。打开演示文稿的方法有以下几种：

(1) 启动 PowerPoint 后，选择“文件”选项卡，再选择“最近所用文件”命令，在中间可以显示最近使用过的文件名称，选择所需的文件即可打开该演示文稿。

(2) 选择“文件”选项卡，再选择“打开”命令，将弹出“打开”对话框，选择所需的演示文稿后，单击“打开”按钮即可。

(3) 进入演示文稿所在的文件夹，双击该文件即可打开演示文稿。

操作 5：保存演示文稿。

单击“快速访问工具栏”中的“文件”按钮，单击“另存为”对话框，选择“保存位置”和输入文件名后，单击“保存”按钮，即可保存演示文稿文件，如图 5-8 所示。

**【能力拓展】**在制作演示文稿的过程中，需要一边制作一边进行保存，这样可以避免因为意外情况而丢失正在制作的文稿。

保存新建的演示文稿时，会弹出“另存为”对话框；保存修改后的演示文稿时，不会弹出“另存为”对话框。如果要改变演示文稿的存储位置或文件名时，则单击文件选项卡中的“另存为”命令。

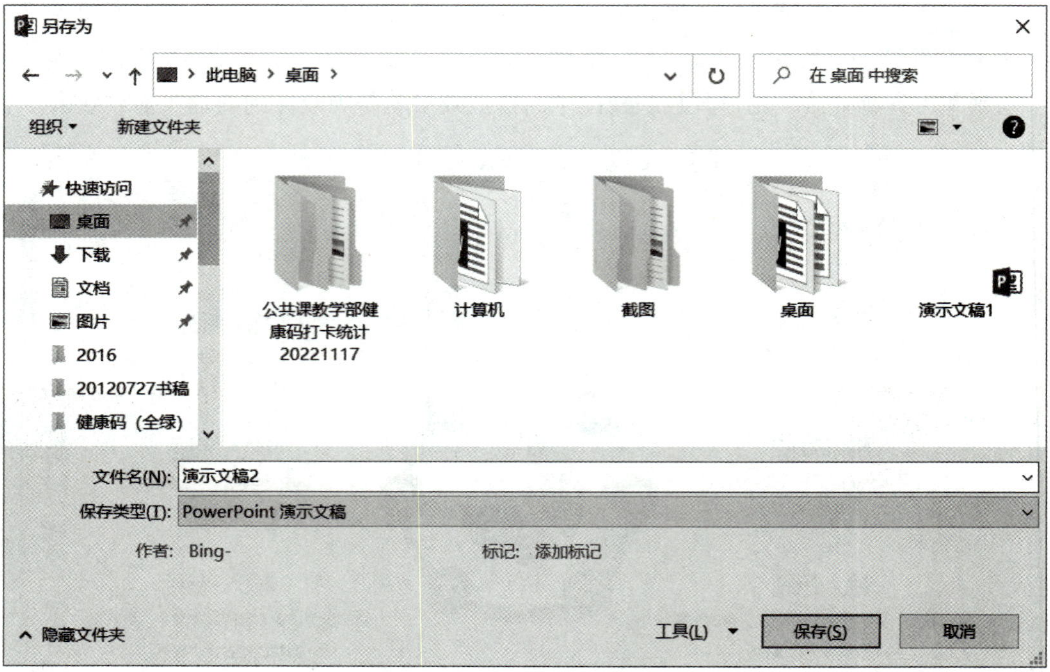


图 5-8 “另存为”对话框

操作 6：关闭演示文稿。

单击文件窗口右上角的“关闭”按钮。即可关闭演示文稿。

**【能力拓展】**当用户不再对演示文稿进行编辑操作时，就需要关闭此演示文稿，因为打开太多的文件将会让电脑运行速度变得更慢。

关闭演示文稿有以下几种方法：

(1)双击文档窗口左上角的按钮。

(2)选择“文件”选项卡，单击左侧的“关闭”命令。

(3)单击文件窗口右上角的“关闭”按钮。

(4)按下 Ctrl+F4 组合键。

(5)按下 Ctrl+W 组合键。

# 任务二 幻灯片的基本操作

## 任务要求

在 PowerPoint 中，所有的文本、动画和图片等数据都在幻灯片中做处理，而幻灯片则包含在演示文稿中。学习了演示文稿的基本操作后，下面就来学习幻灯片的基本操作。

## 任务实施

操作 1：选择幻灯片。

只有在选择了幻灯片后，用户才能对其进行编辑和各种操作。选择幻灯片主要有以下几种方法：

（1）选择单张幻灯片：使用鼠标左键单击需要选择的幻灯片，即可将其选择。

（2）选择多张不连续幻灯片：按住 Ctrl 键单击需要选择的幻灯片，即可选择多张幻灯片，如图 5-9 所示。

图 5-9　选择多张不连续幻灯片

操作 2：新建幻灯片。

打开 PowerPoint，默认创建一张幻灯片，选择“开始”选项卡，在“幻灯片”选项组中单击“新建幻灯片”上方的按钮，这时将得到一个新的幻灯片，选择“开始”选项卡，在“开始”选项组中单击“新建幻灯片”文字按钮，即可弹出一个下拉菜单，在其中可以选择预设的几种幻灯片样式，如图 5-10 所示。

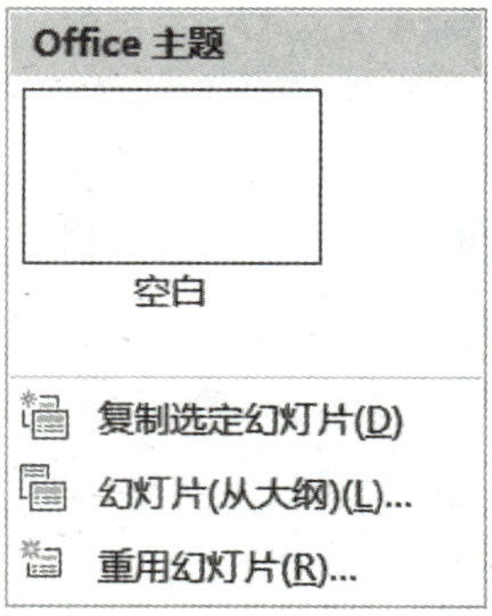


图 5-10　新建幻灯片

如果需要更改幻灯片的版式，可以使用鼠标右键单击幻灯片，在弹出的菜单中选择“版式”命令，在其子菜单中选择要更改的版式即可。

将鼠标放到幻灯片下方灰色区域，单击鼠标右键，在弹出的菜单中选择“新建幻灯片”，同样可以新建幻灯片。

操作 3：移动幻灯片。

选择需要移动的幻灯片，如第三张幻灯片，按住鼠标左键将其向上拖动，到第二张幻灯片顶部。到达合适的位置后，释放鼠标左键，则原位置的幻灯片将被移动到新的位置，原本第三张幻灯片变为第二张，如图 5-11 所示。

图 5-11　移动幻灯片

操作 4：复制幻灯片。

打开需要操作的演示文稿，选择需要复制的幻灯片，在其中单击鼠标右键，即可弹出一个菜单，选择“复制”命令，复制幻灯片后，在需要粘贴的位置单击鼠标右键，在弹出的菜单中选择“粘贴”命令，在其中可以选择粘贴文字或图片，如图 5-12 所示。

粘贴幻灯片后，幻灯片将进行自动排序。

操作 5：删除幻灯片。

用户在编辑幻灯片的过程中，难免会出现无用的幻灯片，对于这一类不需要的幻灯片，可以将其删除，这样能够减小演示文稿的容量。

删除幻灯片的方法有以下几种：

(1) 选择需要删除的幻灯片，直接按下 Delete 键，即可将该幻灯片删除。

(2) 使用鼠标右键单击要删除的幻灯片，在弹出的菜单中选择“删除幻灯片”命令，即可删除该幻灯片。

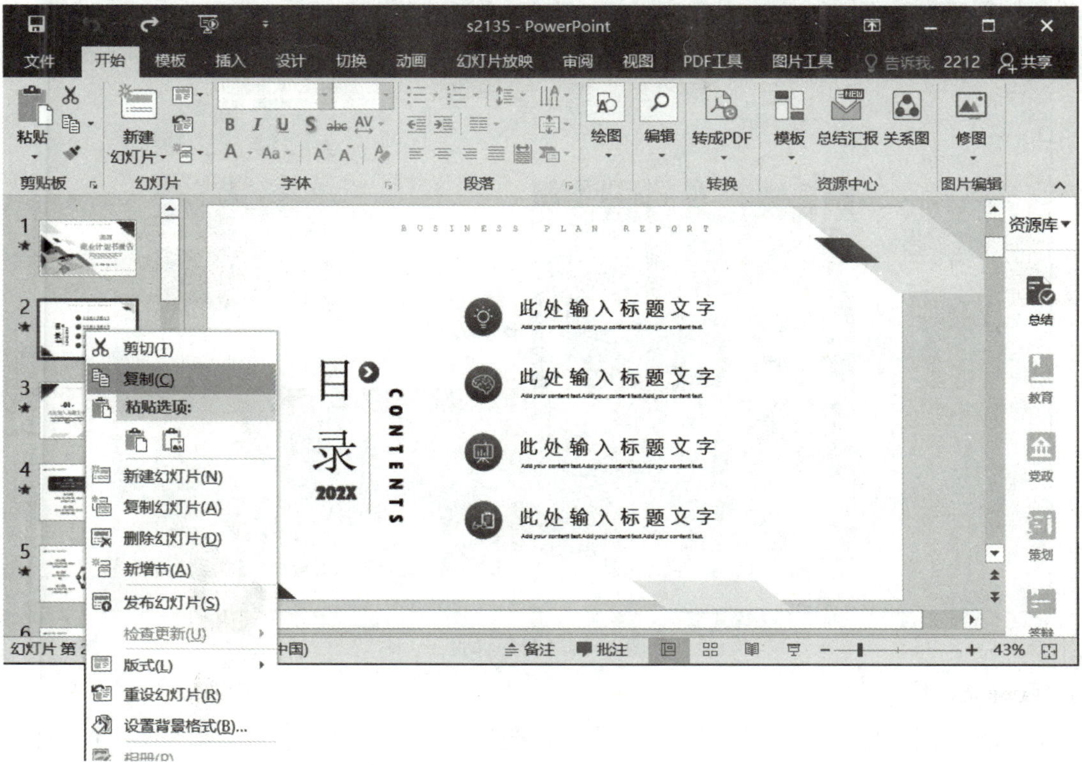


图 5-12　复制幻灯片

# 任务三　演示文稿的制作

## 任务要求

以制作某企业基本情况介绍的幻灯片入手，通过幻灯片母版的创建、设置及幻灯片中插入自选图形、导入图片等操作，掌握设计风格统一且有特色的模板。

## 任务实施

操作 1：幻灯片母版设置。

(1)单击“视图”选项卡，在“母版视图”功能区单击“幻灯片母版”。

(2)单击“幻灯片母版”选项卡，在左窗格中选定“标题幻灯片版式”，单击“背景样式”右侧的下拉按钮，单击选定“样式 11”，用同样的方法为“标题和内容版式”选定“样式 7”，如图 5-13 所示。

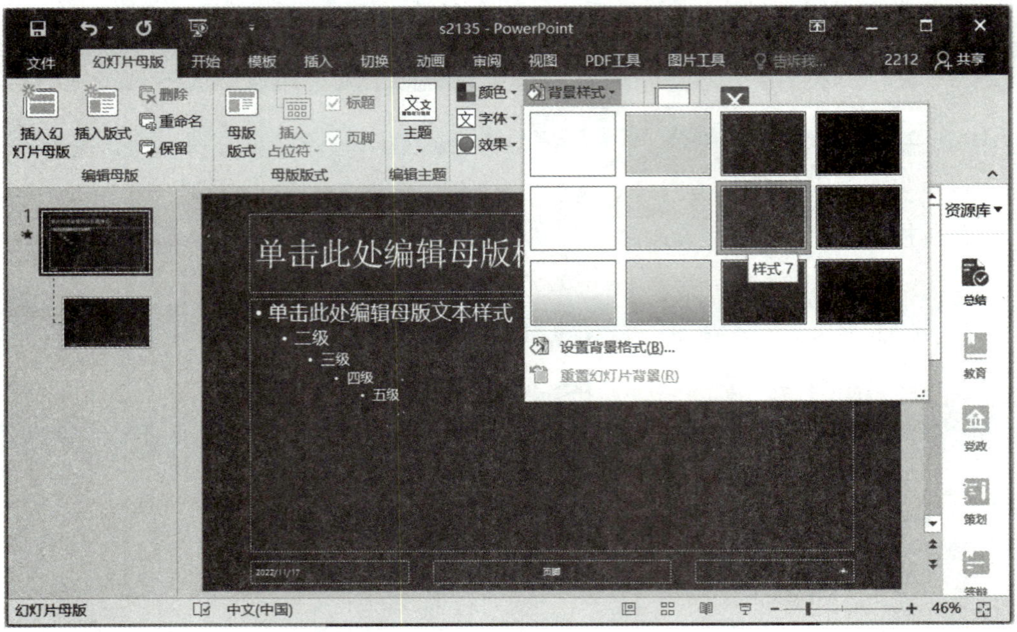


图 5-13　背景样式

操作 2：制作第一张幻灯片。

单击“视图”选项卡“普通视图”，选定第一张幻灯片，在右窗格中单击“单击此处添加标题”，输入标题“新大网络科技公司”，副标题“2022 年 7 月”，如图 5-14 所示。

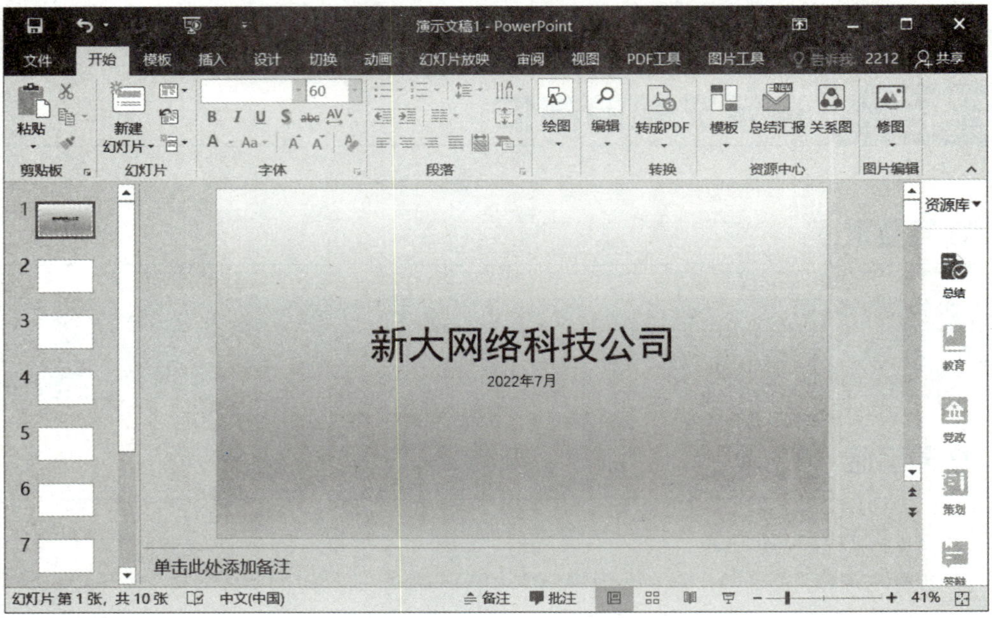


图 5-14　第一张幻灯片

**【能力拓展】**母版是 PowerPoint 中的一种特殊的幻灯片，它用于控制演示文稿中各幻灯片的某些共有的格式（如文本格式、背景格式）或对象。

幻灯片中的母版用于统一整个演示文稿格式。因此，只需要对母版进行修改，即可完成对多张幻灯片的外观进行改变。

操作 3：制作公司简介幻灯片。

（1）单击“单击此处添加标题”占位符，输入“公司简介”。

（2）单击“单击此处添加文本”占位符，输入“新大电脑公司成立于 2000 年，……”内容。

操作 4：新加幻灯片。

（1）选择“开始”命令，在“幻灯片”组中单击“新建幻灯片”按钮，系统打开如图 5-15 所示的“幻灯片版式”列表框。

（2）在打开的列表框中选用“两栏内容”版式，此时在编辑窗口中将显示出含有一个标题、两栏内容、三个占位符的幻灯片。

（3）在“单击此处添加标题”占位符上输入“销售业务范围”。

（4）在“单击此处添加文本”占位符上输入“家用机”“商用机”等文字，如图 5-16 所示。

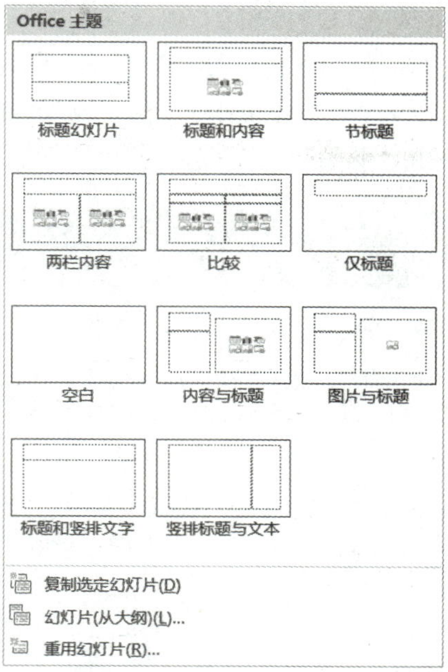


图 5-15　“幻灯片版式”列表框

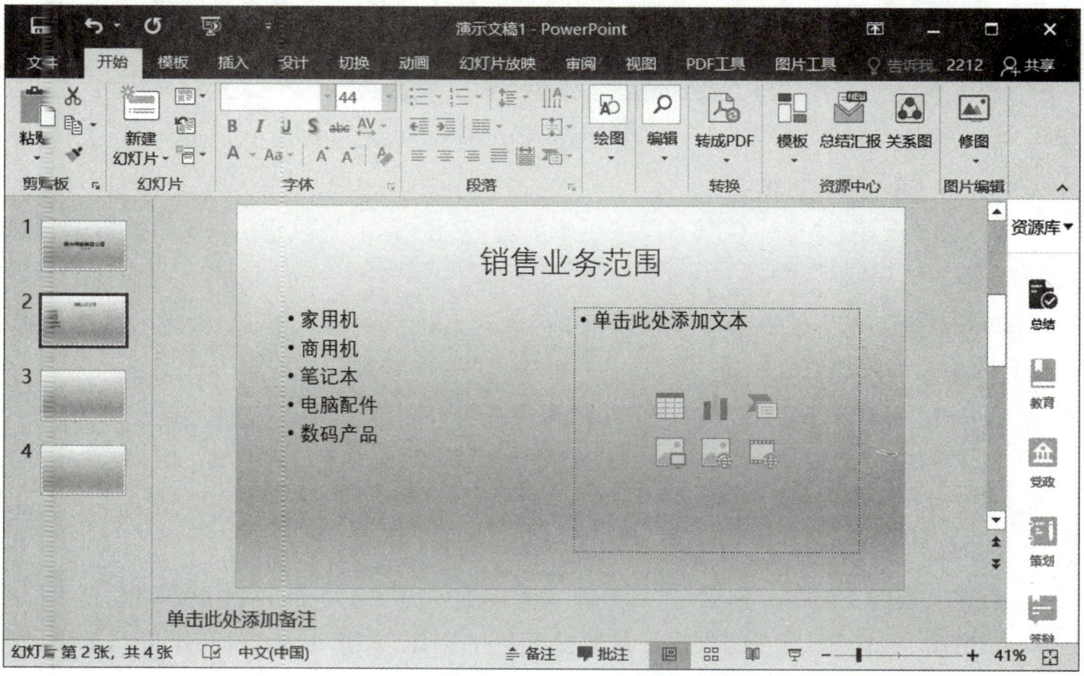


图 5-16　两栏内容 6 个占位符的幻灯片

操作 5：插入艺术字和图片。

（1）在普通视图方式下，选定该幻灯片为当前幻灯片。

（2）在幻灯片窗格中双击联机图片占位符，屏幕右侧出现“联机图片”任务窗格。

（3）在该任务窗格的“搜索文字”框中输入“Laptop”（便携式电脑），单击“搜索”按钮，列表框中将显示所需要的图片（此步骤需联网）。

（4）双击列表框中的图片，则可把该图片插入到联机图片占位符中，再适当调整图片的大小，如图 5-17 所示。

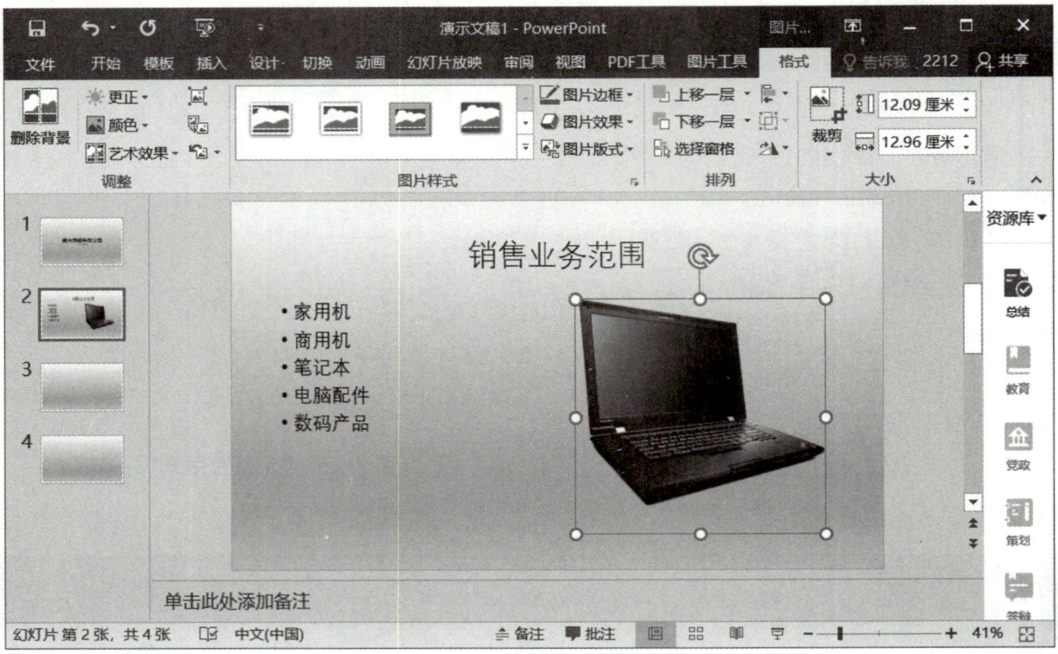


图 5-17　插入图片

操作 6：插入组织机构图。

（1）选择“开始”命令，在“幻灯片”组中单击“新建幻灯片”按钮，系统打开“幻灯片版式”列表框。

（2）在打开的列表框中选用“标题和内容”版式，此时在编辑窗口中将显示出含有标题和内容两个占位符的幻灯片。

（3）单击“标题”占位符，输入“公司机构设置”。

（4）单击“插入”选项卡，弹出“SmartArt”对话框，如图 5-18 所示，切换至“层次结构”选项面板，选定所需要的图形类型，如“组织结构图”，再单击“确定”按钮，打开如图 5-19 所示的“组织结构图”编辑窗口。

（5）在已有的方框中分别输入“总经理”“总经理助理”“销售部”“财务部”和“技术部”。

（6）右击“销售部”所在的方框，从快捷菜单中选择“添加形状”/“在下方添加形状”，则在“销售部”下方出现一个新方框，在此方框中输入“南方区”。同样方法，可以在“销售部”下方增添一个“北方区”方框，如图 5-20 所示。

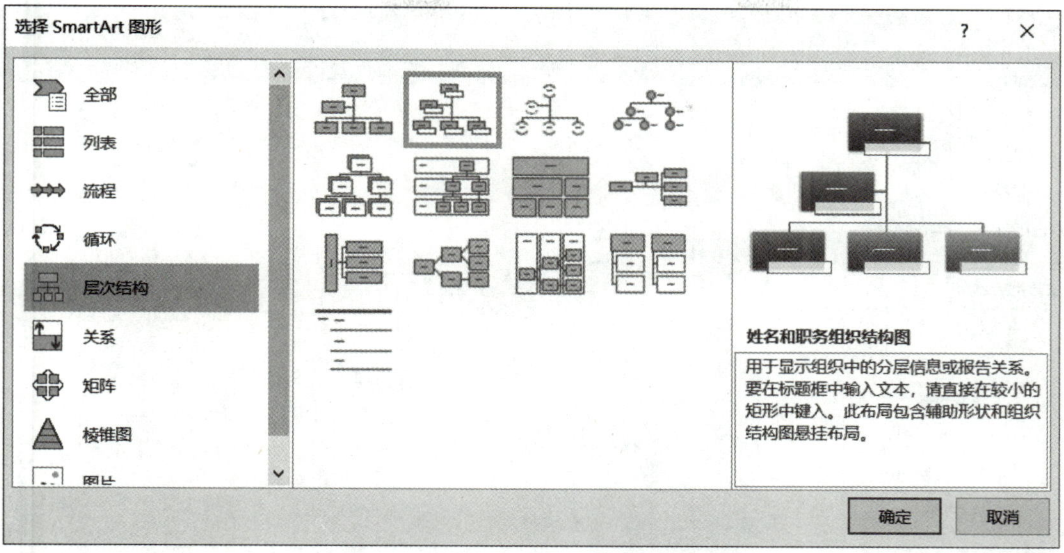


图 5-18　选择 SmartArt 图形

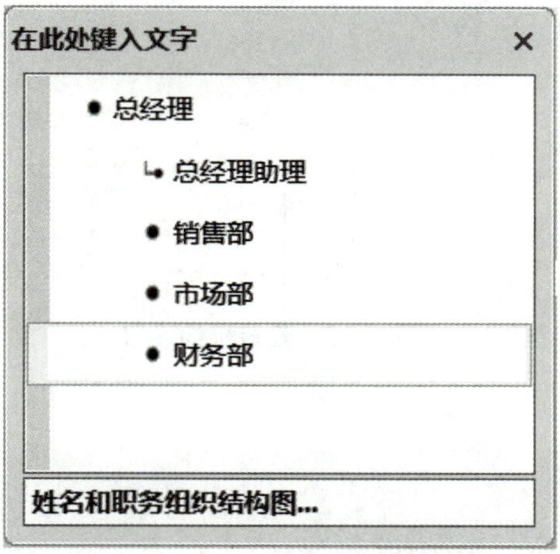


图 5-19　“组织结构图”编辑窗口

(7) 单击“组织结构图”占位符以外的位置，可退出该“组织结构图”的编辑状态。

操作 7：插入数据图表。

(1) 选择“开始”命令，在“幻灯片”组中，单击“新建幻灯片”按钮，系统打开如图 5-15 所示的“幻灯片版式”列表框。

(2) 在打开的列表框中选用“标题和内容”版式，此时在编辑窗口中将显示出含有标题和内容两个占位符的幻灯片。

(3) 单击标题占位符，输入“销售业绩”。

(4) 双击“插入图表”图标，启动 Microsoft Graph 程序。利用 Microsoft Graph 程序，用户可以在“数据表”框中输入所需数据以取代示例数据。此时，幻灯片上的图表会随输入数据的变化而发生相应的变化。

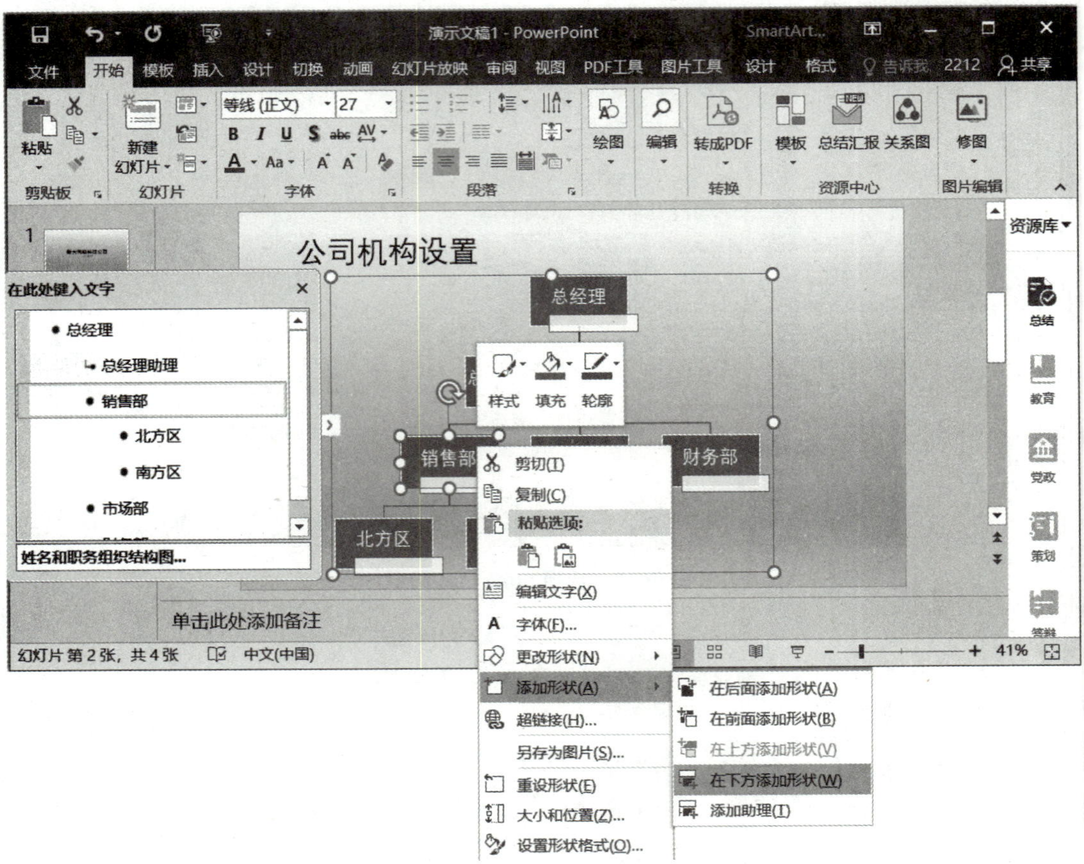


图 5-20 公司机构设置

(5)单击“数据图表”占位符以外的位置，完成数据图表的创建，如图 5-21 所示。

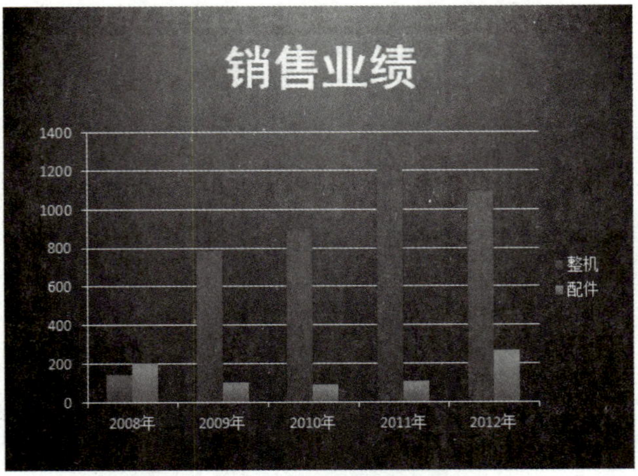


图 5-21 创建数据图表

操作 8：使用内置主题效果。

(1)在普通视图方式下，选定要排版的幻灯片。

(2)选择“设计”命令，单击“主题”组中的快翻按钮，在打开的列表中选择所需要的主题样式，如“聚合”。

(3)单击“主题”组中的“颜色”按钮，在打开的列表框中选择需要的主题颜色，如“穿越”。

(4)单击“主题”组中的“效果”按钮，在打开的列表框中选择所需要的效果，如“仙松迎客主题”。

操作 9：幻灯片放映。

要放映幻灯片，只需选择“幻灯片放映”选项卡，在“开始放映幻灯片”组中，根据需要选择所需放映方式(有“从头开始”“从当前幻灯片开始”“广播幻灯片”和“自定义幻灯片”四种方式)，或单击窗口底部右侧的“幻灯片放映”按钮。

操作 10：打包演示文稿。

(1)选择“文件”选项卡，单击左侧的“保存并发送”命令，然后单击中间的“将演示文稿打包成 CD”命令，在右侧显示了“将演示文稿打包成 CD”的文字说明信息，再单击下方的“打包成 CD”按钮，这时将弹出“打包成 CD”对话框，在该对话框中显示了当前要复制的文件。

(2)单击“添加”按钮，将弹出“添加文件”对话框，在其中可以选择要添加到打包文件夹中的文件，选择好文件后单击“添加”按钮，即可在“打包成 CD”对话框的列表中显示添加的文件。

(3)单击“选项”按钮，可以打开“选项”对话框，对打包做一些高级设置，如设置密码。

## 任务四　制作竞聘演讲稿

### 任务要求

为了更加生动地对演示文稿中的数据进行说明，可以在演示文稿中插入图形、图片、表格、图表以及多媒体等。插入这些内容后，还可以对其进行设置，使演示文稿更加美观大方，演示效果更加吸引人。

### 任务实施

操作 1：母版的制作。

(1)新建一个空白的名为“单位员工岗位竞聘”的演示文稿，在“视图”选项卡下“演示文稿视图”选项组中单击“幻灯片母版”按钮，切换进入幻灯片母版视图，在左侧列表中选择第一个缩略图，即为幻灯片母版，如图 5-22 所示。

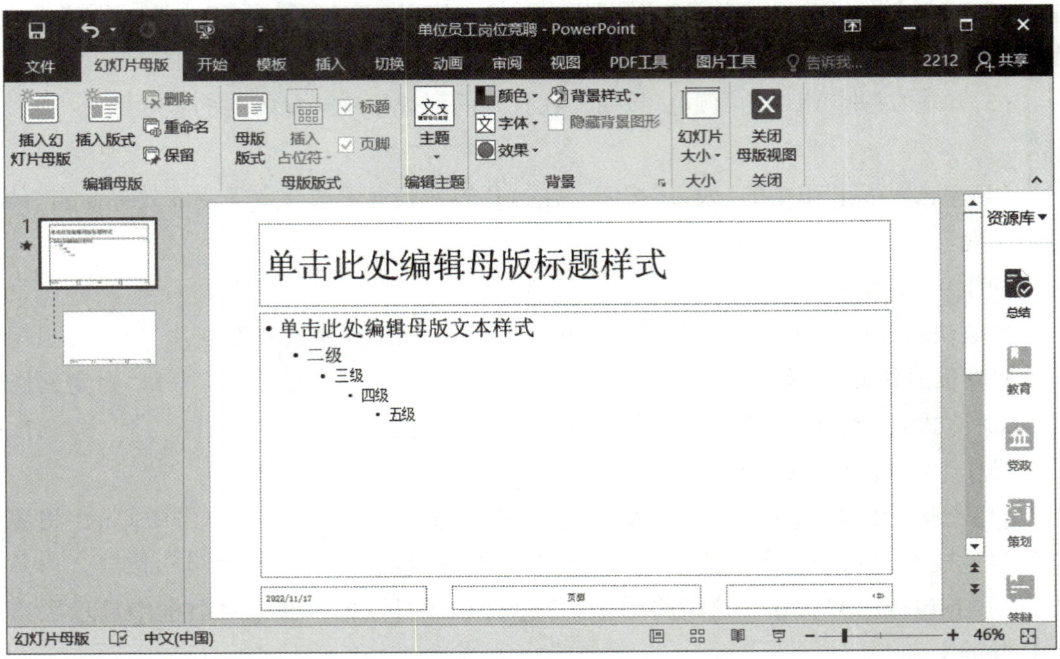


图 5-22　幻灯片母版

(2)在主母版中先进行统一性设置，包括文本格式设置和使用得最多的一个内文幻灯片的背景设置等。于是在主母版中先分别设置标题与一级正文占位符的格式为“微软雅黑字体、28 号、文本左对齐、粉红色”，效果如图 5-23 所示。

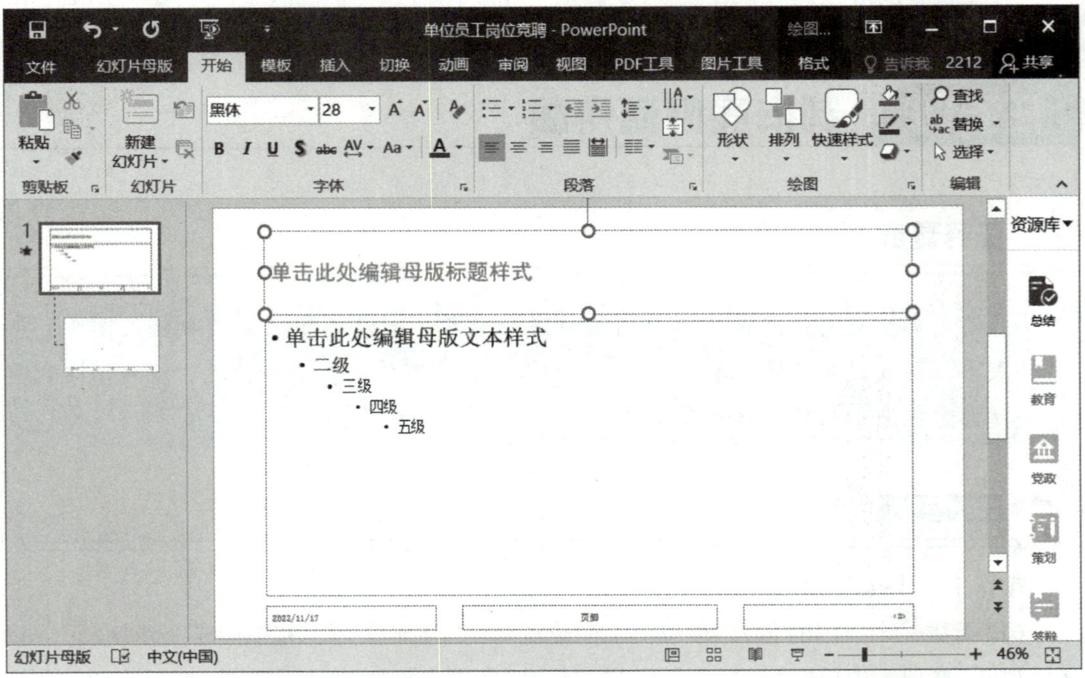


图 5-23　设置幻灯片母版

(3)在打开的“设置背景格式”对话框的左侧单击“填充”选项卡，在右侧选中“纯色填充”单选按钮，单击“颜色”下拉列表中的“白色，背景 1，深色 50%”，将该内文幻灯片使用的背景颜色应用于主母版中，如图 5-24 所示。

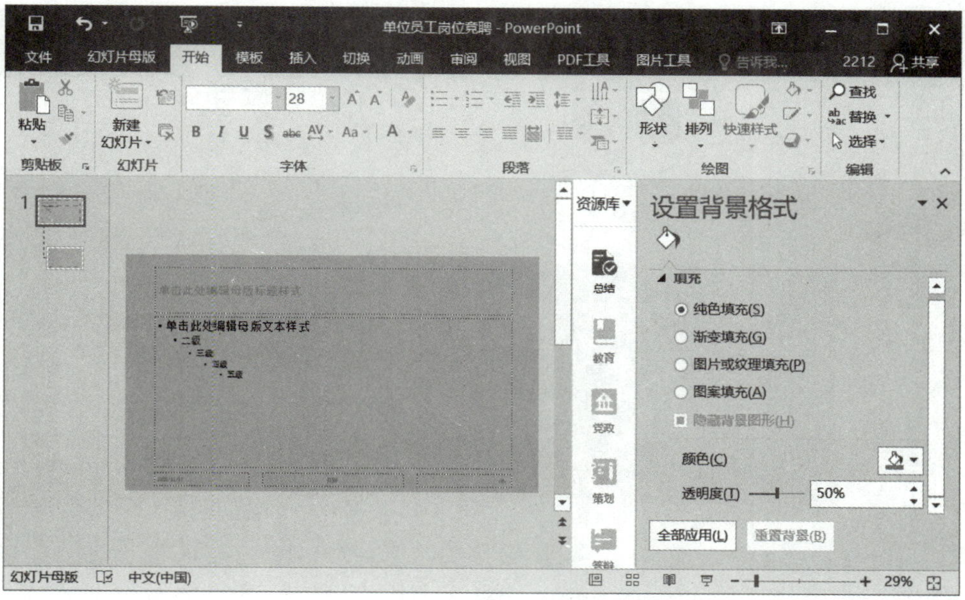


图 5-24 幻灯片母版背景设置

(4)在主母版中继续添加图形，单击“插入”选项卡下“插图”选项组中的“形状”命令，在弹出的下拉列表中“矩形”组中单击“圆角矩形”，拖动鼠标绘制调整大小的图形，最终效果如图 5-25 所示。

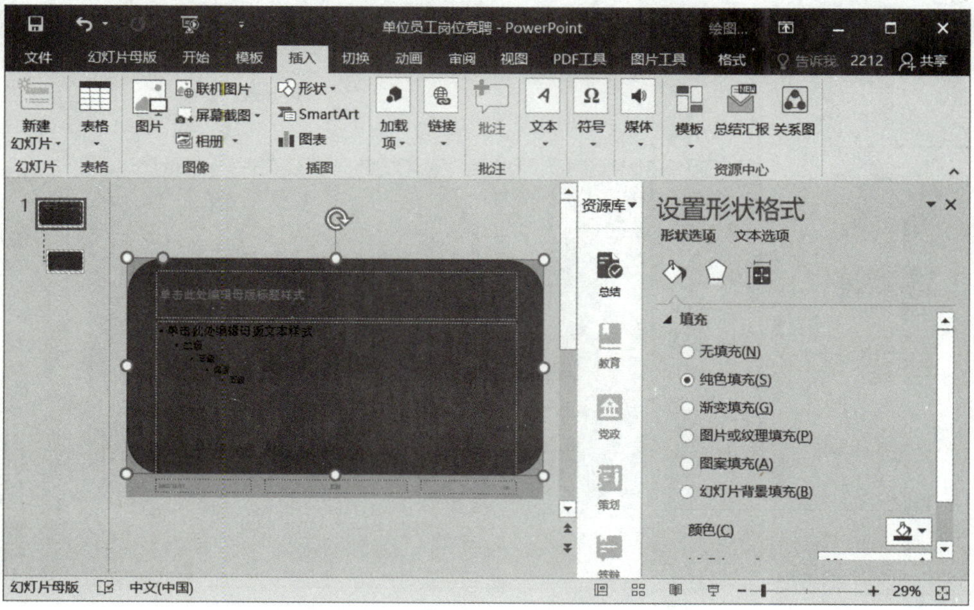


图 5-25 插入圆角矩形

（5）在主母版中继续添加图形，选中“直角三角形”顶端的“绿色圆球状”图标，在右侧选择大小与属性设置向左旋转“180°”，设置如图 5-26 所示，拖动鼠标调整图 5-26 中右下角所示图形大小。

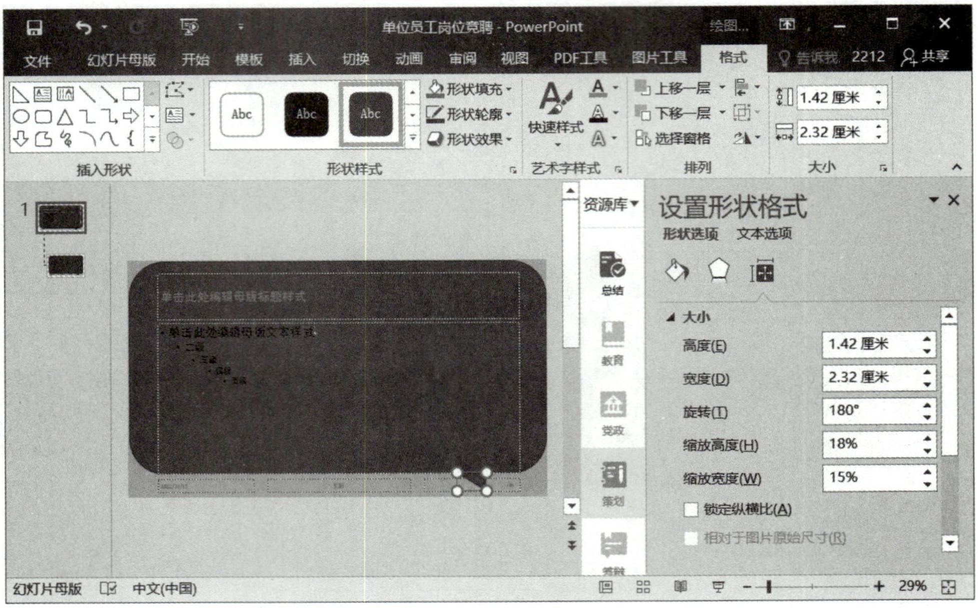


图 5-26　插入直角三角形

（6）在主母版中继续添加图形，在幻灯片右侧底部输入内容为“竞岗报告”，总体设置效果如图 5-27 所示。

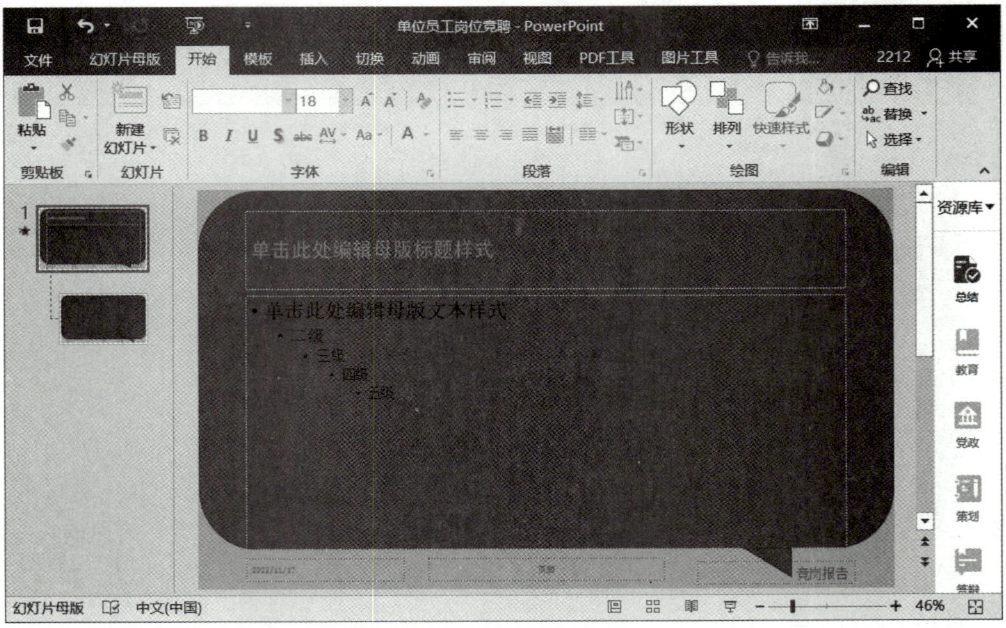


图 5-27　主母版最终效果

操作 2：幻灯片制作。

（1）单击“开始”选项卡下“幻灯片”组中的“新建幻灯片”按钮，在弹出的菜单中选择新幻灯片所依据的板式，这里的板式即为前面制作的母版板式，如图 5-28 所示。

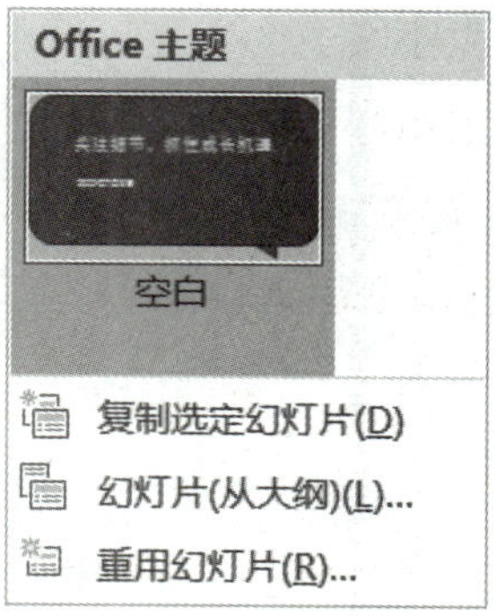


图 5-28 新建幻灯片

（2）新建的幻灯片将自动应用所选“标题幻灯片”板式，其中已经定义了占位符的格式、背景以及布局等，直接在其中输入或复制相应的文本即可，效果如图 5-29 所示。

（3）再次单击“新建幻灯片”按钮，创建第二张幻灯片，在幻灯片中输入相应的内容，插入“梯形”图形，拖动其鼠标绘制“高度：0.79 厘米；宽度：23.42 厘米”的图形，填充色为“茶色，背景 2，无线条”；插入“矩形”图形，调整适当位置，效果如图 5-30 所示。

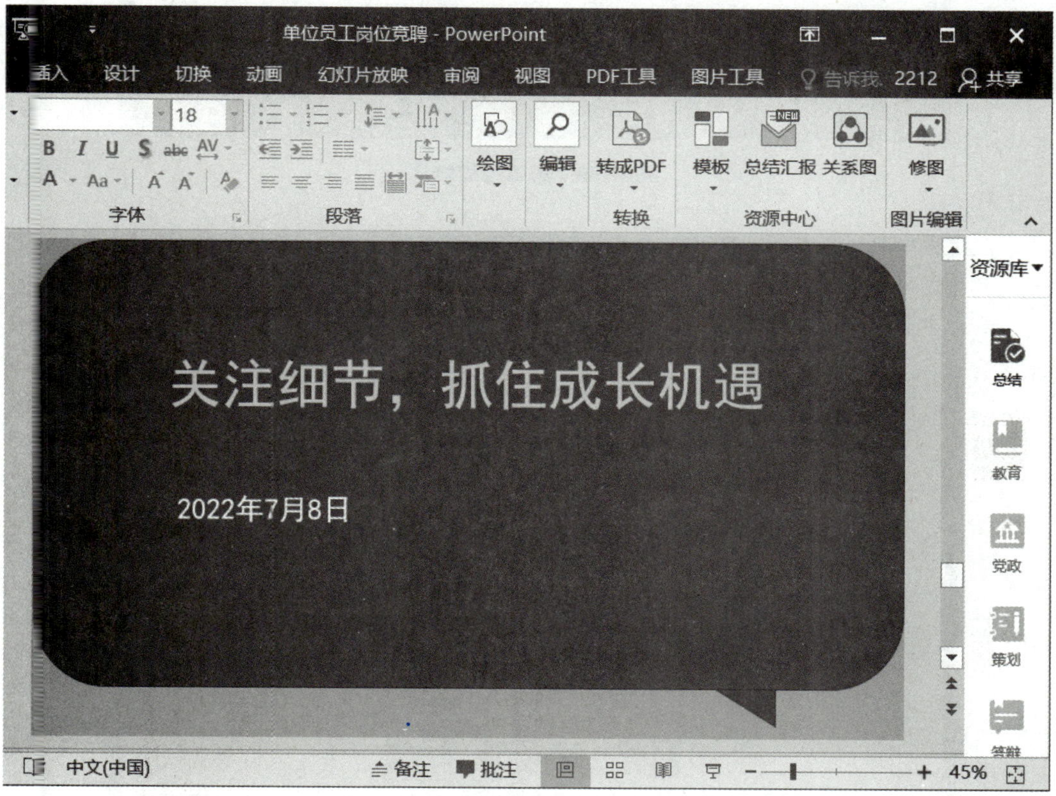


图 5-29 应用标题幻灯片效果

（4）插入“文本框”，录入相关文字内容，设置“百分比”内容格式为“Arial，12，红色，加粗”，设置文字为“微软雅黑，16，黑色，文字 1，淡色 35%”，效果如图 5-31 所示。

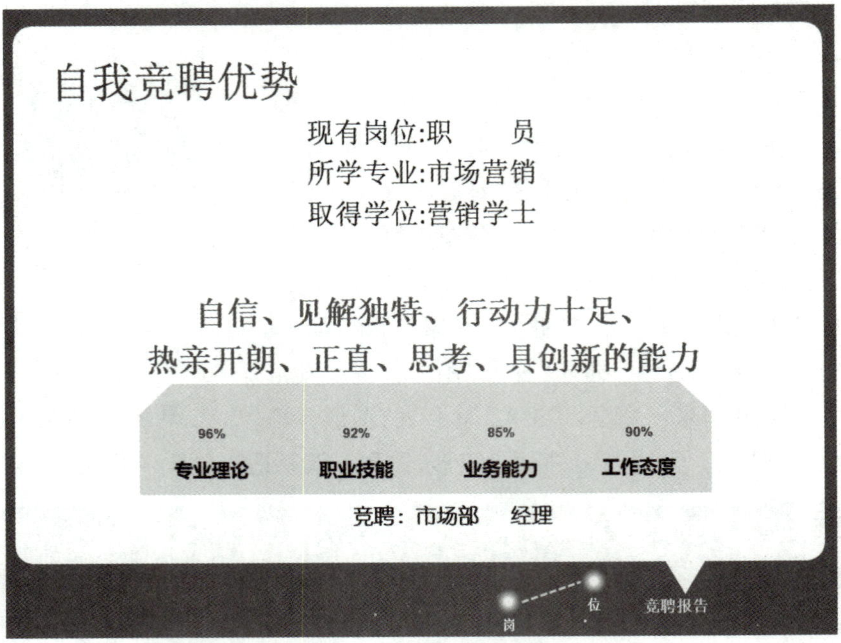


图 5-30　第二张幻灯片

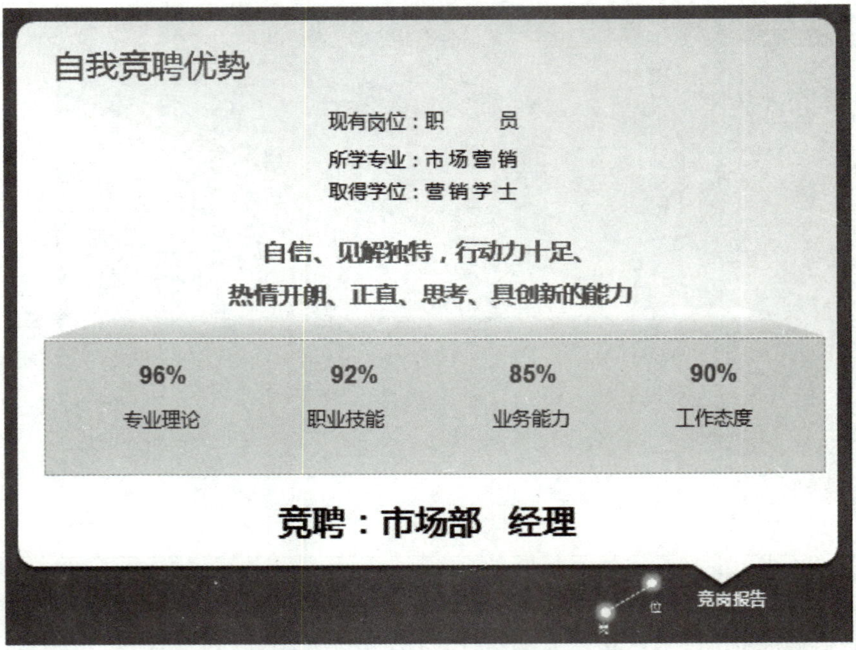


图 5-31　第二张幻灯片最终效果

(5)新建第三张幻灯片，输入标题内容“企业工作历程”，插入矩形框，调整至幻灯片中左侧，分别在矩形框中输入内容，设置效果如图 5-32 所示。

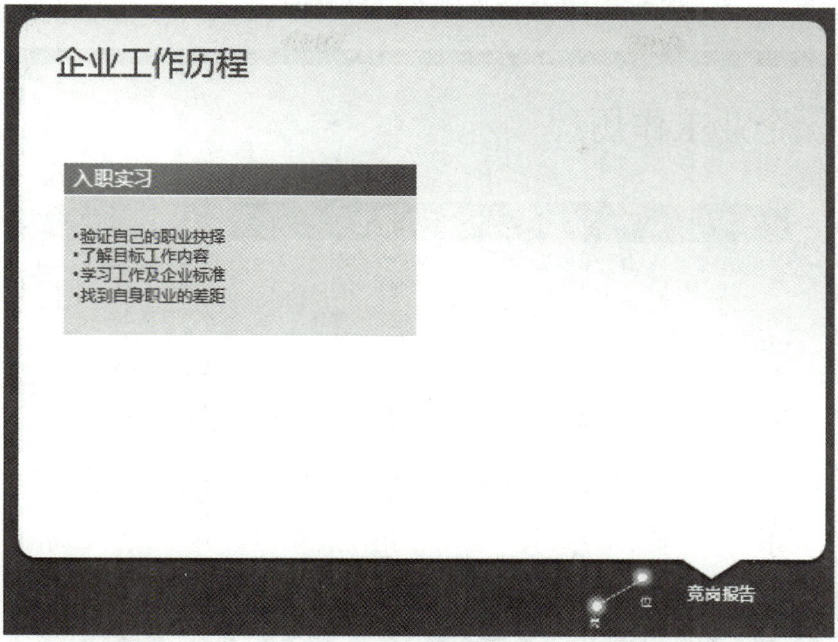


图 5-32　新建第三张幻灯片

(6)按步骤(5)依次创建三组六个矩形框，输入相关内容，总体效果如图 5-33 所示。

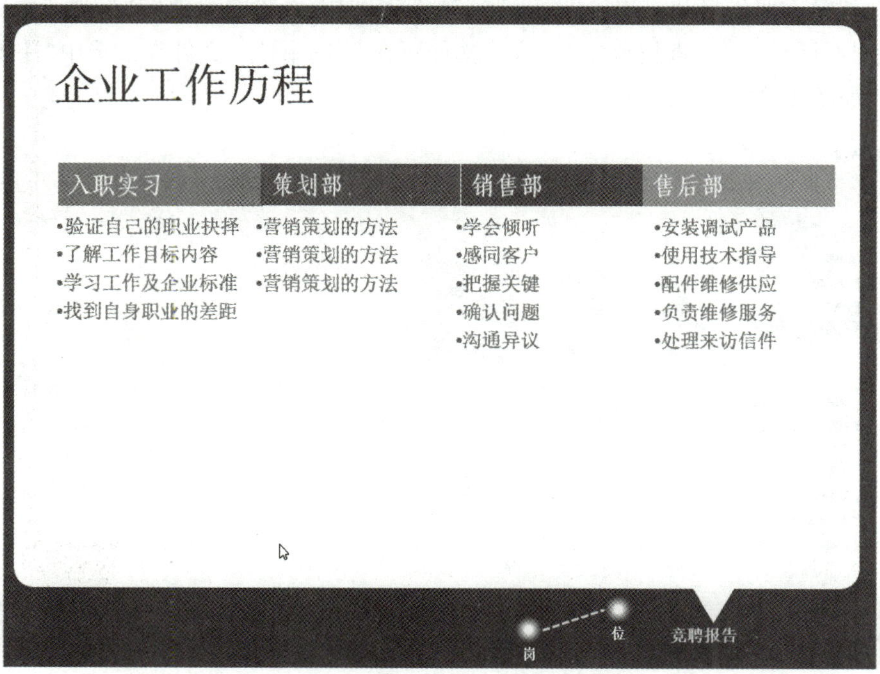


图 5-33　编辑第三张幻灯片

(7)插入“椭圆”图形，填充色为“浅绿”，线条为“实线，白色，背景 1，深色 50%”；按“Ctrl”键，复制 3 个与所设置圆形相同的圆，分别设置填充色调整至适当位置；插入 4

个“垂直文本框”，录入其文字，整体效果如图 5-34 所示。

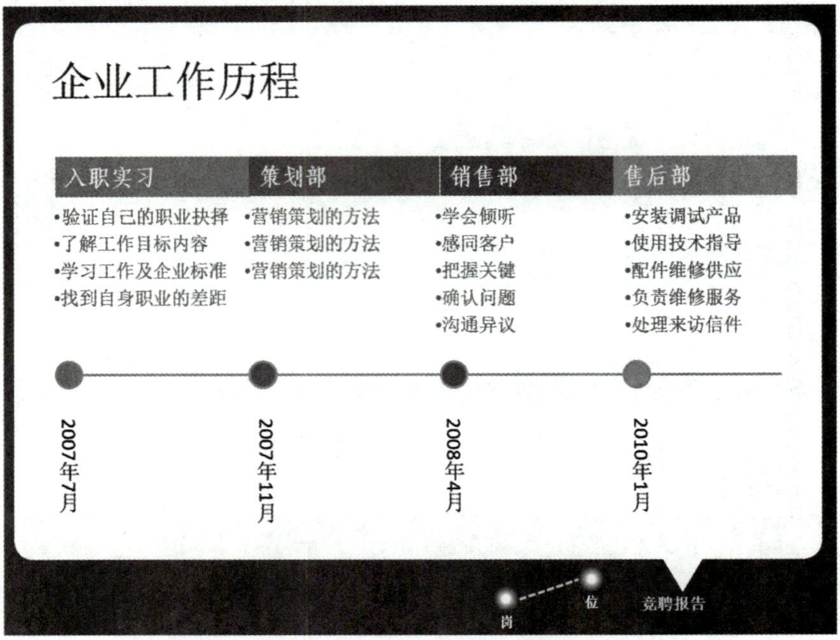


图 5-34　第三张幻灯片最终效果

（8）新建第四张幻灯片，单击“插入”选项卡下“插图”选项组中的“图片”命令，弹出“插入图片”对话框，在“查找范围”内查找文件所在“演示图片”文件夹，选中“主要工作业绩简图”，如图 5-35 所示。

图 5-35　插入图片

（9）插入“矩形框”，鼠标拖动至图片大小，设置“纯色填充”为“白色”，“无线条”；右键单击“矩形框”，在弹出的快捷菜单中选中“置于顶层”子菜单中的“置于顶层”，在“标题占位符中”输入文本即可，设置效果如图 5-36 所示。

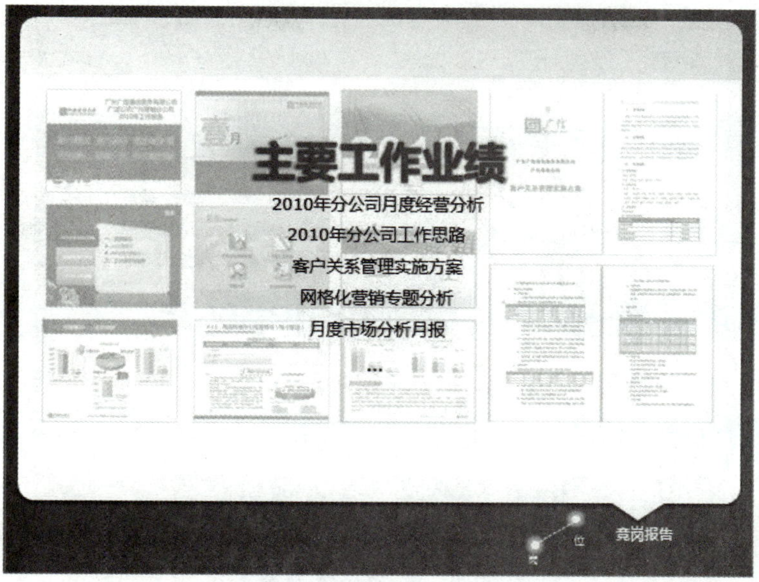


图 5-36　插入矩形框

（10）新建第五张幻灯片，在“标题占位符”中输入内容为“近期工作目标”；插入“中标”图片，调整至适当位置；插入“形状”组中的“线形标注 2(无边框)”，设置格式为“微软雅黑，28，加粗，粉红色”，如图 5-37 所示。

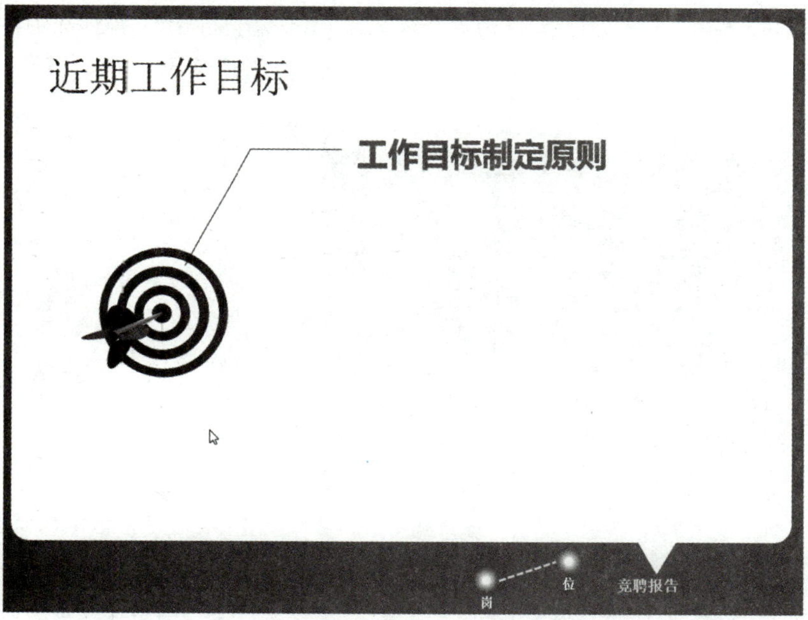


图 5-37　新建第五张幻灯片

（11）在“工作目标制定原则”下方插入“文本框”；重复步骤（10），在下方绘制“线形标注 2(无边框)”图形，输入内容，插入文本框，设置为“无线条，无填充”，输入相应内容，格式上同，效果如图 5-38 所示。

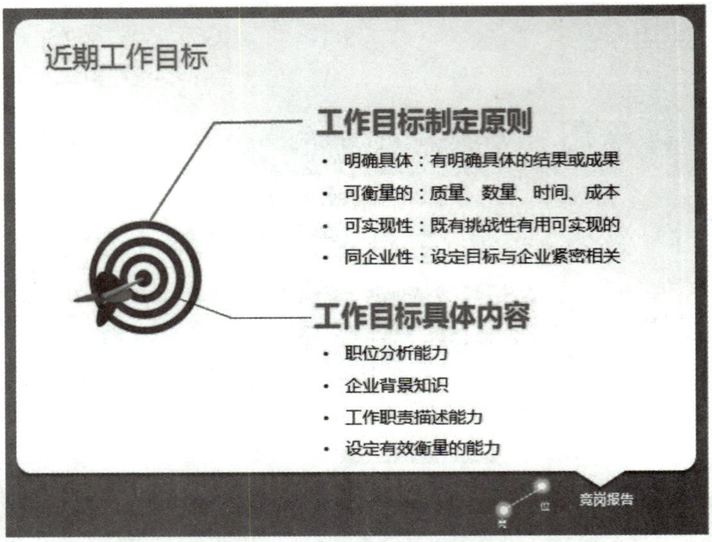


图 5-38　第五张幻灯片效果

(12)新建幻灯片，插入“封面底图”图片，设置效果如图 5-39 所示。

(13)选中“占位符”，在动画选项卡“添加动画”按钮，在列表中单击“飞入”，在弹出的子菜单中选中“其他效果”命令，在“细微型”组中单击“缩放”，效果如图 5-40 所示。

图 5-39　新建第六张幻灯片

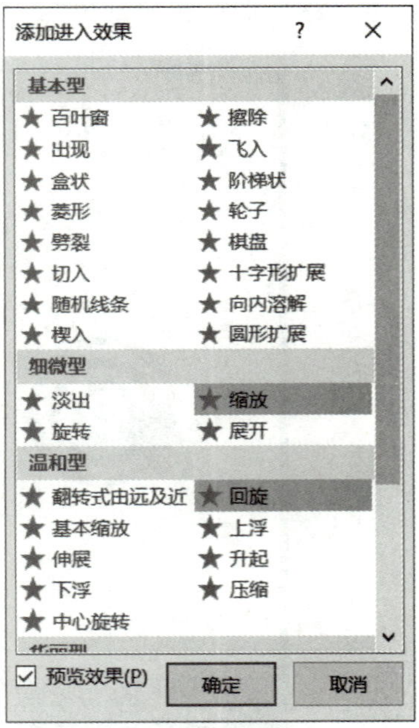


图 5-40　自定义动画

(14)重复步骤(13)依次为其他幻灯片相关内容设置动画(动画设计可根据设计意图自由掌握)。

# 任务五　制作年终部门领导汇报文稿

## 任务要求

学习在 PowerPoint 中使用声音、动画和图片等多媒体数据，掌握其基本操作。

## 任务实施

操作 1：母版的制作。

(1)在桌面新建文件，以“年终部门领导汇报”命名，打开文件夹，将制作相关的素材放置在此文件夹下，如声音文件“飞的更高 .WAV”，在此文件夹下创建以“年终部门领导汇报文稿”命名的演示文稿，如图 5-41 所示。

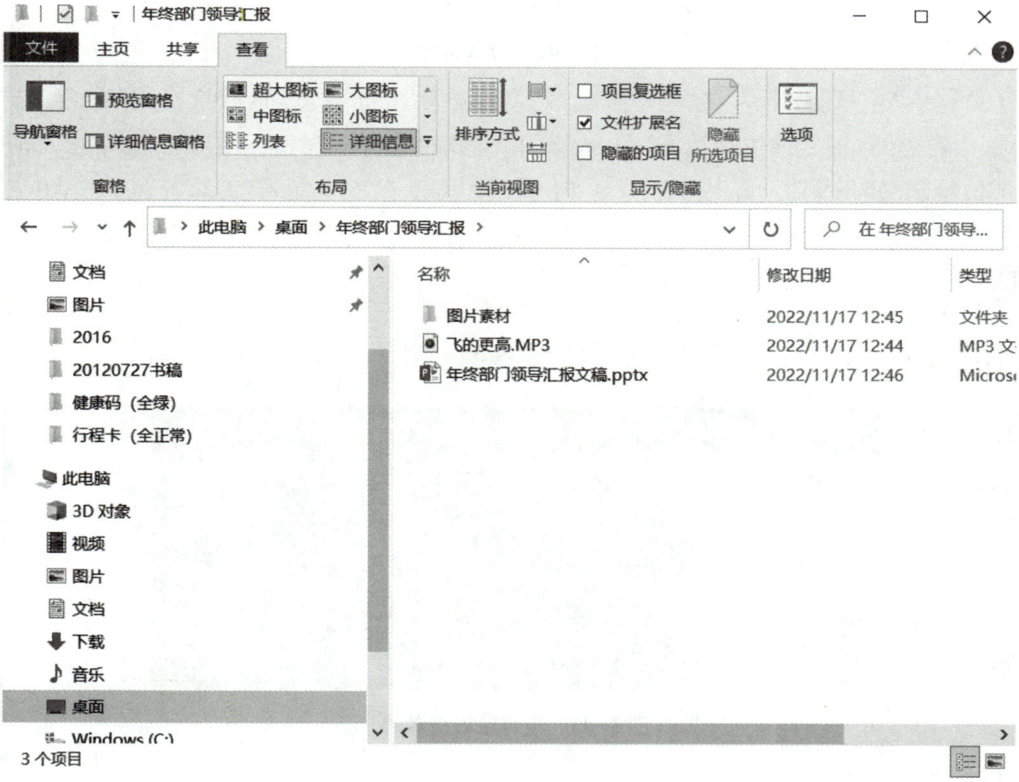


图 5-41　素材准备

(2)打开“主母版”，插入“内页横条 .jpg”图片至主母版中，调整至顶部；绘制“矩形框”，大小“高度：1.91 厘米，宽度：25.4 厘米”，填充色为“黑色，文字 2”，线条设置为

"无线条"；设置"主标题占位符"格式为"微软雅黑，32，加粗，白色，背景 1"，主母版设置效果如图 5-42 所示。

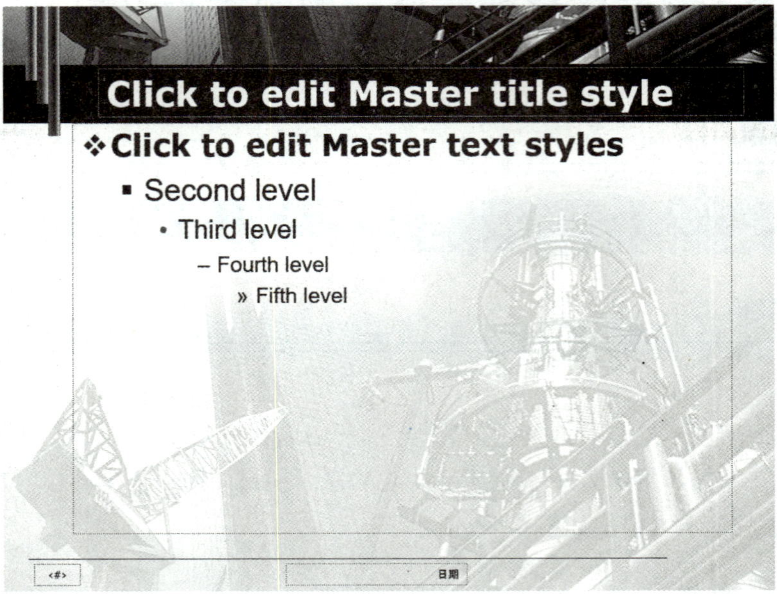


图 5-42　母版设计

(3)选中"主母版"下的"标题母版"，在空白处右击选中"设置背景格式"命令，选中对话框中右侧的"图片或纹理填充"命令，单击下方的"文件"按钮，插入"背景 . jpg"图片。

(4)绘制"矩形框"，大小"高度：1. 91 厘米，宽度：25. 4 厘米"，填充色为"黑色，文字 2"，线条设置为"无线条"；设置"主标题占位符"格式为"微软雅黑，36，加粗，白色，背景 1"，主母版设置效果如图 5-43 所示。

图 5-43　主母版设置效果

操作 2：创建图表。

(1)返回至"普通视图"，新建幻灯片，在第一张幻灯片"主标题占位符"中直接输入文字"2022 年工作总结暨 2023 年工作展望"，选中"暨 2023 年工作展望"文字，设置为"红色"，效果如图 5-44 所示。

图 5-44　新建第一张幻灯片

（2）新建幻灯片，分别在“主标题占位符，副标题占位符”中输入文字，并进行格式设置，单击“插入”选项卡下“插图”选项组中的“图表”命令，在弹出的“插入图表”对话框中选中“折线图”，效果如图 5-45 所示。

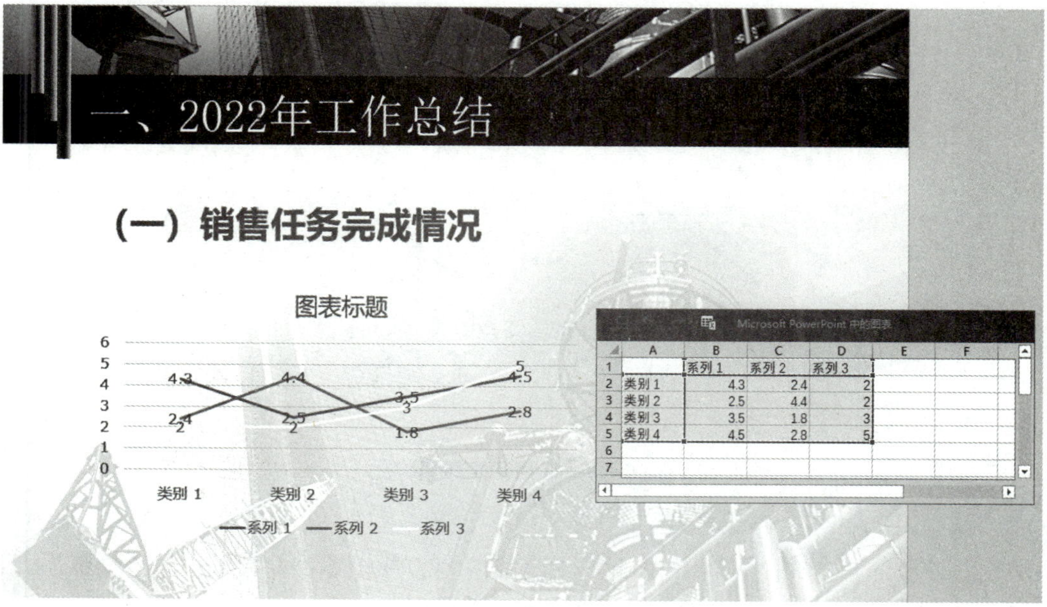


图 5-45　插入图表

（3）在 Excel 表中重新输入并增加数据源，录入完成的数据表如图 5-46 所示。

(4) 双击图表数据中“月份”区域，在高亮选项卡“图表工具”下“设计”选项卡，选中“图表布局”选项组中的“布局 5”图表样式，设置效果如图 5-47 所示。

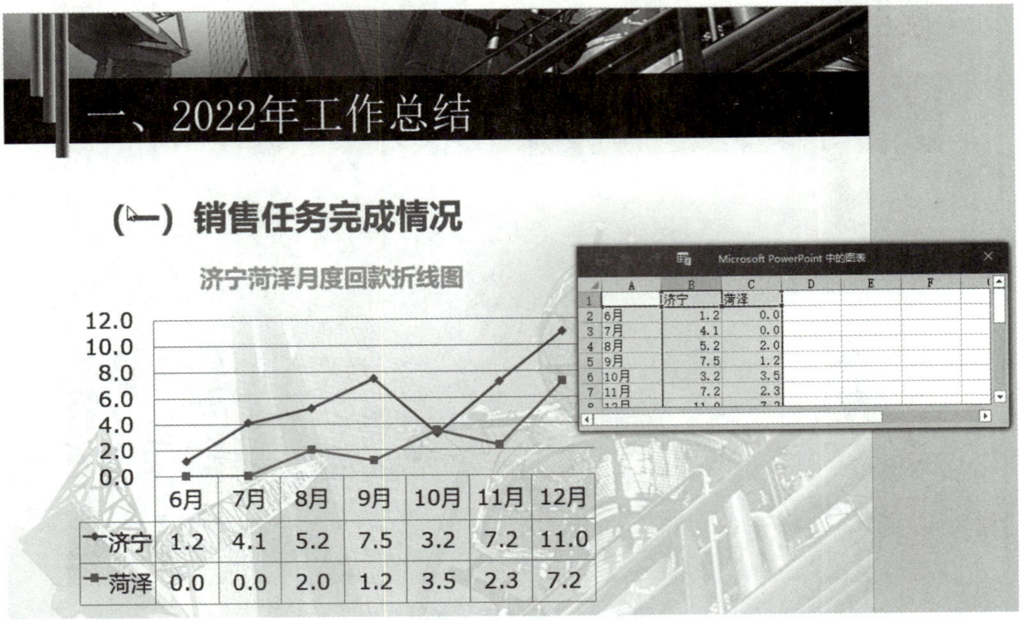


图 5-46　录入数据

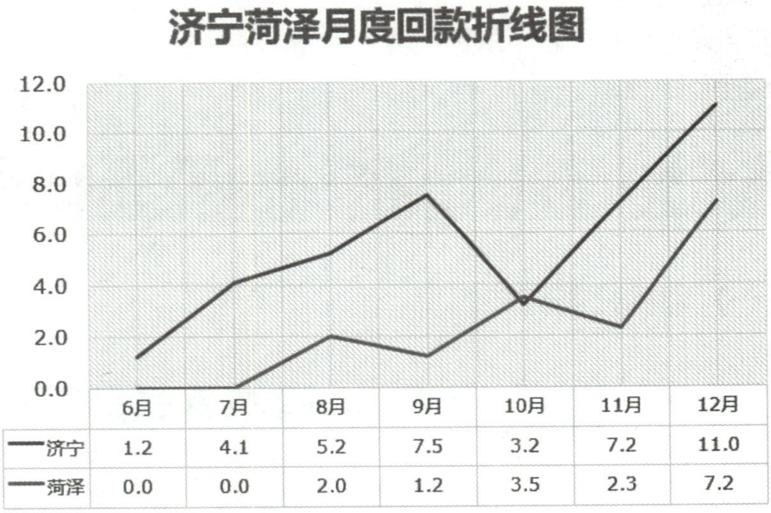


图 5-47　应用图表布局样式

(5) 选中图表中的“图表标题”重新录入文字，删除左侧“坐标轴标题”字样，在图表右侧的空白处添加 4 个文本框，分别输入相应的内容，并设置文字格式为“微软雅黑，12，加粗，紫色”，调整适当位置放置，效果如图 5-48 所示。

(6) 新建第三张幻灯片，插入与上面步骤相同的“柱形图”，设置图表布局为“布局 3”，设置效果如图 5-49 所示，具体操作步骤此处不再赘述。

图 5-48　图表编辑

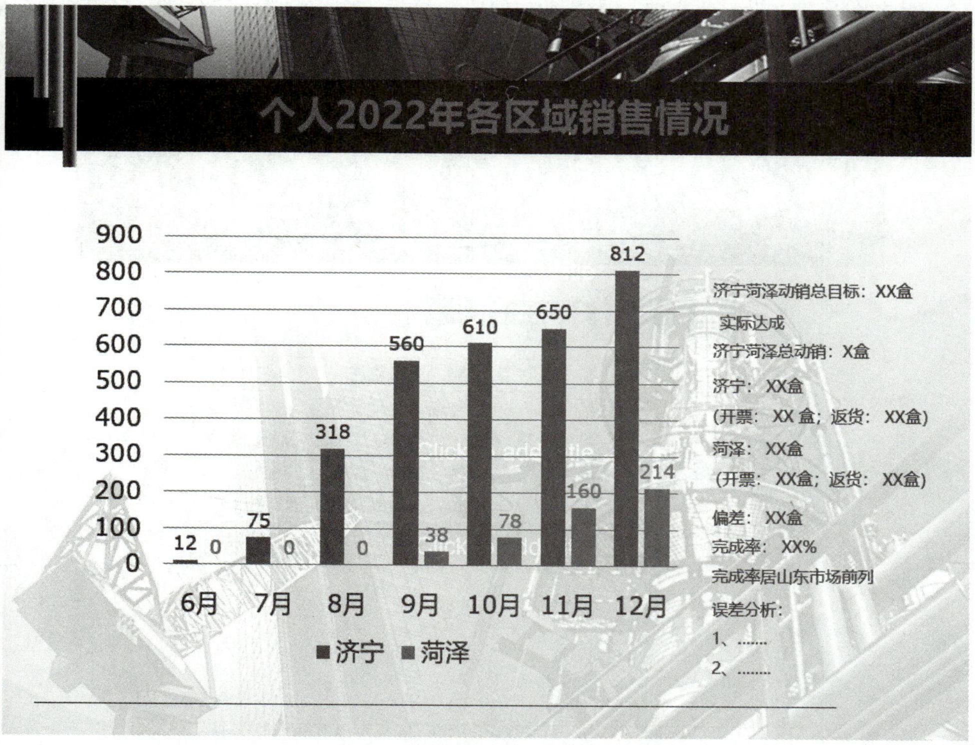


图 5-49　第三张幻灯片效果

操作 3：SmartArt 图形的创建。

(1)第四张幻灯片，单击“插图”选项组中的“SmartArt”命令，弹出“选择 SmartArt 图形”对话框，选中对话框中左侧的“关系”，在右侧选中“目标图列表”，单击“确定”插入 SmartArt 图形，效果如图 5-50 所示。

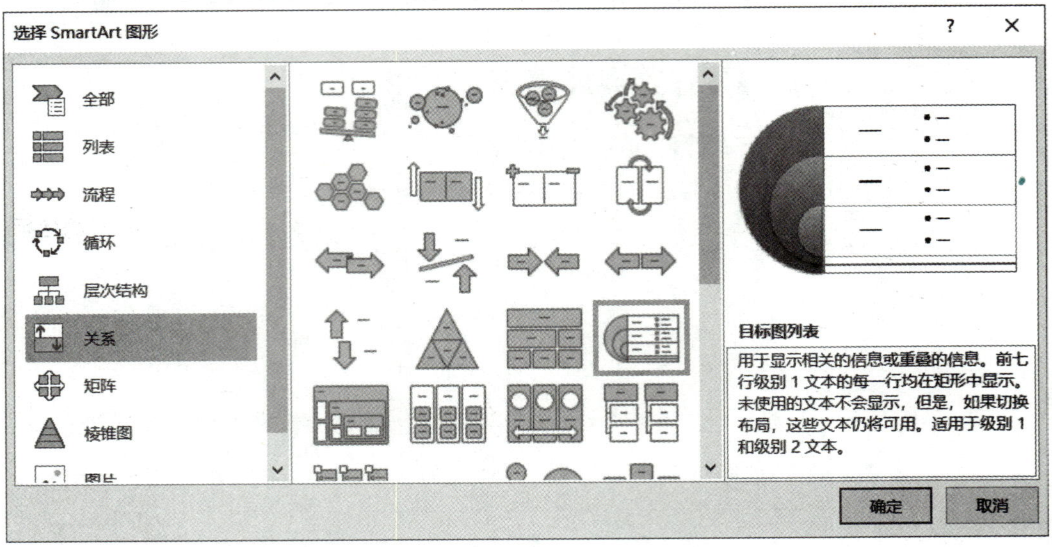


图 5-50　插入 SmartArt 图形

(2)双击图形，“设计”选项卡中，选中“SmartArt 样式”组中的“优雅”样式，输入相应的文字内容，左侧文本格式“黑体，20，加粗，深蓝”，右侧文本格式为“黑体，18，深蓝”，效果如图 5-51 所示。

图 5-51　应用 SmartArt 样式

(3)在已建图形的下方插入新 SmartArt 图形，在“选择 SmartArt 图形”对话框中左侧单击“流程”，右侧选中“流程箭头”图形，如图 5-52 所示。

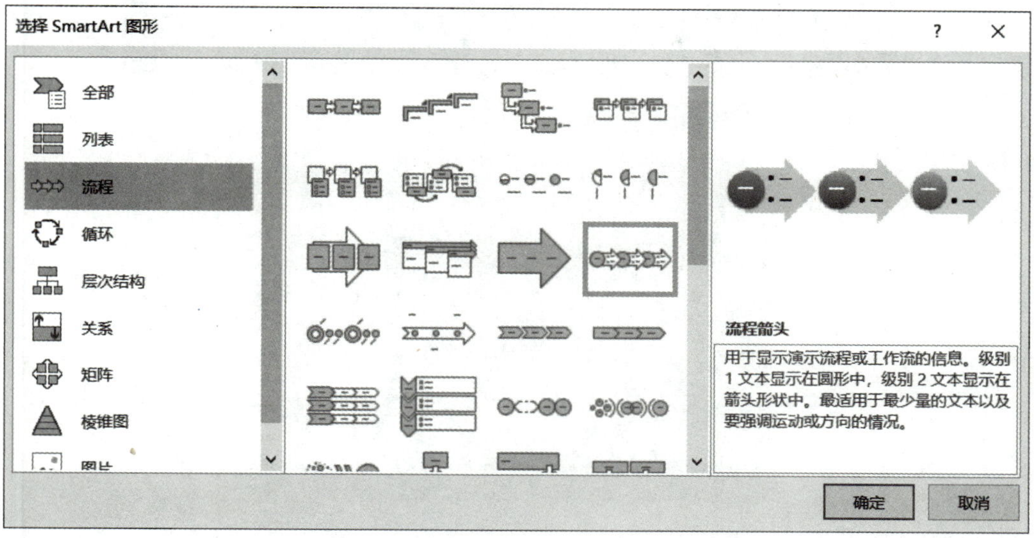


图 5-52　插入新 SmartArt 图形

(4)适当调整图形的大小至合适位置，使用“粘贴”增加一个流程，双击此图形，在“SmartArt 样式”窗口中选中“强烈效果”样式，录入相应文字内容，并适当调整各个图形的填充颜色，实际效果如图 5-53 所示。

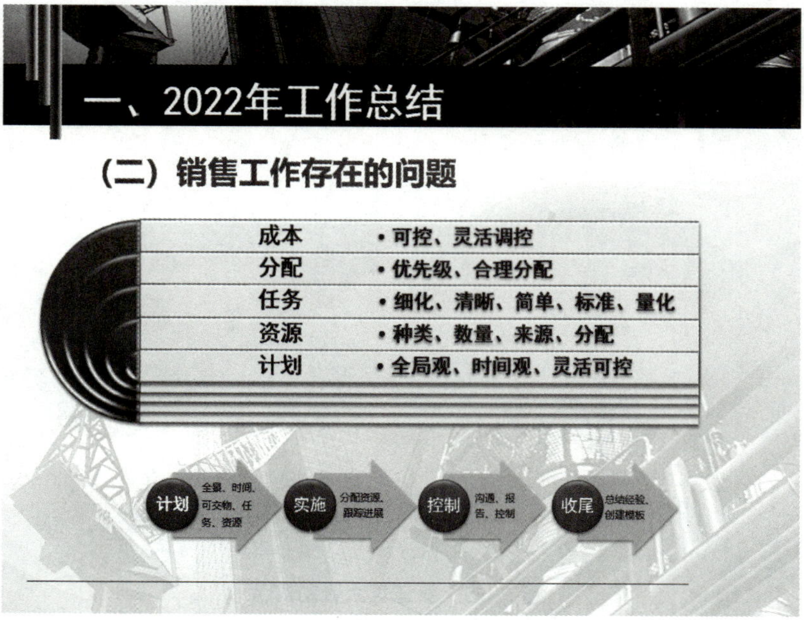


图 5-53　应用 SmartArt 样式

(5)在幻灯片中继续插入 SmartArt 图形，在“选择 SmartArt 图形”对话框中左侧单击“列表”，右侧选中“垂直框列表”图形，输入相应的文字，并对图形效果进行设置，如图 5-54 所示。创建 SmartArt 图形步骤均同上，此处不再赘述。

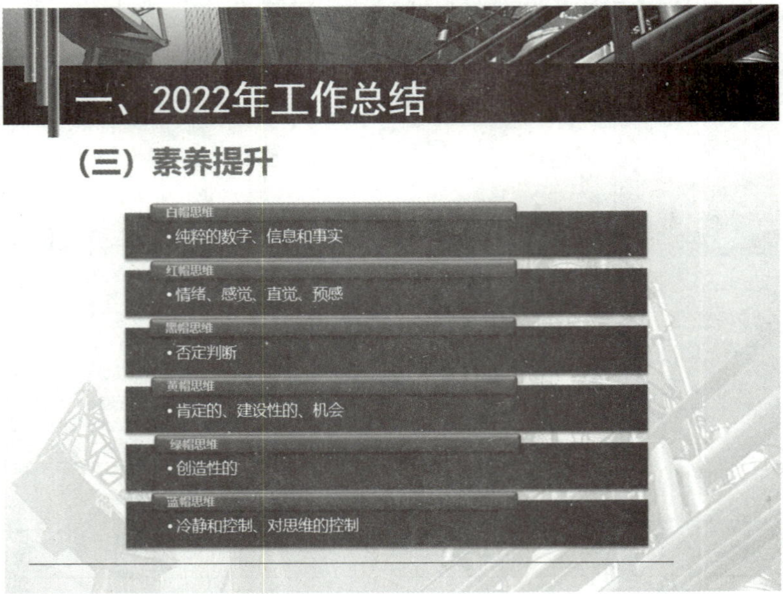


图 5-54　继续插入 SmartArt 图形

操作 4：普通幻灯片的创建。

（1）新建第六张幻灯片，插入“公路 . jpg”图片，调整至大小，拖动其至适当位置，如图 5-55 所示。

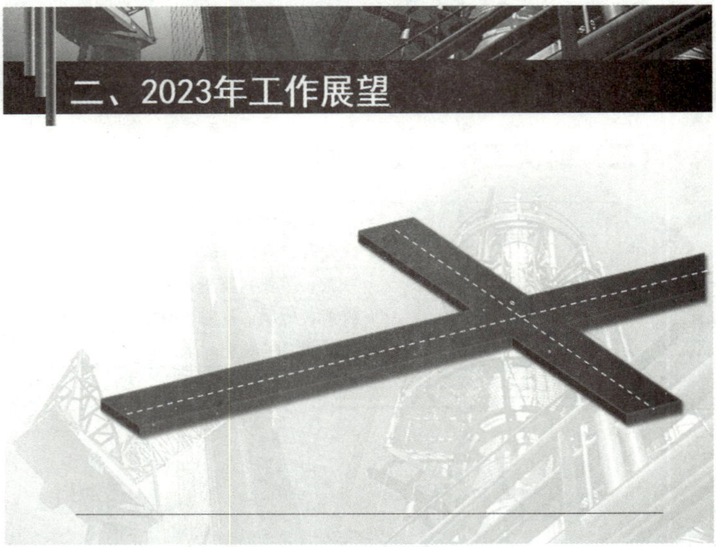


图 5-55　新建第六张幻灯片

（2）分别创建 4 个“横排文本框”，并录入相应的文字内容，将标题性文本格式设置为“微软雅黑，28，加粗，深蓝”；详细内容文字格式设置为“微软雅黑，22，加粗，深蓝”；效果如图 5-56 所示。

图 5-56　编辑第六张幻灯片

操作 5：表格的创建。

(1)新建第七张幻灯片，单击“插入”选项卡下“表格”选项组中的“表格”命令，在弹出的下拉列表中拖动选中“2 列×6 行”单元格区域，如图 5-57 所示。

(2)选中表格，在“表格样式”选项组中单击“边框”命令，在弹出的列表中选中“内部框线”，输入相应的内容，文字格式设置为“黑体，22，加粗，文本左对齐，行距 1.0”；行高为“1.71 厘米”，表格效果如图 5-58 所示。

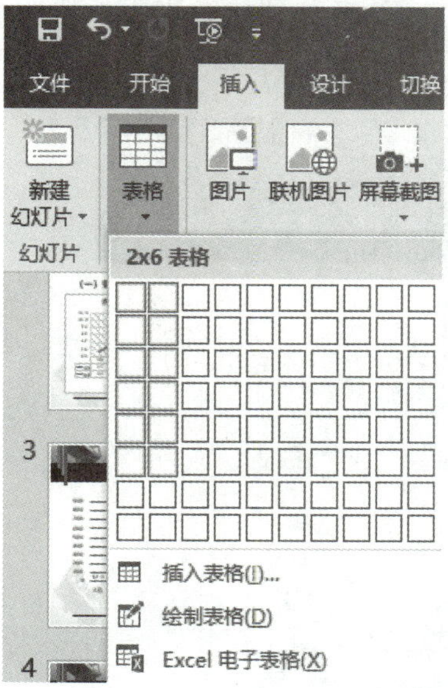


图 5-57　新建第七张幻灯片

| | |
|---|---|
| 1 | 积极搜集工程信息，做好基础工作 |
| 2 | 克服偏见，与客户建立良好关系 |
| 3 | 增强风险意识，加强对客户的跟进监控 |
| 4 | 规范完善个人工作习惯 |
| 5 | 减小应收账款，保证良好资金周转 |
| 6 | 加强学习，拓展个人工作能力和视野 |

图 5-58　插入表格

(3)插入“表格衬底 .jpg”图片，右键单击此图片，在弹出的快捷菜单中选中“置于底层”，拖动其图片置于表格底层，调整图片大小与表格相同，效果如图 5-59 所示。

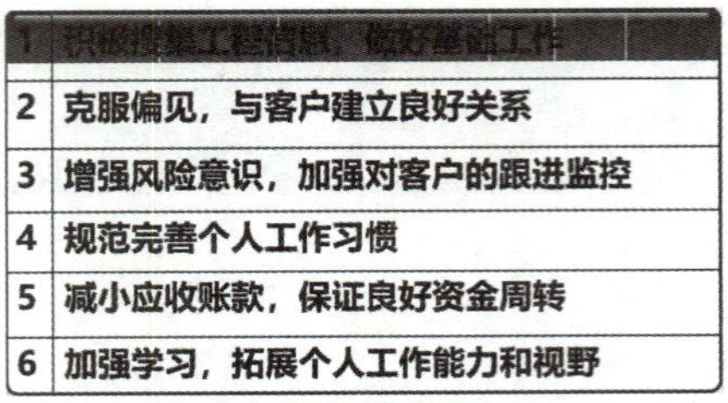


图 5-59　插入表格背景图片

(4)输入“标题占位符”中的内容并加以修饰，第七张幻灯片效果如图 5-60 所示。

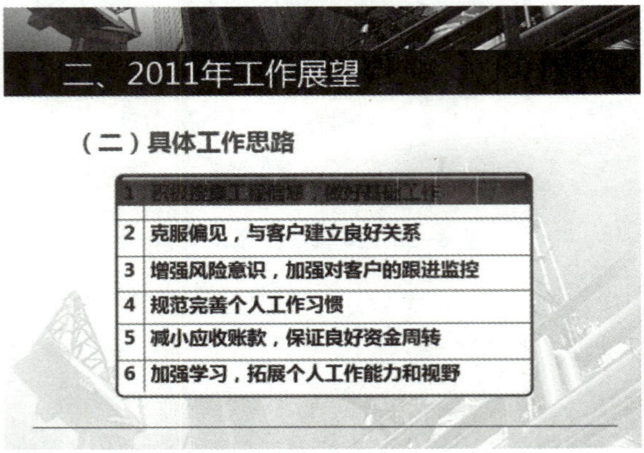


图 5-60　第七张幻灯片效果

操作 6：幻灯片中插入声音。

(1)末尾幻灯片，在“副标题占位符”中输入文字“感谢各位领导和同事的聆听敬请批评指正”文字，如图 5-61 所示。

图 5-61　新建末尾幻灯片

（2）单击“插入”选项卡下的“媒体”选项组中的“音频”命令，在弹出的列表中选中“文件中的声音”，弹出“插入声音”对话框，选中声音文件“飞的更高 .WAV”，设置效果如图 5-62 所示。

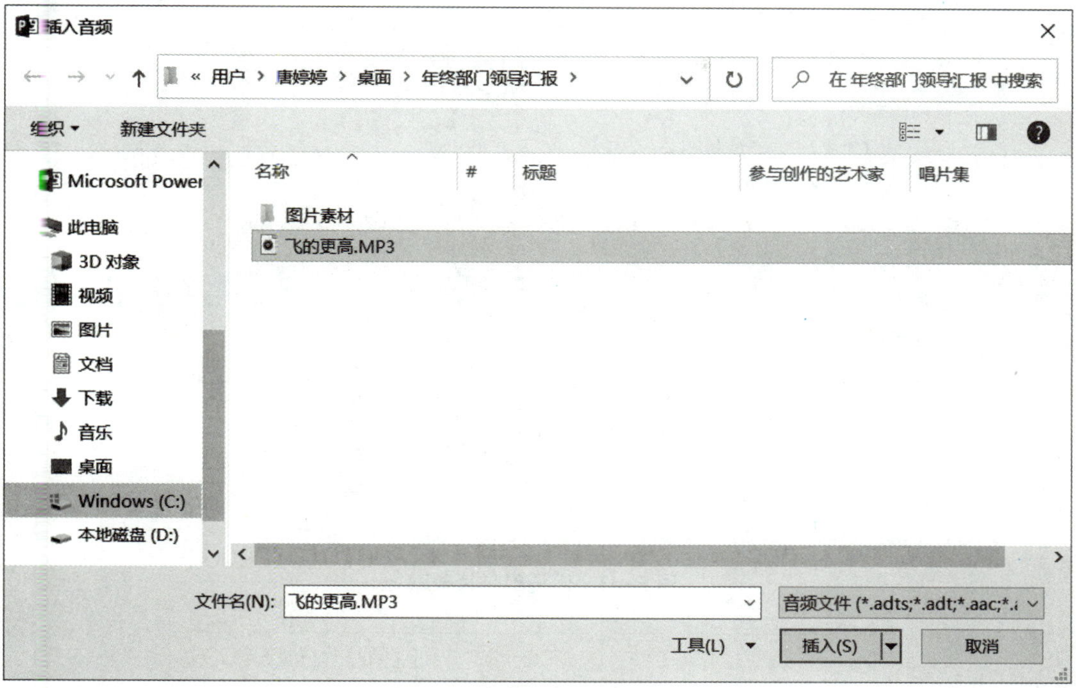


图 5-62　插入声音

（3）此时幻灯片的中心插入一个图标，表示声音已经插入至幻灯片中，末尾幻灯片最终效果如图 5-61 所示。

操作 7：放映前的准备。

（1）选择“幻灯片放映”选项卡，单击“设置”选项组中的“设置幻灯片放映”按钮，打开“设置放映方式”对话框，如图 5-63 所示。

（2）选择“幻灯片放映”选项卡，单击“设置”选项组中的“排练计时”按钮，将会自动进入放映排练状态，其右上角将显示“录制”工具栏，在该工具栏中可以显示预演时间。

在放映屏幕中单击鼠标，可以排练下一个动画效果或下一张幻灯片出现的时间，鼠标停留的时间就是下一张幻灯片显示的时间。排练结束后将显示提示对话框，询问是否保留排练的时间。

单击“是”按钮确认后，会在幻灯片浏览视图中每张幻灯片的左下角显示该幻灯片的放映时间。

（3）选择需要录制旁白的幻灯片，选择“幻灯片放映”选项卡，单击“设置”选项组中的“录制幻灯片演示”按钮，在弹出的菜单中可以选择“从头开始录制”还是“从当前幻灯片开始录制”。

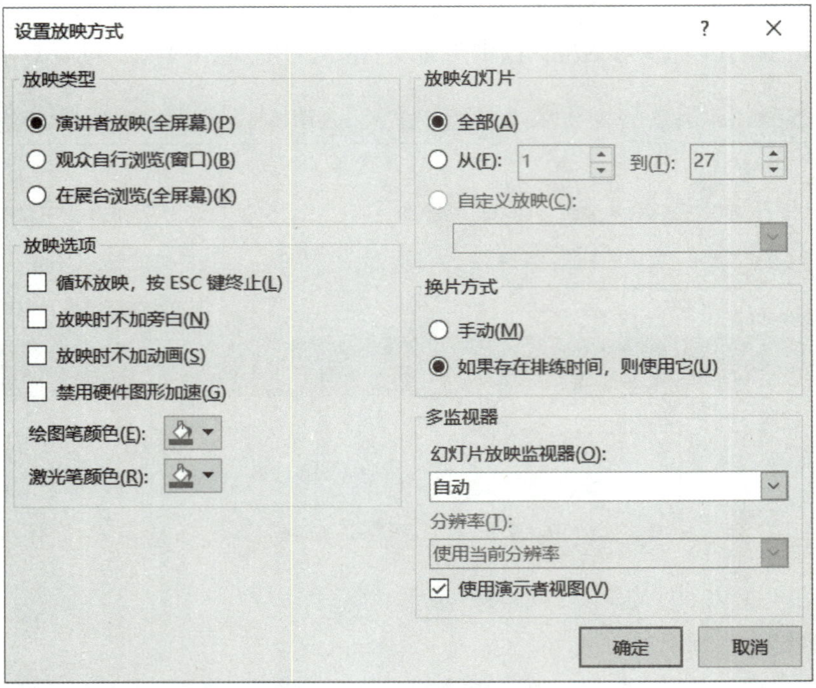


图 5-63　设置幻灯片放映

选择“从当前幻灯片开始录制”命令，将弹出“录制幻灯片演示”对话框，选择“旁白和激光笔”复选框。

单击“开始录制”按钮，进入幻灯片放映状态，开始录制旁白，使用鼠标在幻灯片中单击以切换到下一张幻灯片，按下 Esc 键将停止录制旁白，回到 PowerPoint 窗口中，录制的幻灯片右下方会出现一个声音图标。

选择“播放”选项卡，单击“预览”选项组中的“播放”按钮，即可播放录制的声音效果。

(4)打开需要进行自定义放映的演示文稿，选择“幻灯片放映”选项卡，单击“开始放映幻灯片”选项组中的“自定义幻灯片放映”按钮，在弹出的菜单中选择“自定义放映”命令，将打开“自定义放映”对话框，单击“新建”按钮，打开“定义自定义放映”对话框，可以设置幻灯片放映名称，然后在左侧列表框中选择要添加到自定义放映中的幻灯片，单击“添加”按钮，设置好后单击“确定”按钮，返回到“自定义放映”对话框中，可以看到刚才设置的自定义放映名称，单击“放映”按钮可以直接放映定义设置的幻灯片，单击“关闭”按钮可以返回编辑窗口。

操作 8：放映幻灯片。

(1)启动放映：选择“幻灯片放映”选项卡，单击“开始放映幻灯片”选项组中的“从头开始”按钮，即可从第一张开始放映幻灯片；单击“从当前幻灯片开始”按钮，即可从当前选择的幻灯片开始放映。

(2)放映过程中的控制：选择“幻灯片放映”选项卡，单击“开始放映幻灯片”选项组中的“从头开始”按钮，将开始播放幻灯片。

在幻灯片的任意区域单击鼠标右键，在弹出的菜单中选择“上一张”或“下一张”命令，可以播放上一张或下一张幻灯片；选择“暂停”命令可以停止播放，暂停播放后选择“继续”命令可以继续播放幻灯片，如图 5-64 所示。

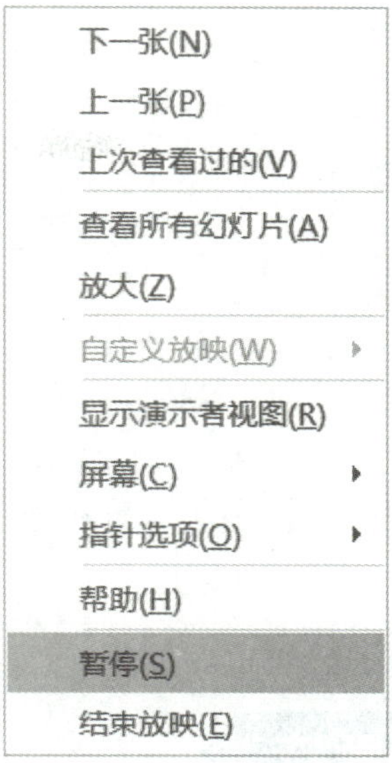


**图 5-64　放映过程中的控制**

（3）标注幻灯片：在幻灯片放映视图中选择需要添加标注的幻灯片，单击鼠标右键，在弹出的菜单中选择“指针选项”命令，在其子菜单中可以选择添加墨迹注释的笔形，再选择“墨迹颜色”命令，在其子菜单中选择一种颜色。

设置好后，按住鼠标左键在幻灯片中拖动，即可书写或绘图。

（4）隐藏鼠标指针：如果不需要在放映过程中显示鼠标指针，可以将其进行隐藏。在幻灯片放映视图中单击鼠标右键，在弹出的菜单中选择“指针选项/箭头选项/永远隐藏”命令，即可将鼠标指针永远隐藏起来，如图 5-65 所示。

如果要重新显示鼠标指针，可以选择“自动”或“可见”命令。

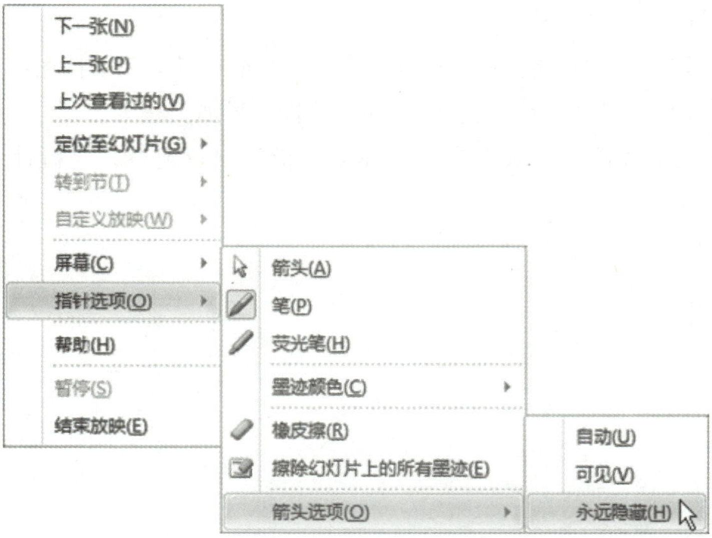


**图 5-65　隐藏鼠标指针**

（5）设置黑屏或白屏：在放映过程中，当演示者需要将听众的注意力集中到自己的讲话上时，可以将屏幕设置为白屏或黑屏效果以隐藏幻灯片上的内容，如图 5-66 所示。

在幻灯片放映视图中单击鼠标右键，在弹出的菜单中选择“屏幕”命令，在其子菜单中可以选择“黑屏”或“白屏”命令，即可将屏幕切换为对应的颜色。

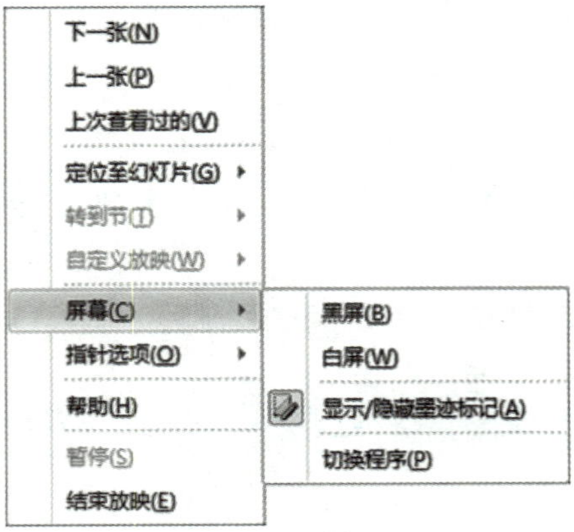


图 5-66　设置黑屏或白屏

## 项目考核

1. 公司办公室需要制作一个关于公司简介的演示文稿，要求有以下几个特点：

(1)幻灯片使用统一的模板，具有风格的一致性。

(2)自选图形绘制、图形的编辑与组合。

(3)幻灯片间的交互性。

(4)有效的动画效果。

2. 请为个人设计一个“职业规划”的演示文稿，要求有以下几个特点：

(1)幻灯片使用统一的模板，具有风格的一致性，界面美观大方。

(2)内容包括“个人信息、认识自我、环境分析、职业定位、执行计划、结束语”等内容。

(3)幻灯片间的交互性。

(4)有效的动画效果。

# 项目六

# 网络与 Internet 应用

## 项目分析

计算机网络是计算机技术和通信技术结合的范例，以 Internet(因特网)为代表的计算机网络因其高效的数据通信、广泛的软硬件和数据资源共享、强大的分布式数据处理等特点而渗透到各个领域，它颠覆了人们生活和工作的传统习惯，给人们带来了意想不到的惊喜与方便。本项目主要介绍计算机网络的基本知识和 Internet 的基本应用及使用网络获取信息。

## 课程思政

通过网络基本知识的学习，引导学生正确处理网络中的信息，不轻信不转发不良言论；正确使用互联网，把文明、和谐、诚信、友善等思政元素融入其中，引导学生成为一个视野开阔、有思辨能力、有创新和创造力的社会主义建设者；通过搜索引擎相关知识的学习，引导学生树立终身学习的理念。

# 项目实施

## 任务一 组建局域网

### 任务要求

掌握网络组建的过程，掌握双绞线的制作以及网络的基本知识，学会 IP 地址的配置和文件夹共享设置。

### 任务实施

操作 1：制作网线。

(1)准备工作。准备好双绞线、RJ-45 插头和一把专用的压线钳，如图 6-1 所示。

(2)剥线。用压线钳的剥线刀口将双绞线的外保护套管划开(小心不要将里面的双绞线的绝缘层划破)，刀口距双绞线的端头至少 2 厘米，如图 6-2 所示。

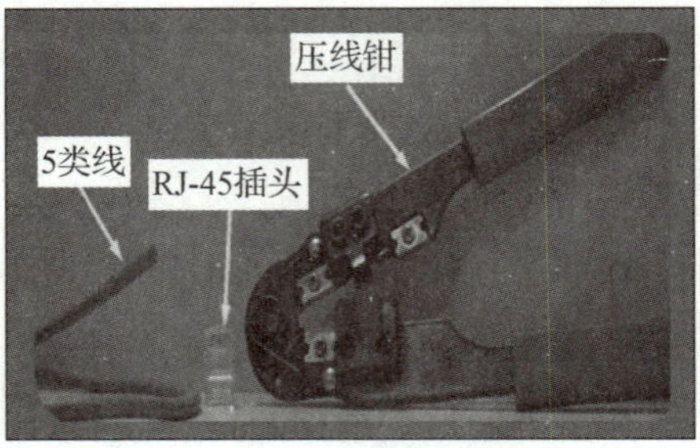


图 6-1　所需材料

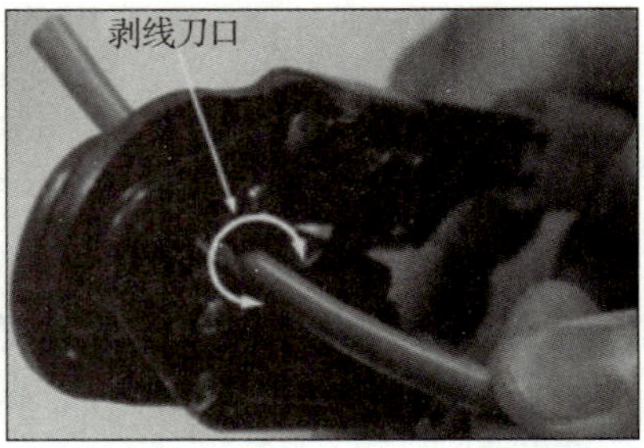


图 6-2　剥线

(3)以采用 568B 标准为例，剥开双绞线外保护层后，首先，四对线缆按橙、蓝、绿、棕的顺序排好，然后，再按橙白、橙、绿白、蓝、蓝白、绿、棕白、棕的顺序分别排放每一根电缆，如图 6-3 所示。

(4)剪线。将 8 根导线平坦整齐地平行排列，导线间不留空隙。然后用压线钳的剪线刀口将 8 根导线剪断，如图 6-4 所示。

(5)插线。将剪断的电缆线放入 RJ-45 插头试试长短(要插到底)，电缆线的外保护层最后应能够在 RJ-45 插头内的凹陷处被压实，如图 6-5 所示。

(6)压线。在确认一切都正确后(特别要注意不要将导线的顺序排列反了)，将 RJ-45 插头放入压线钳的压头槽内，准备最后的压实，双手紧握压线钳的手柄，用力压紧。请注意，在这一步骤完成后，插头的 8 个针脚接触点就穿过导线的绝缘外层，分别和 8 根导线紧紧地压接在一起，如图 6-6 所示。

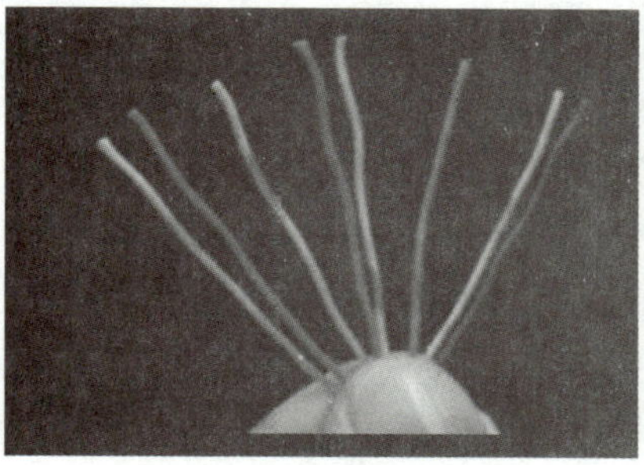

图 6-3　568B 排序标准

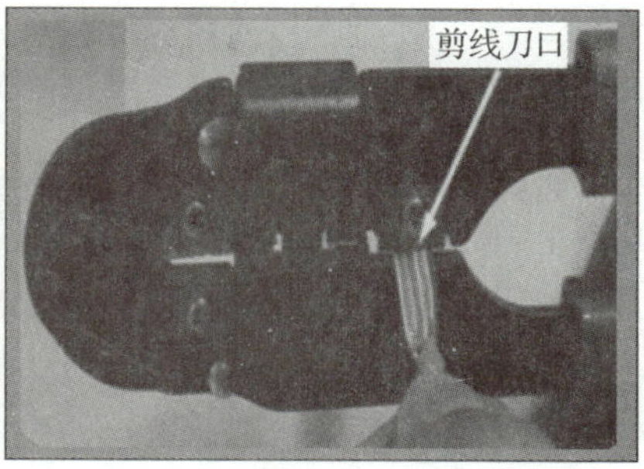


图 6-4　剪线

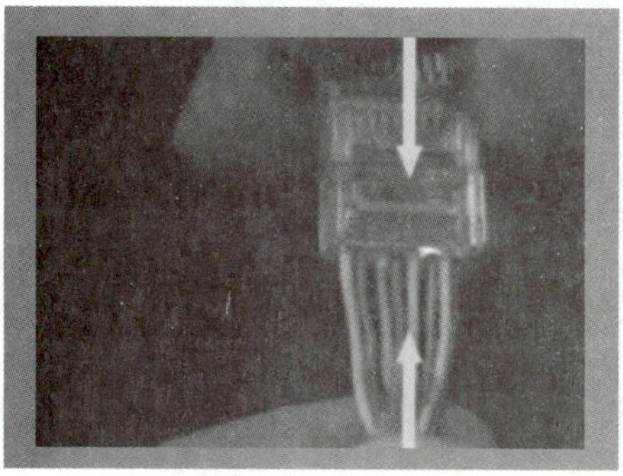

图 6-5　插线

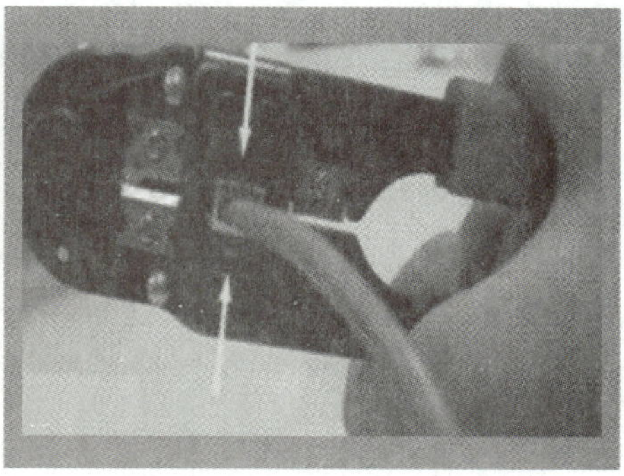

图 6-6　压线

(7)最后，使用测线器。检验电缆的连通性，如图 6-7 所示。

操作 2：局域网物理连接。

(1)将制作好的网线一头接集线器一头接计算机网卡，按照星型拓扑结构进行布局和连接，如图 6-8 所示。

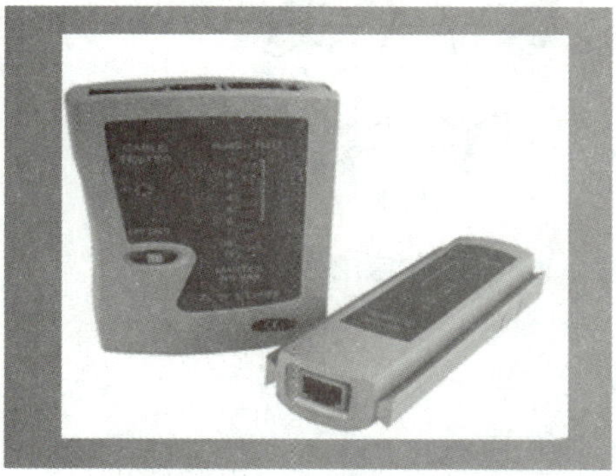

图 6-7　网线测线仪

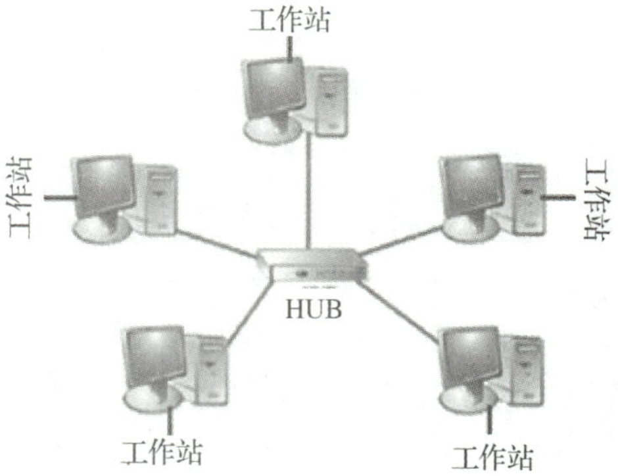


图 6-8　星型拓扑结构

(2)使用网线连接路由器和您的计算机。接通电源线，设备正常启动后，您可以观察到电源灯(POWER)常亮，状态灯(STATUS)闪烁，表示连接成功。

【能力拓展】计算机网络的分类

1. 局域网(LAN)

局域网覆盖有限的范围，一般局限在一座建筑物或园区内，其作用范围通常为10米至几千米。局域网规模小、速度快，应用非常广泛。

2. 城域网(MAN)

城域网的作用范围介于广域网和局域网之间，是在一个城市或地区范围内组建的网络，其作用范围一般为几十千米，是一种大型的LAN。需要指出的是，广域网、城域网和局域网的划分只是一个相对的分界，而且随着计算机网络技术的发展，三者的界限已经变得模糊了。

3. 广域网(WAN)

广域网是由相距较远的局域网或城域网互联而成，它作用范围通常为几十到几千千米以上，可以跨越辽阔的地理区域进行长距离的信息传输，所包含的地理范围通常是一个国家或洲。Internet就是一个横跨全球，可公共商用的广域网。

4. 其他分类

计算机网络的分类方法还有多种，如按网络的拓扑结构、按网络的使用范围、按信息交换方式及按传输介质分类等。按网络的拓扑结构可分为7种，图6-9给出了几种常用分类的示意图。

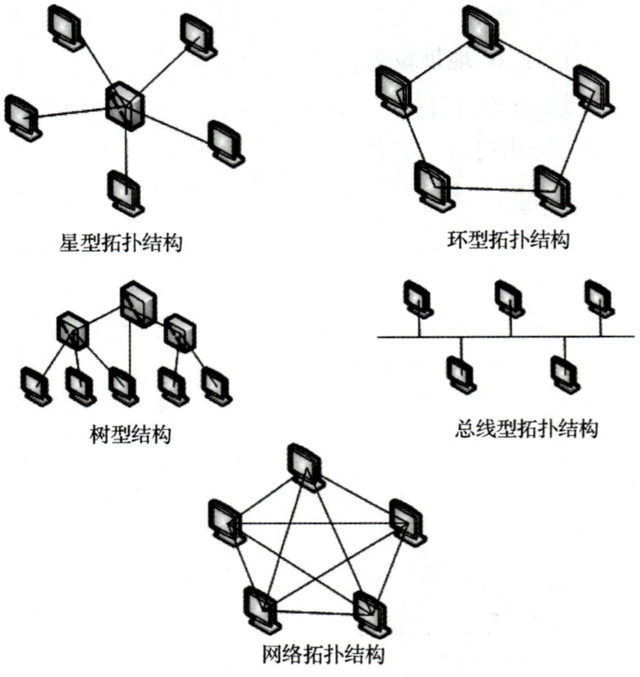


图6-9 按拓扑结构分类示意图

(1)星型拓扑结构。星型拓扑结构是由一个中央节点和通过点到点通信链路接到中央节点的各个站点组成，其结构简单，建网容易，传输速率高。中央节点可以与从节点直接通信，而从节点之间的通信必须经过中央节点的转发，由于中央节点执行集中式通信控制策略，因此中央节点相当复杂。

(2)环型拓扑结构。环型拓扑结构是一个像环一样的闭合链路，信息是沿着环广播传送的。环型拓扑结构传输路径固定，无路径选择问题，故实现简单。

(3)树型结构。树型结构从总线拓扑演变而来，是一种分层的宝塔型结构，控制线路简单，管理也易于实现。

(4)总线型拓扑结构。总线拓扑结构是采用一个信道作为传输媒体，网络中所有站点都通过相应的硬件接口被公共总线连接起来，通信时信息沿着总线进行广播式传送。

(5)网状拓扑结构。网络拓扑结构网络的容错能力强，如果网络中一个节点或一段链路发生故障，信息可通过其他节点和链路到达目的节点，故可靠性高。

(6)蜂窝型拓扑结构。蜂窝型拓扑结构由圆形或六边形组成，每个区域中心都有一个独立的节点。

(7)混合拓扑结构。混合拓扑结构是将两种或多种网络拓扑结构杂合在一起，最终形成与任何标准拓扑结构都不同的网络。

按网络的使用范围分类可分为公用网和专用网两类。公用网一般是国家的电信部门建设的网络，而专用网是某个部门为其特殊工作的需要而建造的网络。

按信息交换方式划分可分为电路交换网、报文交换网和分组交换网 3 类。电路交换网的特征是在整个通信过程中，需要始终保持两节点间的通信线路连通，就像电话一样。报文交换网的通信线路是非专用的，它利用存储转发原理，将待传输的报文存储在网络节点中，等到信道空闲时再发送出去。分组交换网将报文划分为若干小的传输单位——分组，并将分组单独传送，能够更好地利用网络，如 Internet。

操作 3：IP 地址设置。

(1)对每一台电脑进行网络设置，单击左下角“开始”按钮中的设置菜单，找到网络和 Internet，点击打开，如图 6-10 所示。

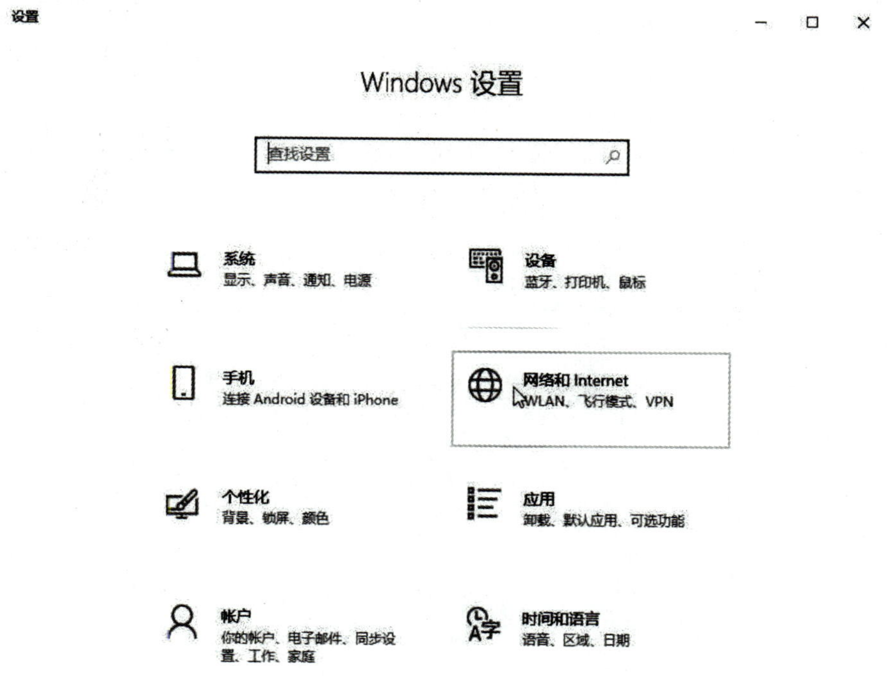


图 6-10　网络和 Internet

(2)在下面找到网络和共享中心选项，点击打开，如图 6-11 所示。

(3)在右侧找到当前的连接，点击打开，点击左下角的“属性”选项，打开“本地连接”

属性对话框，如图 6-12 所示。

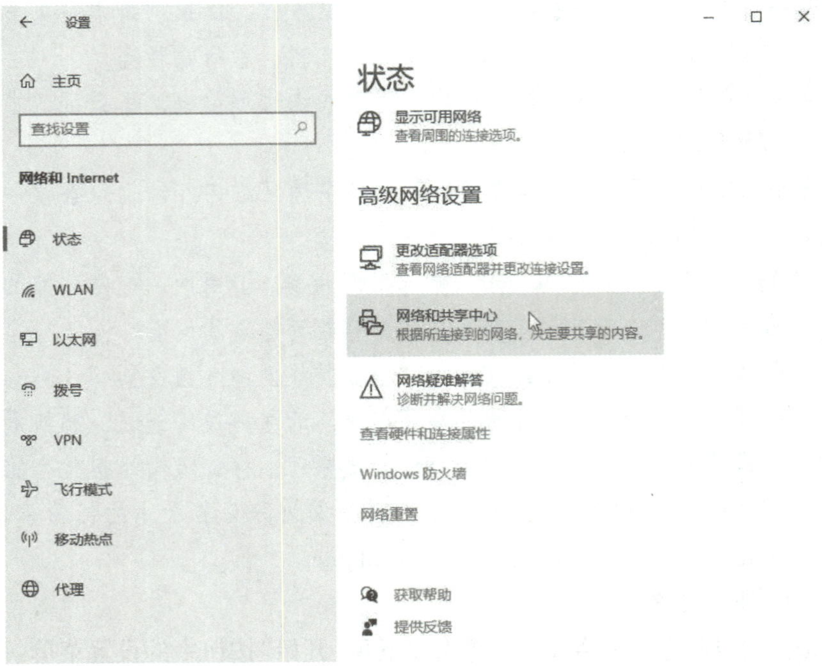


图 6-11　网络和共享中心

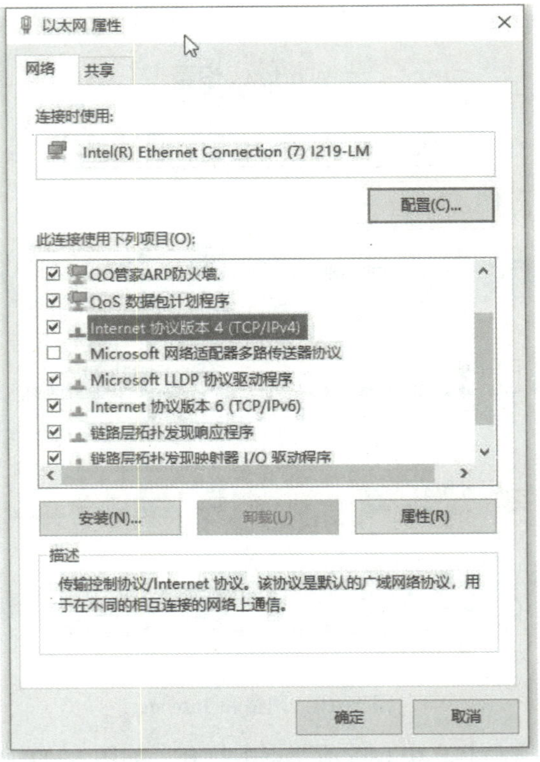


图 6-12　本地连接属性对话框

(4)选择“Internet 协议版本 4(TCP/IPv4)”，再单击“属性”按钮，在 IP 地址栏输入实现分配好的 IP 地址，所有的计算机的子网掩码均设置为：255.255.255.0，默认网关均设置为：192.168.124.1，如图 6-13 所示。

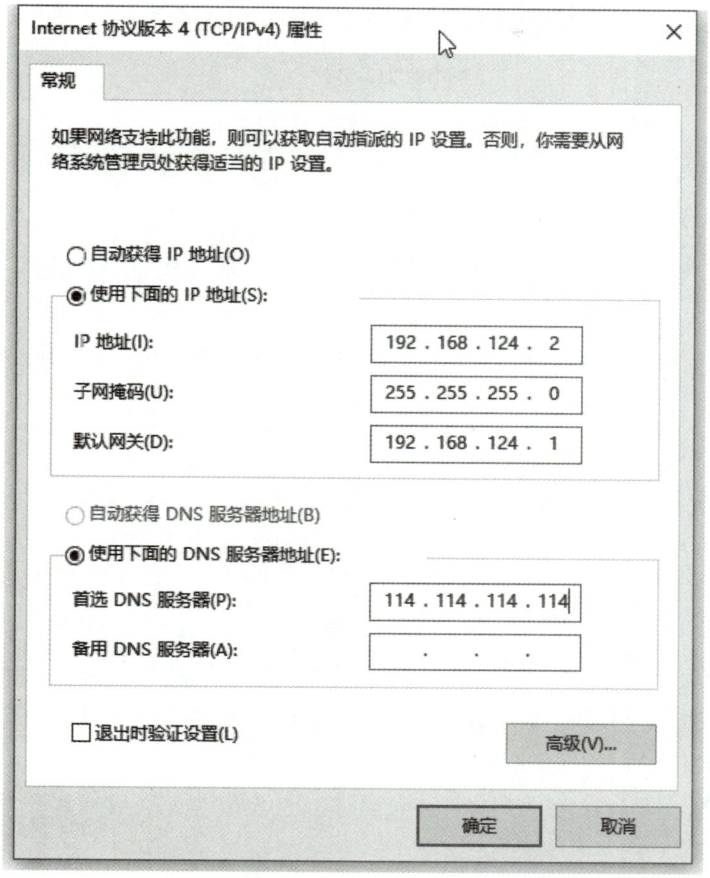


图 6-13　“Internet 协议(TCP/IP)属性”对话框

**【能力拓展】**为了在网络环境下实现计算机之间的通信，网络中任何一台计算机必须有一个地址，而且该地址是唯一的。在进行数据传输时，通信协议必须在所传输的数据中增加发送信息的计算机地址(源地址)和接收信息的计算机地址(目标地址)。Internet 有两种类型的地址：IP 地址和域名。IP 地址是唯一确定计算机的一组数字，由于数字不容易记忆和识别，人们就用一种字符型标识来代替 IP 地址，这就是域名。

1. IP 地址

IP 地址是一个 32 位的二进制数，为了方便表示，国际通行将 32 位二进制数按字节分为 4 组，每组用十进制数表示出来，各组之间用“.”隔开，每组数字取值为 0～255，如 192.168.72.104。IP 地址分为两部分，由网络标识(NetID)和主机标识(HostID)组成，根据网络规模的大小把 IP 地址分为 5 种类型，其中 A 类、B 类、C 类地址为基本地址，它们的格式如图 6-14 所示。对于一个 IP 地址，直接判断它属于哪类地址最简单的办法是判断它的第一个十进制整数所在范围。

| | | | | | |
|---|---|---|---|---|---|
| A类 | 0 | 网络地址(7b) | 主机地址(24b) | | |
| B类 | 1 | 0 | 网络地址(14b) | 主机地址(16b) | |
| C类 | 1 | 1 | 0 | 网络地址(21b) | 主机地址(8b) |

**图 6-14 不同类型 IP 地址格式**

(1)A 类地址。

第 1 位用 0 来标识，网络地址占 7 位，第 1 数字域取值为 1~126，0 和 127 保留用于特殊目的。主机地址占 24 位，即 3 个数字域，适用于少数规模很大的网络。

(2)B 类地址。

第 1、2 位用 10 来标识，网络地址占位 14 位，第 1 数字域取值 128~191，适用于国际性大公司。

(3)C 类地址。

第 1~3 位用 110 来标识，网络地址占 21 位，第 1 数字域取值为 192~223，适用于小公司和研究机构小规模的网络。

2. 域名

记忆一组 IP 地址比较困难，为了便于解释机器的 IP 地址，Internet 引进了字符形式的 IP 地址，即域名。域名采用层次结构，按地理域或机构域进行分层，每一层由一个子域名组成，子域名间用“.”分隔。在 Internet 网络上，域名和 IP 地址一样都是唯一的。

(1)域名。

Internet 主机域名的一般格式为：四级域名．三级域名．二级域名．顶级域名，目前互联网上的域名体系中共有两类顶级域名，一台计算机只能有一个 IP 地址，但是却可以有多个域名，域名中字母的大小写是没有区分的。

①地理顶级域名，表示国家和地区。

②类别顶级域名。相对于地理顶级域名来说，这些顶级域名是根据不同的类别来区分的，主要的类别域名有：.com(商业组织)，.net(网络技术)，.org(组织机构)，.edu(教育组织)，.gov(政府部门)，.mil(军事部门)，.int(国际组织)。

(2)域名管理系统。

域名是由专门的域名管理机构进行管理和分配的，只有这些机构才有域名的维护、管理以及下级域名的分配、注册和管理职能。域名管理系统采用层次式的管理机制，其优点是：每个组织可以在它们的域内再划分域，只要保证组织内域名的唯一性，就不用担心与其他组织内的域名发生冲突。

域名相对于主机的 IP 地址来说，方便用户记忆，有了域名就不必去记 IP 地址了。但对于计算机传输数据来说，Internet 上的网络互联设备只能识别 IP 地址而不能用域名地址，这就需要系统根据主机域名找到与其相对应的 IP 地址，把域名地址转化为 IP 地址，这个过程称为域名解析，由 Internet 上的域名服务器完成。

操作 4：设置网络资源共享。

（1）在桌面左下角的“Windows”按钮上右单击，在弹出的快捷菜单中单击“文件资源管理器”，如图 6-15 所示。

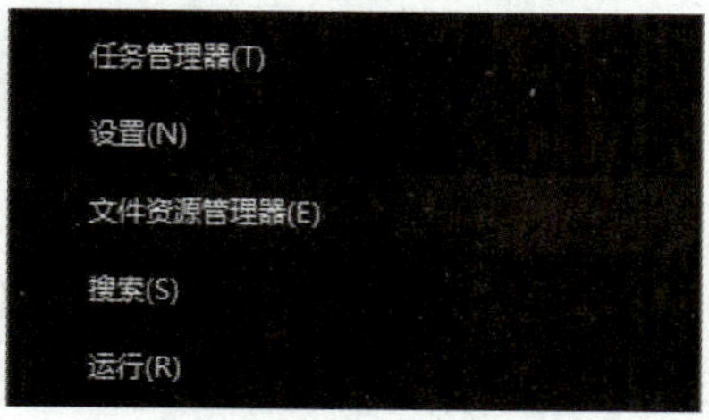


图 6-15　文件资源管理器

（2）单击“此电脑”右窗格的“网络”，打开“网络”窗口，如图 6-16 所示。

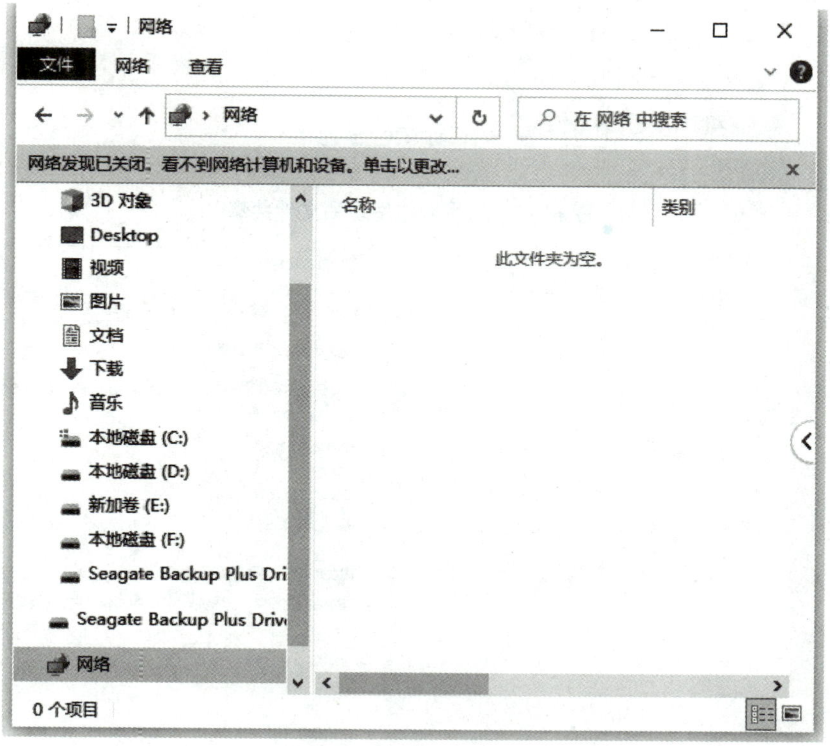


图 6-16　网络窗口

（3）单击此状态提示，以从其扩展菜单中选择项，以打开文件共享功能，如图 6-17 所示。

（4）找到要共享的文件夹，右键单击以选择属性项，如图 6-18 所示。

（5）从“属性”选项卡切换到“共享”选项卡，单击网络文件和文件夹共享列中的“共享”，如图 6-19 所示。

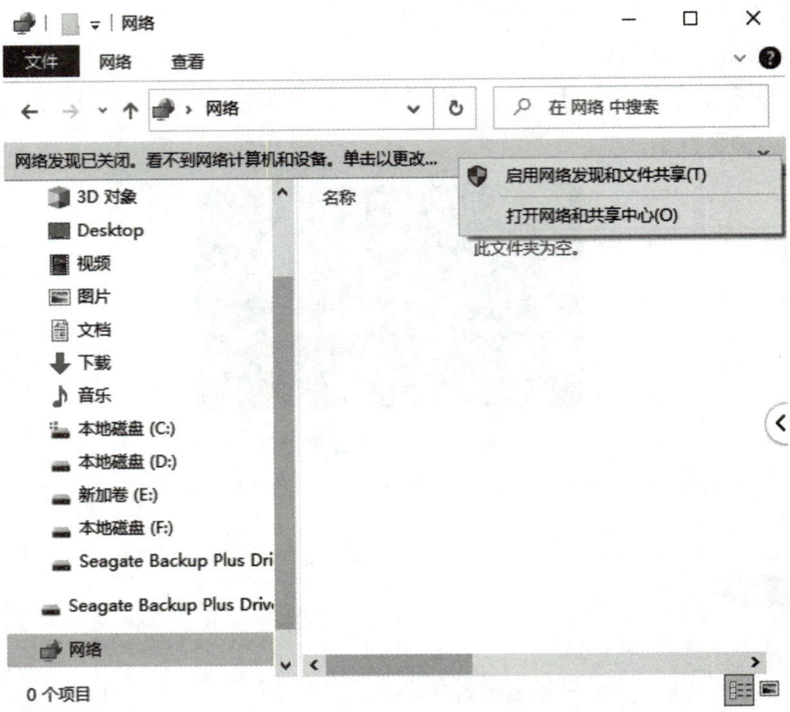


图 6-17　启用网络发现和文件共享

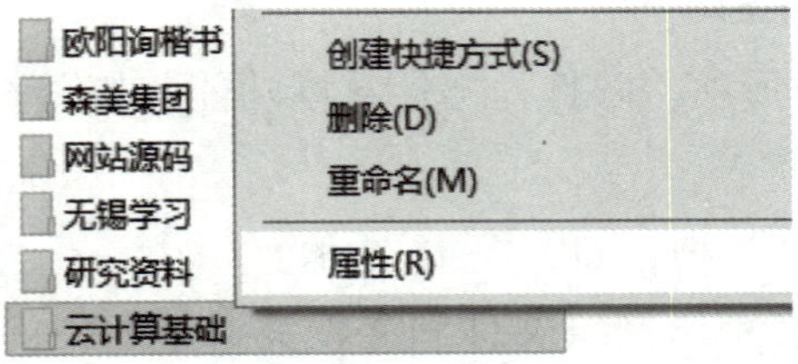


图 6-18　文件夹属性

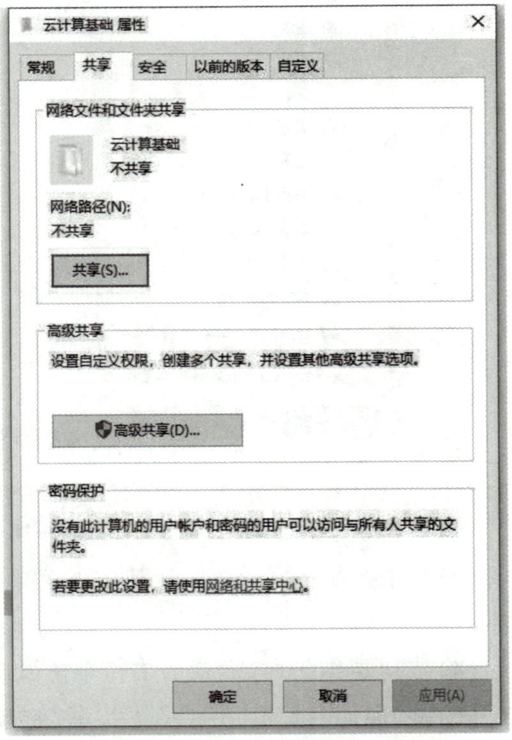


图 6-19　共享选项卡

(6)打开文件共享窗口后，单击账户右侧的“权限级别”下拉列表，设置共享文件和文件夹的权限，单击“共享”，如图 6-20 所示。

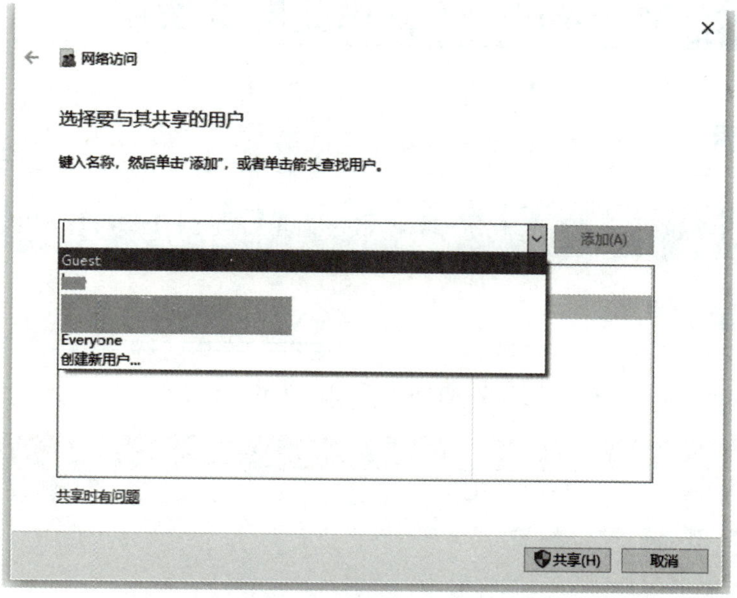


图 6-20　设置共享文件和文件夹的权限

(7)文件夹共享设置成功，局域网中其他用户可通过地址“file：//Desktop-leovsf8/云计算基础”访问该文件夹中的文件，如图 6-21 所示。

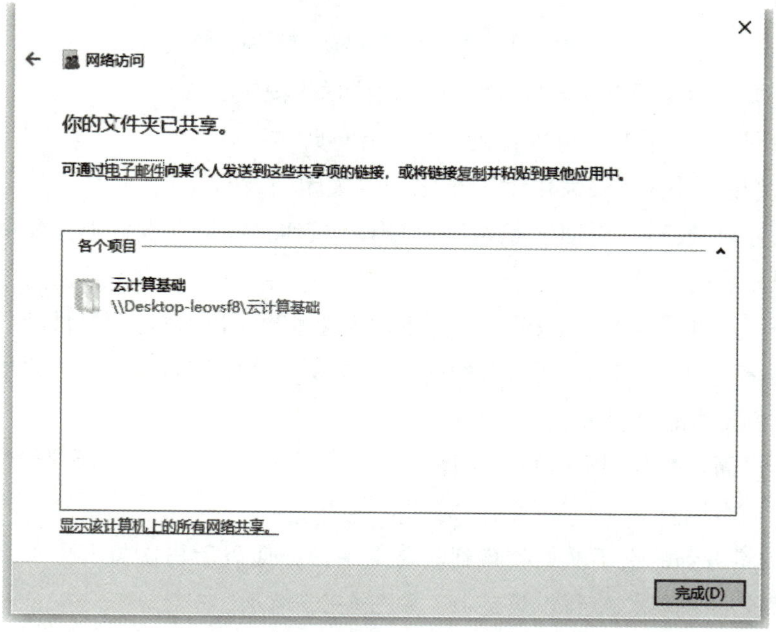


图 6-21　文件共享设置成功

# 任务二　Microsoft Edge 浏览器的使用

## 任务要求

熟悉 Microsoft Edge 浏览器界面，掌握 Microsoft Edge 浏览器的基本操作。

## 任务实施

操作 1：Microsoft Edge 浏览器界面如图 6-22 所示。

图 6-22　Microsoft Edge 浏览器界面

(1) 当前页：当前网页的名称和“关闭当前网页”按钮。

(2) 新建网页：单击“+”可以新建一个空白网页。

(3) 窗口控制按钮：“最大化”“最小化”和“关闭”按钮。

(4) 网页控制按钮：“返回”“前进”和“刷新”按钮，如果在设置中打开主页显示，“主页”按钮也会显示在这里。

(5) 地址栏：网页的 URL 地址，在这里输入地址也可以直接打开目标网页。

(6) Edge 特色功能：Edge 所特有的阅读、收藏、中心、Web 笔记、共享和设置功能，这是 Edge 的主要功能控制区。

(7) 网页页面：打开网页的页面主体。

操作 2：收藏网页。

用户可以将看到的重要网页收藏到收藏夹中，方便以后再次打开。那么在 Edge 中如何收藏网页呢？将网页收藏到收藏夹中，如图 6-23 所示。

(1) 收藏按钮：单击该按钮，可以打开收藏页面。

(2) 收藏夹：可以将网页保存在收藏夹中，单击“收藏夹”按钮即选择添加到收藏夹。

(3) 添加到收藏夹：单击该按钮可以将当前页面添加到收藏夹。

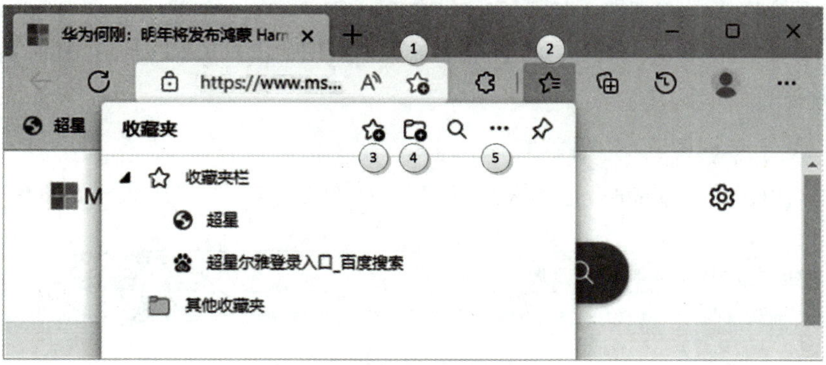


图 6-23　收藏网页

(4)创建新的文件夹：在收藏夹中创建文件夹。

(5)更多选项：对收藏夹进行设置。

【能力拓展】浏览器实际上是一个软件程序，用于与 WWW 建立连接并进行通信。它可以在 WWW 系统中根据链接确定信息资源的位置，并将用户感兴趣的信息资源取回来，对 HTML 文件进行解释，然后将文字、图像或者多媒体信息还原出来。现在大多数用户使用的浏览器是微软公司提供的 Microsoft Edge 浏览器，Microsoft Edge 浏览器直接绑定在 Windows 操作系统中，无须专门下载安装即可实现网页浏览。当然，还有国内最近发展迅猛的火狐浏览器、腾讯 QQ 浏览器及 360 浏览器等。

## 任务三　百度搜索引擎的使用

### 任务要求

掌握百度搜索引擎的基本操作和搜索技巧。

### 任务实施

操作 1：使用双引号进行精确查找。

在搜索框内输入“高考志愿填报指南”，然后单击“百度一下”按钮，如图 6-24 所示。

图 6-24　精确搜索

【能力拓展】搜索引擎大多数会默认对检索词进行拆词搜索，并会返回大量无关信息。解决方法是将检索词用双引号括起来(使用英文输入状态下的双引号。有些搜索引擎对双引号不进行区分，中文的和英文的都可以，如 sougou 等)，这样得到的结果最少，最精确。

操作 2：使用多词检索(空格检索)。

在搜索框中输入“2022 高考 志愿 指南”，然后单击“百度一下”按钮，如图 6-25 所示。

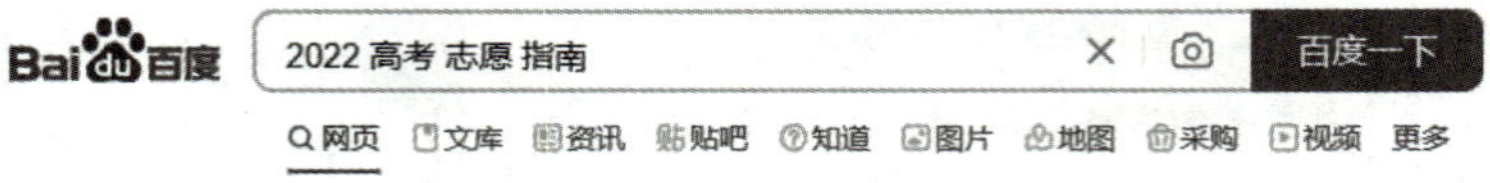


图 6-25　多词检索

【能力拓展】要获得更精确的检索结果的简单方法就是添加尽可能多的检索词，检索词之间用一个空格隔开。这里空格的作用相当于布尔逻辑“与”的作用。

操作 3：使用“-”去掉无关资料。

在搜索框中输入“青岛-啤酒”，然后单击“百度一下”按钮，如图 6-26 所示。

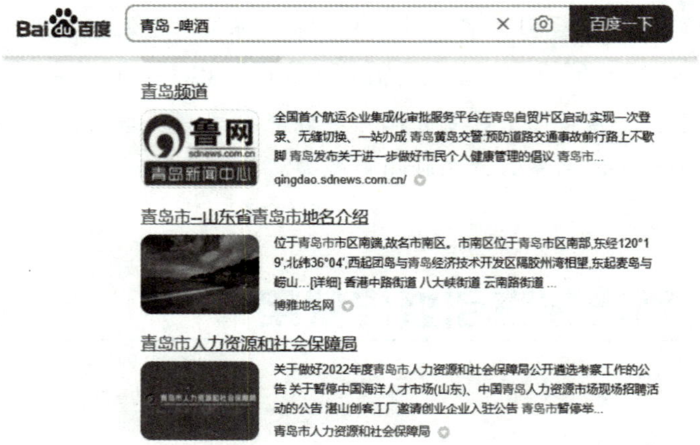


图 6-26　去除无关搜索结果

【能力拓展】“-”可去除无关搜索结果，提高搜索结果相关性。比如，你要找“青岛”的城市信息，输入“青岛”却搜到一堆“青岛啤酒”新闻，在发现这些新闻的共同特征是“啤酒”后，输入“青岛-啤酒”来搜索，就不会再有啤酒烦你了。

操作 4：在指定网站内搜索(使用 site 语法)。

在搜索框中输入“世界杯 site：sohu. com”，然后单击“百度一下”按钮，如图 6-27 所示。

【能力拓展】在指定网站内搜索的语法格式为：检索词+空格+site：网址。但要注意，site：和站点名之间不要带空格。

操作 5：指定文档类型搜索。

在搜索框中输入“filetype：doc 市场调查”，然后单击“百度一下”按钮，如图 6-28 所示。

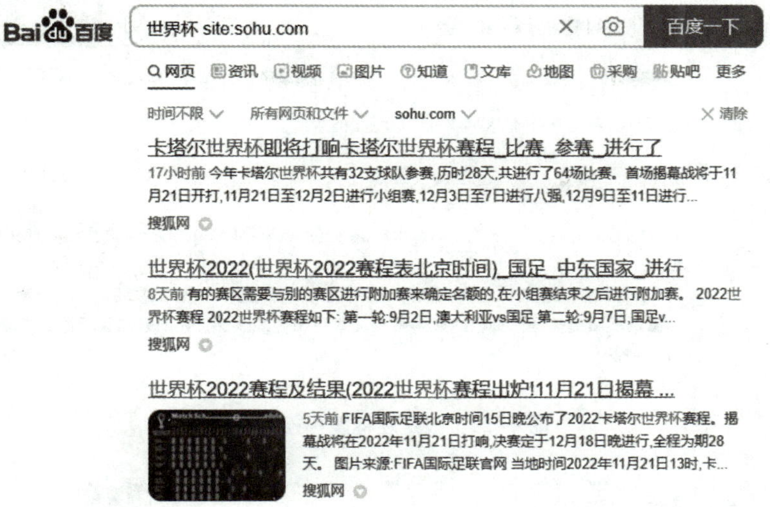


图 6-27　指定网站内搜索

图 6-28　文档类型搜索

**【能力拓展】**指定文档类型搜索的语法格式为：查询词+空格+filetype：格式。文档格式可以是 DOCX、PDF、PPTX、XLSX、ALL(全部文档)等类型。

语法中的冒号中英文皆可，但检索词和 filetype 之间一定要加一个空格。在部分搜索引擎中，如百度，filetype 语法可以与 site 语法混用。例如在中国农业大学网站内搜索有关“中国”的文档，就可以用：site：www. cau. edu. cn filetype：all 中国。

操作 6：限定在标题中搜索。

在搜索框中输入“TITLE：北京冬季奥运会闭幕式”，然后单击“百度一下”按钮，如图 6-29 所示。

操作 7：使用“《》”进行精确查找。

在搜索框中输入“《信息技术》”，然后单击“百度一下”按钮，如图 6-30 所示。

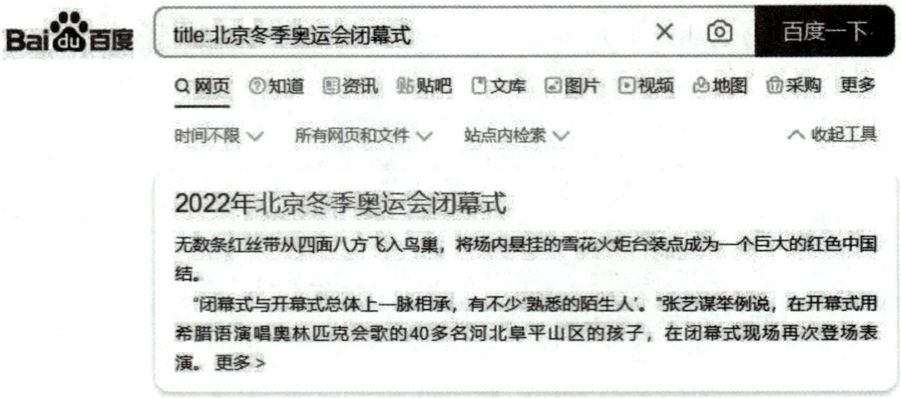


图 6-29　限定在标题中搜索

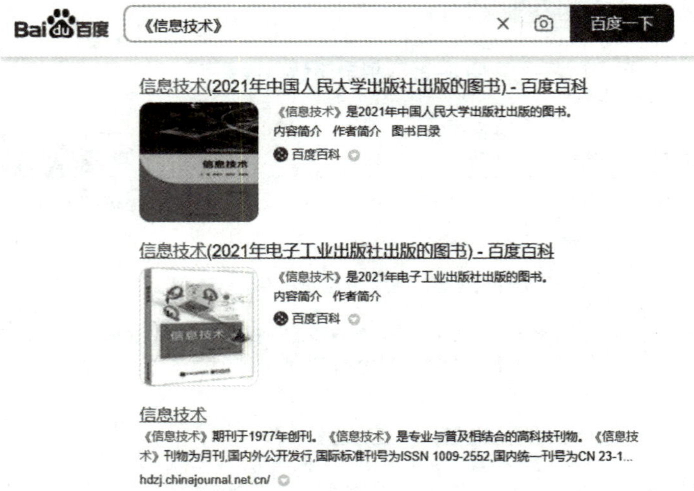


图 6-30　使用"《》"进行精确查找

操作 8：把搜索范围限定在 url 链接中。

在搜索框中输入"photoshop inurl：jiqiao"，然后单击"百度一下"按钮，如图 6-31 所示。

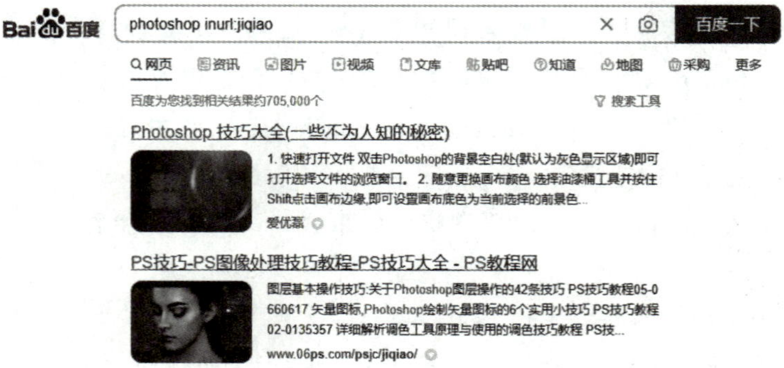


图 6-31　限定在 url 链接中搜索

**【能力拓展】**把搜索范围限定在 url 链接中的语法格式为 inurl：检索词。例如：photoshop inurl：jiqiao，它表示“photoshop”是可以出现在网页的任何位置，而“jiqiao”则必须出现在网页 url 中。百度、Google 等都支持该语法(URL 是 Uniform Resource Locator 的缩写)。注意，inurl：语法和后面所跟的检索词间不要有空格。

# 任务四　下载使用网络资源

## 任务要求

掌握 http 下载、FTP 下载和迅雷下载的基本操作。

**【任务提示】**通过网络进行传输文件，把互联网或其他电子计算机上的信息保存到本地电脑上的一种网络活动。获得本地电脑上所没有的信息的活动，都可以认为是下载，如在线观看。

## 任务实施

操作 1：http 下载。

在搜索到要下载文件的下载地址后，右键单击下载地址，单击“另存为”命令即可下载文件到本地。这种下载不需要用户 ID 和密码，如图 6-32 所示。

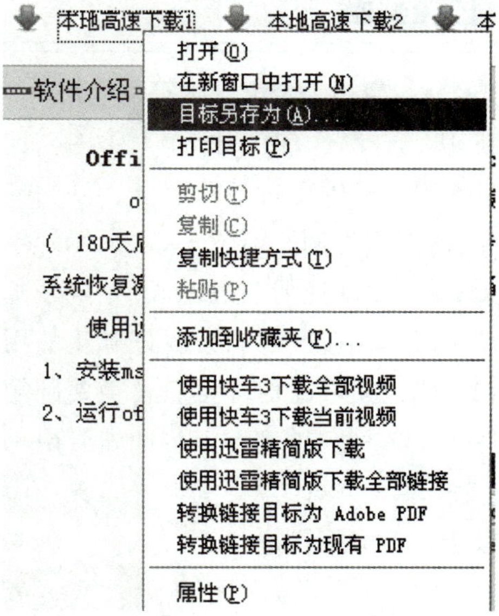


图 6-32　http 下载

操作 2：使用迅雷下载文件。

迅雷软件安装完成后能自动监测用户计算机所有下载行为，当用户单击下载地址时，迅雷便自动启动，并弹出一个下载任务对话框。

如用户搜索到“office2010”下载地址后，单击下载地址时(或选择用迅雷下载)，自动弹出下载任务对话框，如图 6-33 所示。在该对话框中，可选择存储分类、存储目录、另存名称，单击“立即下载”按钮便可以下载到指定的目录位置。

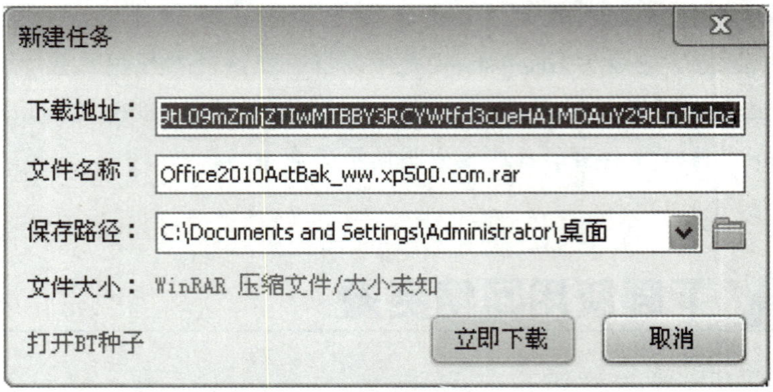


图 6-33　迅雷下载任务对话框

# 任务五　通过网页收发电子邮件

## 任务要求

掌握免费电子邮箱账户的申请和电子邮件的基本操作。

## 任务实施

操作 1：申请免费电子邮箱并登录。

新浪、网易、QQ、TOM、21CN、搜狐、雅虎等均提供免费邮箱服务，以“163 网易免费邮箱”为例，如图 6-34 所示。单击主页上的“立即注册”按钮，开始电子邮箱的注册操作，按照步骤设置好邮箱的用户名和密码，完成注册即可获得免费邮箱的使用权，登录免费邮箱，其界面如图 6-35 所示。

图 6-34　163 免费邮箱登录界面

操作 2：写邮件。

单击网页上的“写信”链接进入 Web 方式写邮件界面，在“收件人”文本框中输入收件人的邮箱地址，如 wangyi@ 163. com，“主题”文本框中填上邮件的内容主题，在正文框中输入邮件的具体内容，写电子邮件的主界面如图 6-36 所示。

图 6-35　163 免费邮箱登录后界面

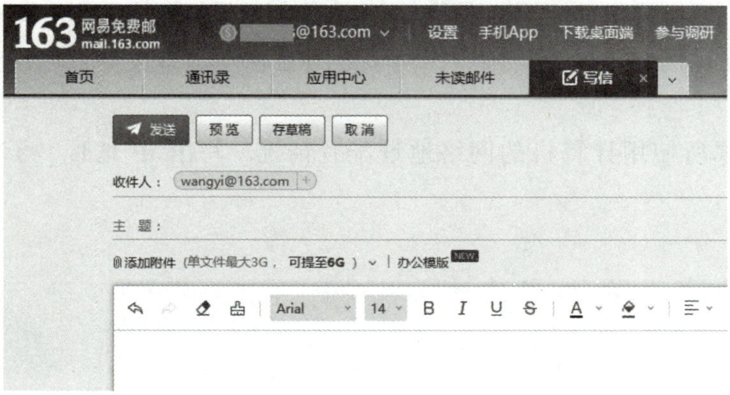


图 6-36　写邮件界面

操作 3：添加附件。

若需要给邮件附带如图片、文档、程序等附件，可以单击“添加附件”链接，在弹出的对话框中选择附件即可，如图 6-37 所示。

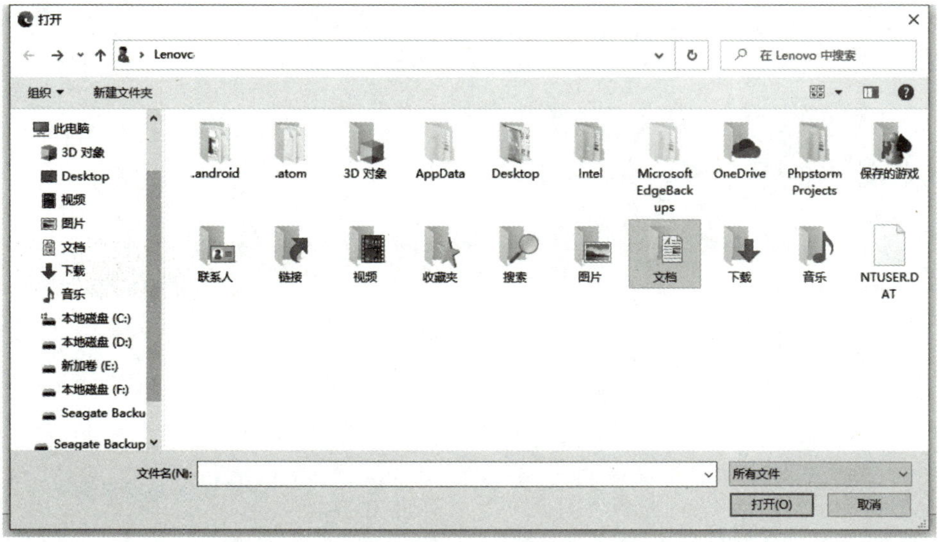


图 6-37　插入附件对话框

操作 4：发送。

单击“发送”按钮即可将邮件发送出去。

收电子邮件相对要简单得多，当有新邮件时，只需从“收件箱”中单击相应的邮件链接即可查看。

## 项目考核

1. 使用任一搜索引擎(如百度、搜狗等)，查询如何组建局域网及所需的器材，并写出操作步骤。

2. 使用任一搜索引擎(如百度、搜狗等)，查询新一代信息技术，并收藏该内容。

3. 在网易上注册自己的免费邮箱，同学之间互相发送有关局域网组建的知识电子邮件。

4. 请查看你所使用计算机的网络地址配置情况，写出 IP 地址、子网掩码、网关和 DNS。

# 项目七

# 信息安全基础

## 项目分析

随着计算机网络及信息技术的迅速发展，同时面临着信息泄露、网络攻击、计算机病毒等安全问题，因此信息安全已经成为一个全社会关注的问题。本项目的实施目标是通过几项任务的实施，理解和掌握计算机网络信息安全的基本知识和技术。

## 课程思政

通过信息安全相关知识的学习，引导学生遵守网络发布规则，发布真实信息，不信谣，不传谣；树立网络遵纪守法观念，数据时代知法、守法的思想，建立网络“法治”的社会主义核心价值观；树立数据安全意识，网络数据时代维护社会稳定、国家安全观念，积极培育和践行社会主义核心价值观。

# 项目实施

## 任务一 防火墙

### 任务要求

Windows 10 系统自带了系统的杀毒软件，即安全又高效。通过使用 Windows 10 自带的防火墙，理解防火墙的概念，掌握 Windows 防火墙的设置方法。

### 任务实施

操作 1：扫描病毒。

(1) 单击 Windows 10 桌面右下角的■，弹出 Windows 安全中心窗口，如图 7-1 所示。

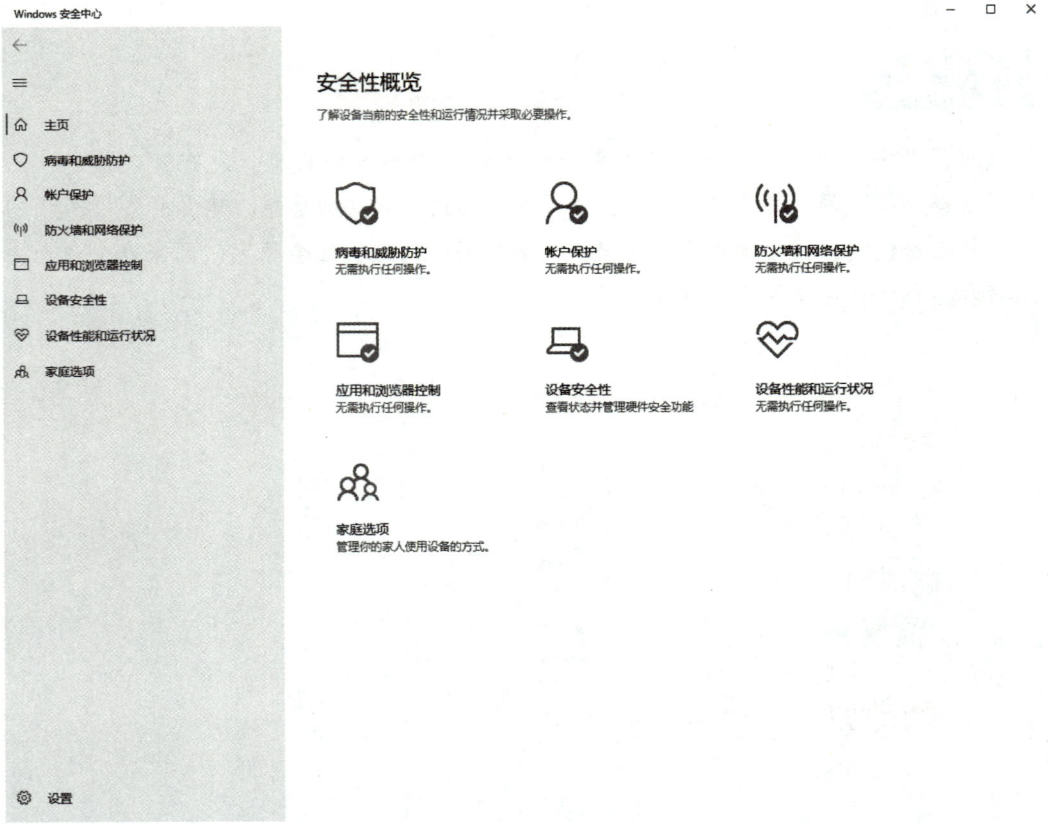


图 7-1　Windows 安全中心

(2)在“Windows 安全中心”窗口中单击“病毒和威胁防护”，出现“扫描历史记录”，再点击“快速扫描”，Windows defender 开始运行，如图 7-2 所示。

操作 2：防火墙的使用。

(1)在“Windows 安全中心”窗口中单击“防火墙和网络保护”，弹出“防火墙和网络保护”设置界面，如图 7-3 所示。

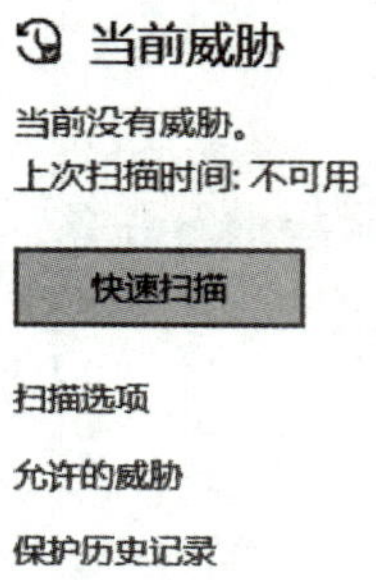


图 7-2　快速扫描病毒

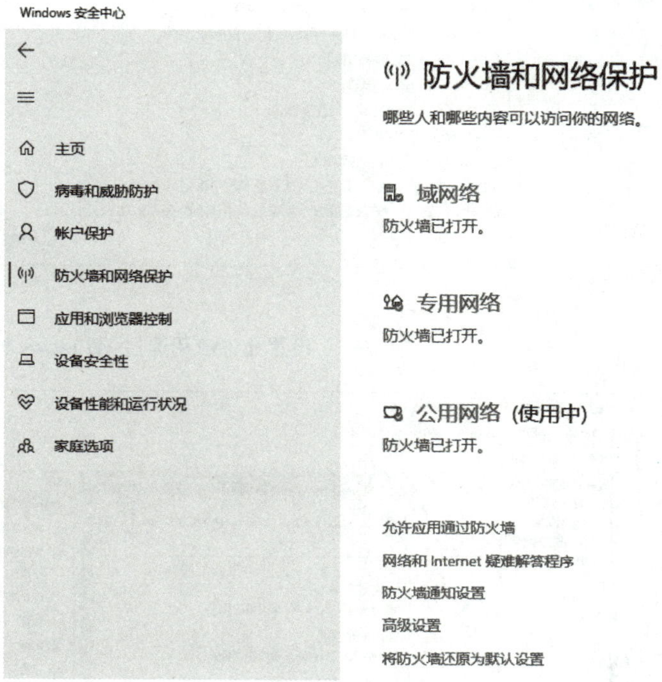


图 7-3　防火墙和网络保护

(2)在“Windows 安全中心”窗口中单击“域网络、专用网络、公用网络”，可以开启或关闭相应网络环境下的防火墙，如图 7-4 所示。

(3)在“Windows 安全中心”窗口中单击“允许用过防火墙”，设置允许应用通过 Windows 防火墙进行通信，在相应网络单击复选框按钮，如图 7-5 所示。

(4)在“Windows 安全中心”窗口中单击“高级设置”，可以自定义安全规则设置应用是否通过防火墙，如图 7-6 所示。

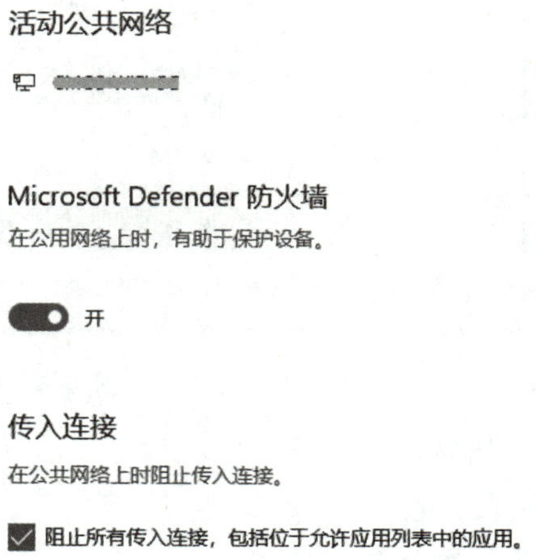


图 7-4　开启或关闭防火墙

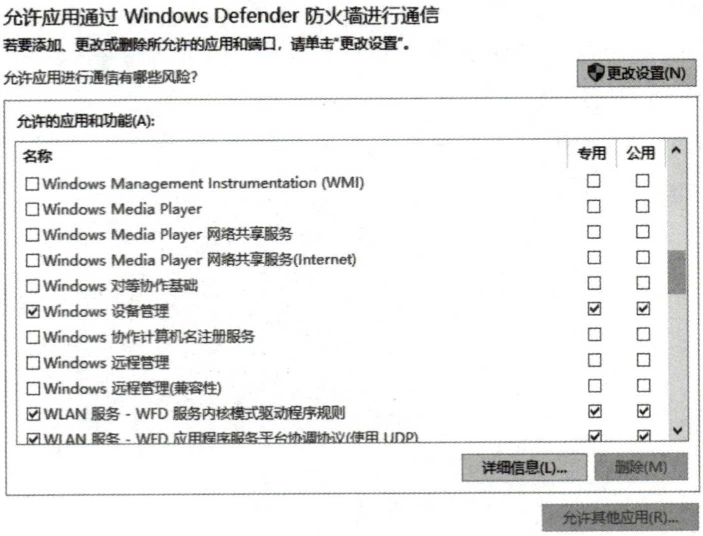


图 7-5　设置允许应用通过 Windows 防火墙

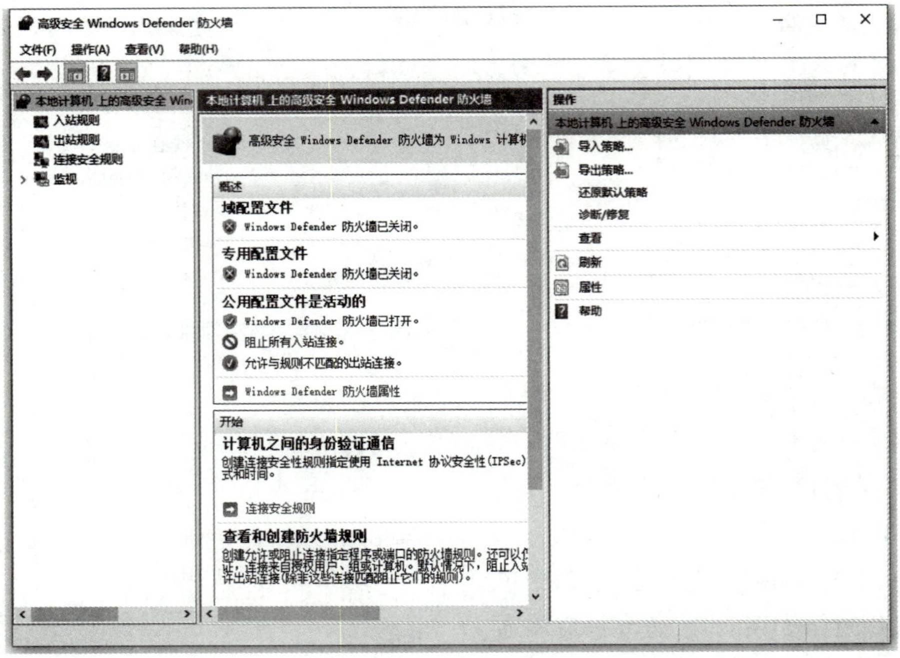


图 7-6　高级安全设置

【能力拓展】

1. 信息安全

(1) 信息安全的内容。

信息安全内容主要包括以下两个方面：一方面是信息本身的安全，主要是保障个人数据或企业的信息在存储、传输过程中的保密性、完整性、合法性和不可抵赖性，防止信息的泄露和破坏，防止信息资源的非授权访问；另一方面是信息系统或网络系统的安全，主要是保障合法用户正常使用网络资源，避免病毒、拒绝服务、远程控制和非授权访问等安全威胁，及时发现安全漏洞，制止攻击行为等。

(2)信息安全问题产生的原因。

信息安全问题的出现有其历史原因，以 Internet 为代表的现代网络技术是从 20 世纪 60 年代美国国防部的阿帕网(ARPAnet)演变发展而形成的。Internet 是一个开放式的网络，不属于任何组织或国家，任何组织或个人都可以无拘无束地上网，整个网络处于半透明状态运行，完全依靠用户自觉维护与运行，它的发展几乎是在无组织的自由状态下进行的。

Internet 的自身结构也决定了其必然具有脆弱的一面。当初构建计算机网络的目的是实现将信息通过网络从一台计算机传到另一台计算机上，而信息在传输过程中要通过多个网络设备，从这些网络设备上都能不同程度地截获信息。因此，网络本身的松散结构就加大了对它进行有效管理的难度。

从计算机技术的角度来看，网络是软件与硬件的结合体。而从目前的网络应用情况来看，每个网络上都有一些自行开发的应用软件在运行，这些软件由于自身不完备或是开发工具不成熟，在运行中很有可能导致网络服务不正常或造成网络瘫痪。网络还有较为复杂的设备和协议，保证复杂系统没有缺陷和漏洞是不可能的。同时，网络的地域分布使安全管理难于顾及网络连接的各个角落，因此没有人能证明网络是安全的。

(3)信息安全的目标。

可用性是指保障信息资源随时可提供服务的特性，即授权用户根据需要可以随时访问所需要的信息。可用性是指信息资源服务功能和性能可靠性的度量，涉及物理、网络、系统、数据、应用和用户等多方面的因素，是对信息网络总体可靠性的要求。

2. 防火墙(Firewall)

防火墙(Firewall)指的是一个由软件和硬件设备组合而成、在内部网和外部网之间、专用网与公共网之间的界面上构造的保护屏障，是一种获取安全性方法的形象说法。它是一种计算机硬件和软件的结合，使 Internet 与 Intranet 之间建立起一个安全网关(Security Gateway)，从而保护内部网免受非法用户的侵入，防火墙主要由服务访问规则、验证工具、包过滤和应用网关四个部分组成，防火墙就是一个位于计算机和它所连接的网络之间的软件或硬件。该计算机流入流出的所有网络通信和数据包均要经过此防火墙。

在网络中，所谓“防火墙”，是指一种将内部网和公众访问网(如 Internet)分开的方法，它实际上是一种隔离技术。防火墙是在两个网络通信时执行的一种访问控制尺度，它能允许你“同意”的人和数据进入你的网络，同时将你“不同意”的人和数据拒之门外，最大限度地阻止网络中的黑客来访问你的网络。换句话说，如果不通过防火墙，公司内部的人就无法访问 Internet，Internet 上的人也无法和公司内部的人通信。

防火墙从诞生开始，已经历了四个发展阶段：基于路由器的防火墙、用户化的防火墙工具套、建立在通用操作系统上的防火墙、具有安全操作系统的防火墙。常见的防火墙属于具有安全操作系统的防火墙，例如 NETEYE、NETSCREEN、TALENTIT 等。

从结构上来分，防火墙有两种：即代理主机结构和路由器+过滤器结构。防火墙如图 7-7 所示。

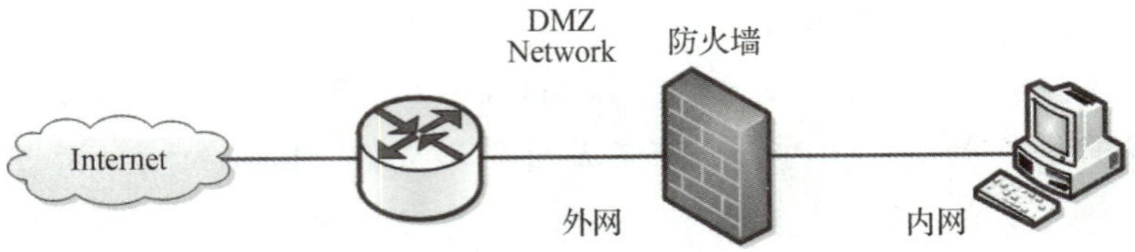


**图 7-7　防火墙**

从原理上来分，防火墙则可以分成四种类型：特殊设计的硬件防火墙、数据包过滤型、电路层网关和应用级网关。安全性能高的防火墙系统都是组合运用了多种类型的防火墙，构筑了多道防火墙“防御工事”。

## 任务二　计算机病毒

### 任务要求

通过使用腾讯电脑管家查杀计算机病毒，完成病毒查杀的相关操作过程，如全盘查杀和按需查杀。

【任务提示】如果您的计算机没有安装腾讯电脑管家，可以前往腾讯官网 www. qq. com 右边单击“电脑管家”下载安装。

### 任务实施

(1) 在任务栏右下角，单击“电脑管家”图标，打开“电脑管家”工作窗口，如图 7-8 所示。

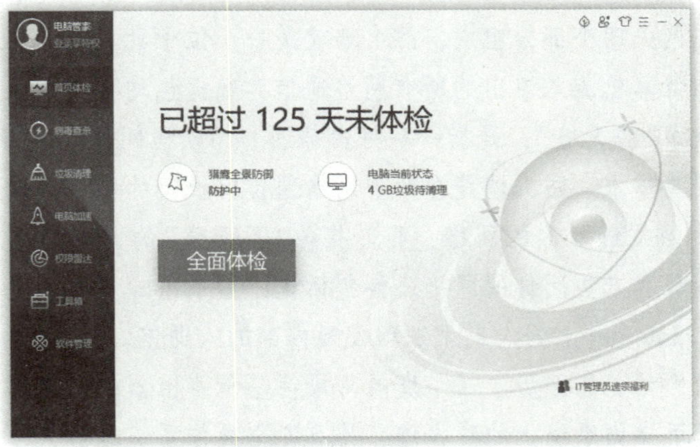


**图 7-8　电脑管家工作界面**

（2）单击左侧菜单栏上的“病毒查杀”选项，出现 3 种病毒查杀方式：闪电杀毒、全盘杀毒和指定位置杀毒，如图 7–9 所示。

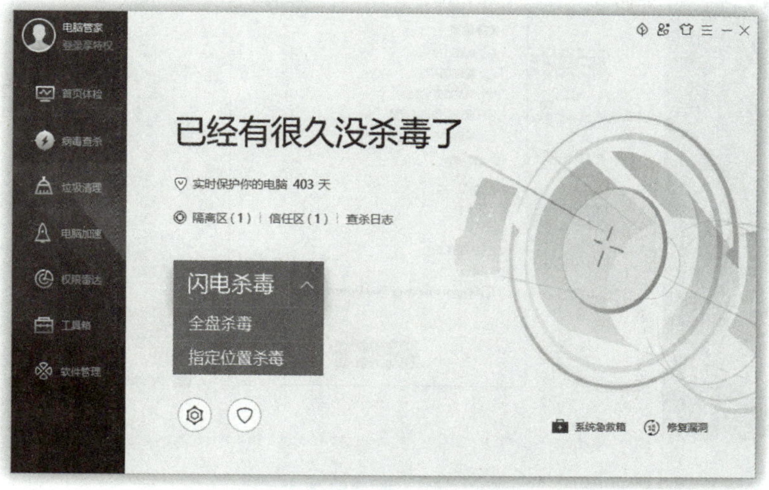


图 7–9　病毒查杀方式

（3）单击“闪电杀毒”选项，自动完成关键部位的查杀，杀毒过程如图 7–10 所示，杀毒时长大约 1~2 分钟。整个系统的查杀可以通过“全盘杀毒”进行，运行时间较长，根据数据量大小，需 2~6 小时，一般仅在夜晚或者时间充裕时进行。

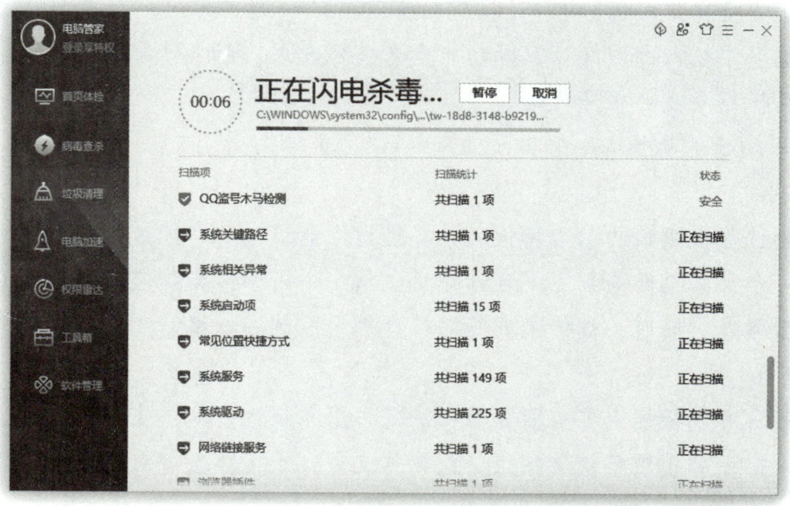


图 7–10　闪电杀毒

（4）单击“指定位置杀毒”选项，出现“选择查杀位置”对话框，如图 7–11 所示，选中需要查杀的对象，然后单击“开始杀毒”按钮；也可以在“计算机”窗口右击被选中的对象，在快捷菜单中选择“扫描病毒（电脑管家）”查杀选中的对象。

（5）查杀完毕后，显示杀毒结果，可疑文件和病毒程序自动进入“隔离区”，可疑程序和病毒一旦进入隔离区，将不能被其他程序调用，也不能运行，防止病毒再次传染（复制）。

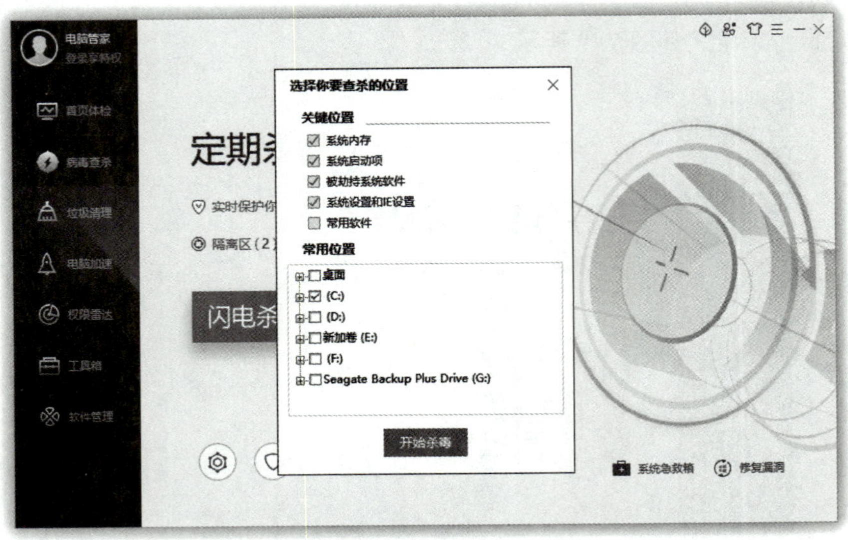


图 7-11 指定位置杀毒

**【能力拓展】**

1. 计算机病毒的定义

计算机病毒实际上是一种计算机程序，是一段可执行的指令代码。像生物病毒一样，计算机病毒有独特的复制功能，能够很快蔓延，又非常难以根除。在《中华人民共和国计算机信息系统安全保护条例》中对计算机病毒进行了明确的定义：计算机病毒是指编制或者在计算机程序中插入的破坏计算机功能或者破坏数据，影响计算机使用并且能够自我复制的一组计算机指令或者程序代码。

2. 计算机病毒的特性

(1) 传染性。

传染性是计算机病毒的基本特性。计算机病毒能通过各种渠道由一个程序传染到另一个程序，从一台计算机传染到另一台计算机，从一个网络传染到其他网络，从而使计算机工作失常甚至瘫痪。同时，被传染的程序、计算机系统或网络系统又成为新的传染源。

(2) 破坏性。

计算机病毒的破坏性主要有两方面：一是占用系统的时间、空间等资源，降低计算机系统的工作效率；二是破坏或删除程序或数据文件，干扰或破坏计算机系统的运行，甚至导致整个系统瘫痪。

(3) 潜伏性。

大部分的病毒进入系统之后一般不会立即发作，它可以长期隐藏在系统中，对其他程序或系统进行传染。这些病毒发作前在系统中没有表现症状，不影响系统的正常运行。一旦时机成熟就会发作，给计算机系统带来不良影响，甚至危害。

(4) 隐蔽性。

病毒一般是具有很高编程技巧、短小精悍的程序。如果不经过代码分析，感染了病毒的程序与正常程序是不容易区别的。计算机病毒的隐蔽性主要有两方面：一是指传染的隐蔽性，大多数病毒在传染时速度是极快的，不易被人发现；二是病毒程序存在的隐蔽性，一般的病毒程序都隐藏在正常程序中或磁盘较隐蔽的地方，也有个别的以隐含文件形式出现，目的是不让用户发现它的存在。

此外，计算机病毒还具有可执行性、可触发性、寄生性、针对性和不可预见性等特性。

3. 计算机病毒的分类

(1) 按破坏性分类。

计算机病毒按破坏性分为良性病毒和恶性病毒两种。

① 良性病毒。良性病毒一般对计算机系统内的程序和数据没有破坏作用，只是占用 CPU 和内存资源，降低系统运行速度。病毒发作时，通常表现在显示信息、奏乐、发出声响或出现干扰图形和文字等，且能够自我复制，因此干扰系统的正常运行。这种病毒一旦清除后，系统可恢复正常工作。

② 恶性病毒。恶性病毒对计算机系统具有较强的破坏性，病毒发作时，会破坏系统的程序或数据，删改系统文件，重新格式化硬盘，使用户无法打印，甚至终止系统运行等。由于这种病毒破坏性较强，有时即使清除病毒，系统也难以恢复。

(2) 按寄生方式和传染对象分类。

① 引导型病毒。引导型病毒主要感染软盘上的引导扇区和硬盘上的主引导扇区。计算机感染引导型病毒后，病毒程序占据了引导模块的位置并获得控制权，将真正的引导区内容转移或替换，待病毒程序执行后，再将控制权交给真正的引导区内容，执行系统引导程序。此时，系统看似正常运转，实际上病毒已隐藏在系统中伺机传染、发作。引导型病毒几乎都常驻在内存中。

② 文件型病毒。文件型病毒是一种专门传染文件的病毒，主要感染文件扩展名为 COM、EXE 等可执行文件。该病毒寄生于可执行文件中，必须借助于可执行文件才能装入内存，并常驻内存中。

大多数文件型病毒都会把它们的程序代码复制到可执行文件的开头或结尾处，使可执行文件的长度变长，病毒发作时，会占用大量 CPU 时间和存储器空间，使被感染可执行程序执行速度变慢；有的病毒是直接改写被感染文件的程序代码，此时被感染文件长度维持不变，导致被感染文件的功能受到影响，甚至无法执行。

③ 混合型病毒。混合型病毒综合了引导型和文件型病毒的特性，既感染引导区又感染文件，因此扩大了传染途径。不管以哪种方式传染，都会在开机或执行程序时感染其他磁盘或文件，它的危害比引导型和文件型病毒更为严重。

④ 宏病毒。宏病毒是一种寄生于文档或模板宏中的计算机病毒，它的感染对象主要是 Office 组件或类似的应用软件。一旦打开感染宏病毒的文档，宏病毒就会被激活，进入计算机内存并驻留在 Normal 模板上。此后所有自动保存的文档都会感染上这种宏病毒，如果其他用户打开了感染宏病毒的文档，宏病毒就会传染到他的计算机上。宏病毒的传染

途径很多，如电子邮件、磁盘、Web下载、文件传输等。

4. 电脑管家能够识别的有害程序或病毒

电脑管家能够识别的有害程序或病毒有：广告软件、后门程序、恶作剧程序、引导区病毒、宏病毒，等等。下面针对一些已经研究较多的病毒程序进行简要说明。

(1)广告软件(Adware)：会强制显示横幅广告或者在屏幕上显示弹出窗口广告条的软件，通常无法移除。它会通过连接数据，分析用户的使用行为。

(2)后门程序(Backdoor)：可以绕过计算机访问安全机制对计算机进行访问的程序。一般来说，通过后台执行的程序，攻击者可拥有几乎不受限制的权限。在后门程序的帮助下，攻击者可窃取用户的个人数据，但后门程序主要用来在相关系统上安装更多的计算机病毒或者蠕虫。通过连接数据，程序可分析用户的使用行为，从数据安全考虑，是有很大威胁的。

(3)恶作剧程序(Hoaxes)：本身没有过激危害，但影响正常工作的一类程序。

(4)引导区病毒(Boots Sector Viruses)：感染硬盘的引导区或主引导扇区的病毒。这种病毒覆盖系统执行所必需的重要信息，往往会导致系统引导出现问题，甚至无法启动系统。

(5)宏病毒(Macro virus)：是用应用程序(例如Word中的Basic)的宏语言编写的小程序，通常只在该应用程序的文档中扩散，也称为文档病毒。它们活动时需要启用相应的应用程序和运行中的已感染宏。宏病毒并不攻击可执行文件，只会攻击相应宿主应用程序的文档。

(6)变形病毒：能改变自己的特征码的病毒，它会使杀毒软件检测难度增大。

(7)僵尸病毒：感染计算机后，黑客会控制计算机成为僵尸计算机，为实现其犯罪目的，黑客可以通过远程控制滥用计算机。受感染的计算机按照命令启动“拒绝服务”攻击，例如发送垃圾邮件和钓鱼电子邮件。

## 任务三 优化计算机

### 任务要求

通过使用腾讯电脑管家，如清理磁盘和缓存、发现和修补漏洞等，掌握使用电脑管家优化您的计算机，提升计算机的运行性能。

### 任务实施

(1)单击“电脑管家”工作窗口左侧的“电脑加速”选项，右侧显示“电脑加速”窗口。单击“一键扫描”按钮，扫描系统中有哪些加速项，扫描结果如图7-12所示。

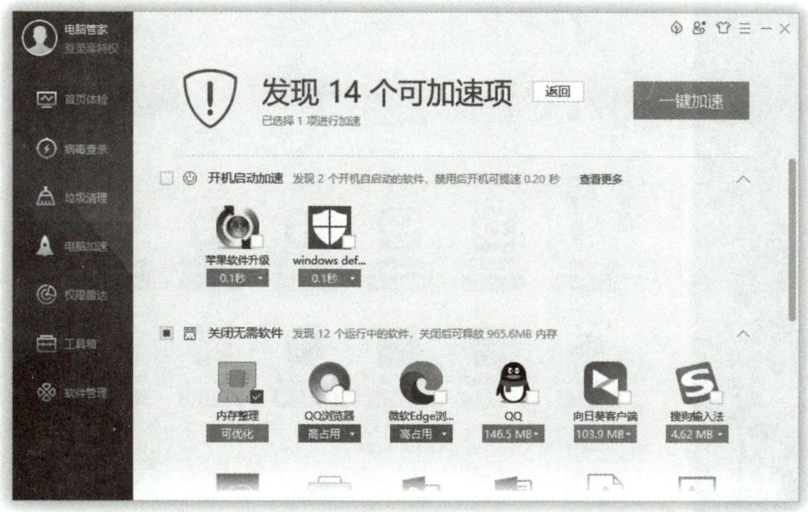


图 7-12　电脑加速

(2)“开机启动加速”显示了系统所有的开机自启动软件，可以禁用某些自启动软件，使开机速度加快，如图 7-13 所示。

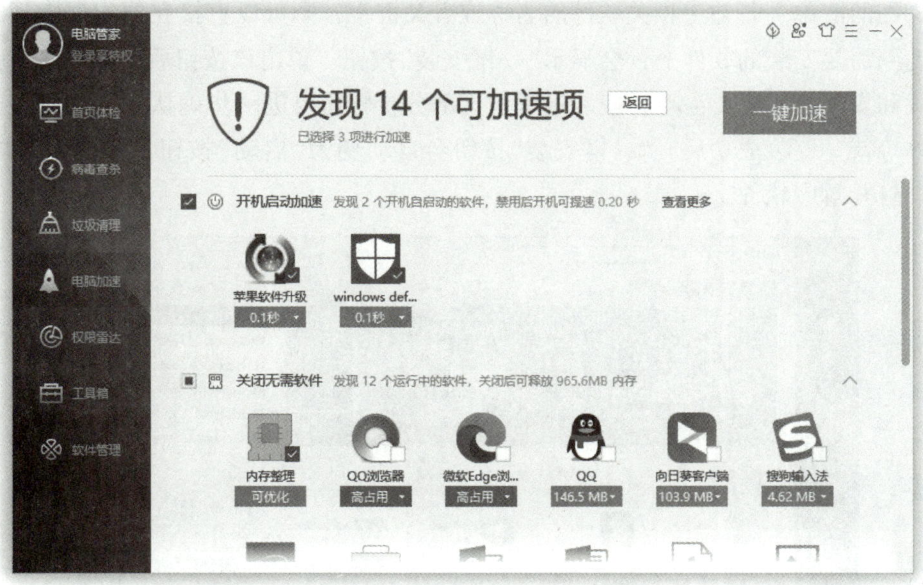


图 7-13　开机启动软件

(3)单击“电脑管家”工作窗口左侧的“垃圾清理”选项，然后单击右侧的“一键扫描”按钮，扫描系统内的垃圾文件，扫描结果如图 7-14 所示。垃圾文件分为 Windows 系统垃圾、聊天软件垃圾、上网垃圾等几类垃圾的具体信息。单击“垃圾文件”右侧的向下箭头，可以展开垃圾文件清理的详细信息，单击某个文件类型，并选择确定垃圾文件的清理范围。因为回收站经常会有需要回收的文件，所以一般不会勾选。

图 7-14　垃圾扫描结果

(4)电脑管家的软件管理功能分为软件宝库和软件升级、卸载功能，如图 7-15 所示。“宝库”中分类存放了腾讯优选的常用软件，常用的压缩工具、浏览器、输入法、聊天通讯等都有详细的清单。若知道相关软件的名称或者关键字，则可以直接在搜索框中搜索。将鼠标移动到需要安装的软件上，会显示“一键安装”按钮，单击该按钮后，电脑管家会自动完成下载和安装，同时要注意，安装过程中大部分步骤需要进一步确认，否则软件安装过程会暂停等待。安装成功后，“一键安装”按钮会自动变为“启动”按钮，单击“启动”按钮后会自动打开对应软件。

图 7-15　“软件管理”窗口

“升级”功能可以自动列出计算机中已经安装的所有软件，并且分类显示，若有新版，会自动提示升级。“卸载”功能可以方便地卸载软件。

**【能力拓展】**

1. 网络黑客

黑客(hacker)源于英语动词“hack”，意为“劈，砍”，引申为“干了一件非常漂亮的工作”。原指那些熟悉操作系统知识、具有较高的编程水平、热衷于发现系统漏洞并将漏洞公开的一类人。目前许多软件存在的安全漏洞都是黑客发现的，这些漏洞被公布后，软件开发者就会对软件进行改进或发布补丁程序，因而黑客的工作在某种意义上是有创造性和有积极意义的。

还有一些人在计算机方面也具有较高的水平，但与黑客不同的是以破坏为目的。这些怀不良企图、非法侵入他人系统进行偷窥、破坏活动的人称为“入侵者(intruder)”或“骇客(cracker)”。目前许多人把“黑客”与“入侵者”“骇客”作为同一含义来理解，都认为是网络的攻击者。

2. 木马及间谍软件

(1)脚本病毒和蠕虫。脚本病毒是使用JavaScript等脚本语言编写的程序，能把自身嵌入其他新脚本中，或者通过调用操作系统功能进行扩散。蠕虫是一种能自我复制的程序，是唯一可能侵入任何类型的破坏性程序。

(2)网址嫁接。修改浏览器的主机文件将查询的正常地址转向具有欺骗性的地址。这种方式比传统的钓鱼更直接，即使输入正确的网址，系统也只能访问假网站。

(3)钓鱼。即钓取互联网用户的个人详细信息。钓鱼者通常向受害人发送看起来很正式的信件(如电子邮件)，意在引诱他们向自己透露机密或隐私信息，比如网上银行账户的用户名和密码。钓鱼者使用窃取的详细访问信息冒充受害人的身份进行交易。

(4)Rootkit。是一组在计算机系统被侵入后安装的软件工具，用于隐藏侵入者登录信息、隐藏进程和记录数据。它们会尝试更新已安装的间谍程序，重新安装被删除的间谍软件。

(5)间谍软件。在用户不知情的情况下拦截或部分控制计算机的操作软件。间谍软件利用受感染的计算机获取商业利益。

(6)特洛伊木马。能伪装成具有特定功能、执行时才显露真实功能的程序。大多数木马都使用有吸引力的名称，意在引诱用户运行，一旦运行木马就会激活执行破坏性操作，例如格式化硬盘。还有一种特殊形式的特洛伊木马Dropper，能将病毒嵌入计算机系统中。

# 任务四 加 密

## 任务要求

通过使用Windows 10系统中自带的BitLocker驱动器加密功能，保护计算机上的文件和文件夹免受未经授权的访问，理解和掌握访问控制的概念，更好地保护个人的隐私安全。

## 任务实施

（1）选择需要加密的磁盘，然后右击，点击“启用 BitLocker”，如图 7-16 所示。

（2）点击后会有初始化的过程（根据加密磁盘容量不同，初始化时间不同），如图 7-17 所示。

图 7-16　启用 BitLocker

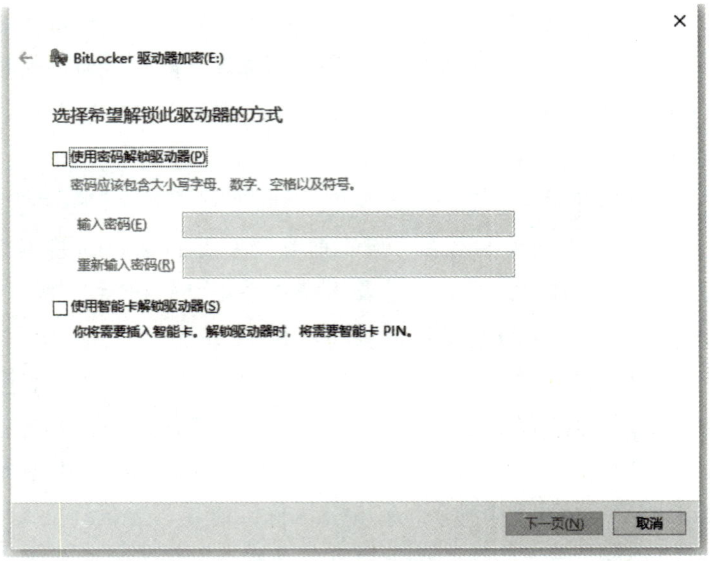


图 7-17　BitLocker 初始化

（3）输入要加密磁盘想要设置的密码，点击“下一步”，如图 7-18 所示。

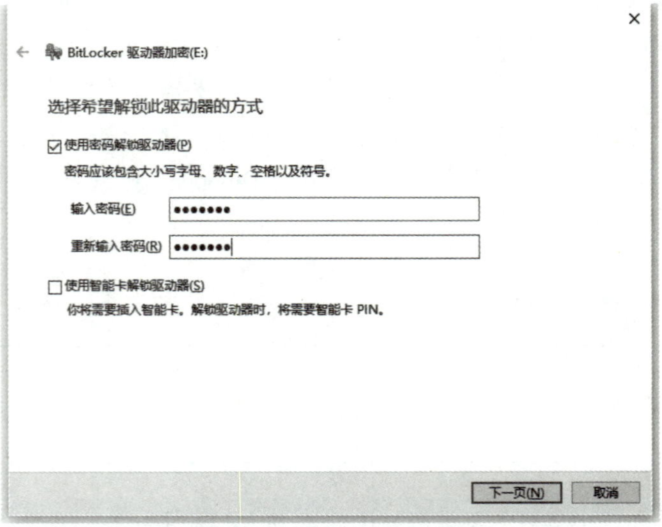


图 7-18　输入密码

(4)此界面会有四种方式来备份密钥，防止用户密码忘记而无法打开磁盘，这里以“保存到文件(F)”为例，如图 7-19 所示。

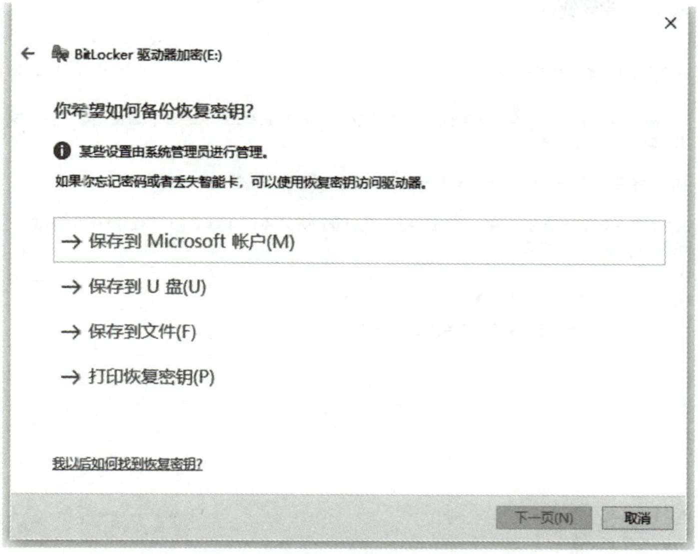


图 7-19　备份密钥的方式

(5)选择“仅加密已用磁盘空间”，相对来说，速度较快，适合新的磁盘，如图 7-20 所示。

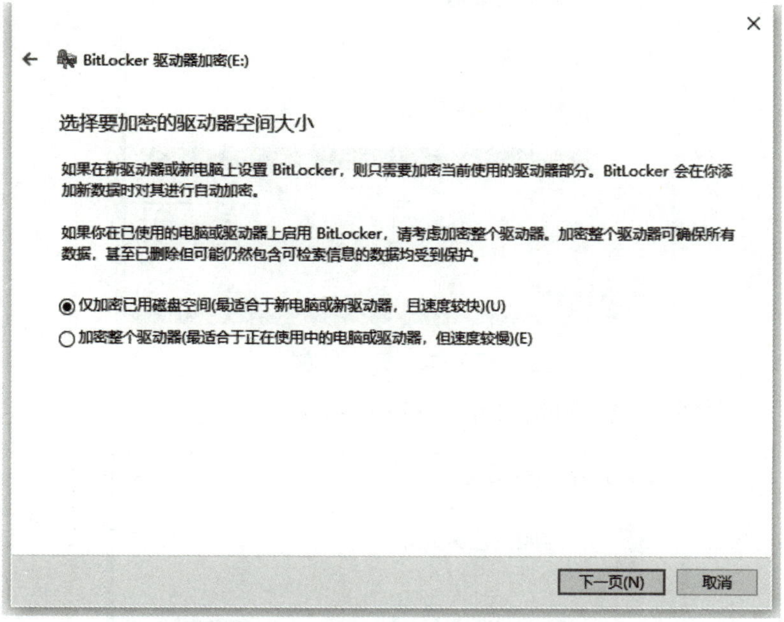


图 7-20　选择要加密的驱动器空间大小

(6)选择“新加密模式”，点击“下一步”。如果本地硬盘加密建议用“新加密模式”，如果是移动硬盘建议用“兼容模式”，如果本地硬盘有可能拆下来安装到其他电脑建议用

"兼容模式"，如图 7-21 所示。

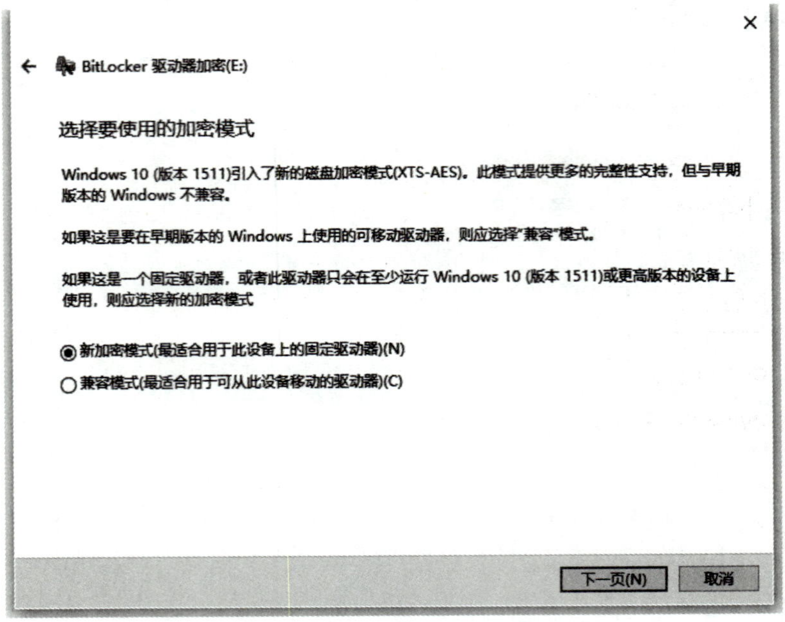


图 7-21　选择要加密的模式

(7)单击"开始加密"，系统进行加密，如图 7-22 所示。

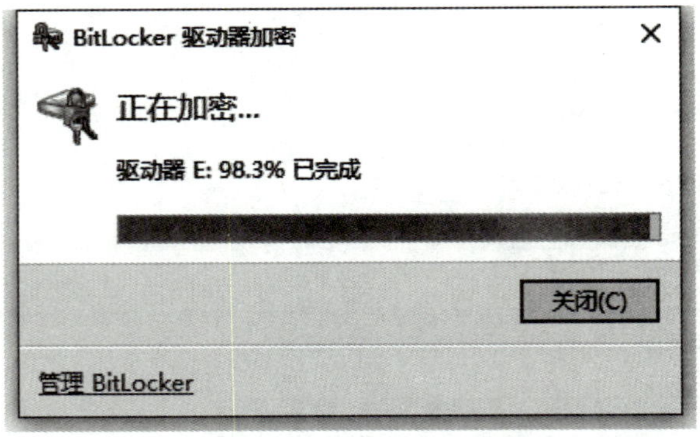


图 7-22　开始加密

(8)经过一段时间后加密完成，如图 7-23 所示。

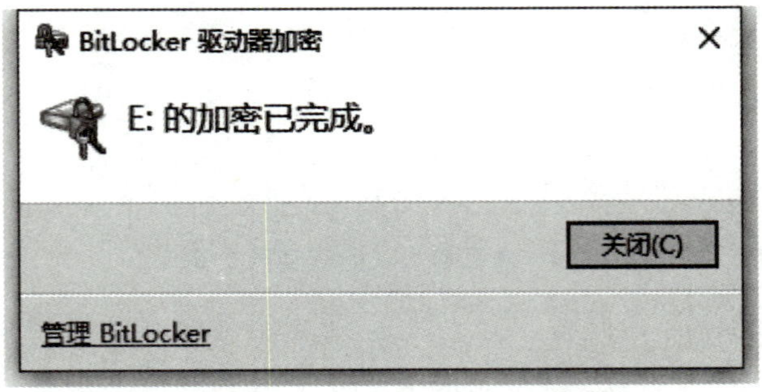


图 7-23　加密完成

(9)进入资源管理器的此电脑，能看到需要加密的磁盘上面有一个已经打开的锁，如图 7-24 所示。

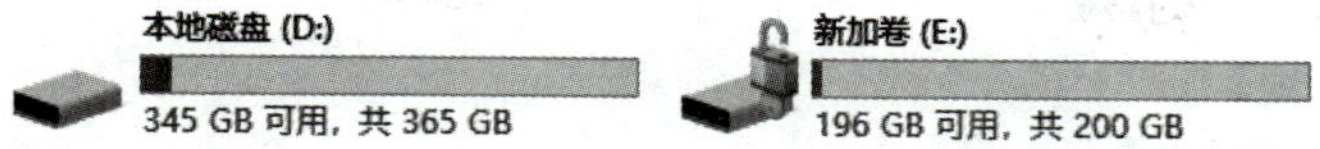


图 7-24　磁盘已加密

(10)重启计算机后，则必须要输入密钥才能访问加密磁盘，如图 7-25 所示。

(11)右击加密的磁盘，会有“更改 BitLocker 密码”和“管理 BitLocker”两个选项，可以用于更改密码和管理整个硬盘的 BitLocker，如图 7-26 所示。

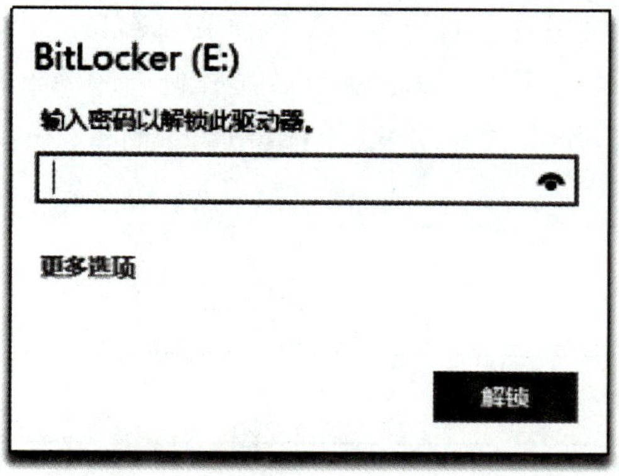


图 7-25　访问加密磁盘

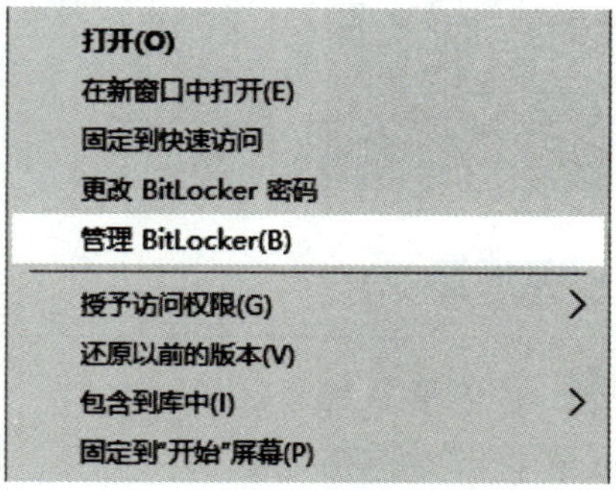


图 7-26　管理 BitLocker

【能力拓展】数据加密指通过加密算法和加密密钥将明文转变为密文，而解密则是通过解密算法和解密密钥将密文恢复为明文。数据加密利用密码技术对信息进行加密，实现信息隐蔽，从而起到保护信息的安全的作用。

1. 对称加密技术

对称加密技术中，加密和解密使用相同的密钥，或是通过加密密钥可以很容易地推导出解密密钥。因此在密钥的有效期内必须对密钥安全地保管，同时还要保证彼此的密钥交换是安全可靠的。对称加密采用的算法相对较简单，对系统性能的影响也较小，因此往往用于大量数据的加密工作。

2. 非对称加密技术

在非对称加密技术中，采用了一对密钥：公开密钥(公钥)和私有密钥(私钥)。其中私有密钥由密钥所有人保存，公开密钥是公开的。在发送信息时，采用接收方公钥加密，则密文只有接收方的私钥才能解密还原成明文，这就确保了接收方的身份；另外，发送的信息采用发送方私钥加密，则密文使用对应的公钥可以解密还原成明文，这就确定了发送方的身份。这种机制通常用来提供不可否认性和数据完整性的服务。非对称加密技术的优点是通信双方不需要交换密钥，缺点是加、解密的速度较慢。

若想对某个磁盘驱动器中的所有数据进行加密，则可利用 Windows 10 的 BitLocker 功能加密磁盘驱动器。若只需要加密部分文件或文件夹，则可使用 WinRAR、文件加密大师等具备加密功能的软件实现。文件或文件夹通过加密后，使用者也必须输入正确的密码才能访问并使用数据内容。

# 任务五　数据备份

## 任务要求

如果 Windows 运行不正常或出现数据损坏问题，利用系统还原功能，无须重新安装 Windows 就可以使电脑恢复正常工作状态。这实际上是在系统正常工作时创建系统的快照，一旦系统因为其他误操作导致文件损坏，那么可以尝试使用该功能中的系统还原来恢复之前创建的还原点即可。

## 任务实施

操作 1：创建系统还原点。

(1) 鼠标右键点击电脑，在出现的菜单当中选择“属性”，进入页面后找到右侧的“系统保护”，弹出“系统属性”对话框，如图 7-27 所示。

(2) 在“系统属性”对话框中选择系统盘，单击配置启用系统保护，然后单击下方的创建，输入还原点的名称，一般都是用日期进行命名，修改之后点击页面中的“创建”开始创建还原点，如图 7-28 所示。

(3) 此时系统会进入到创建还原点的操作当中，我们只需耐心等候创建完成，当创建完成后，点击关闭即可，如图 7-29 所示。

(4) 最后我们在页面中点击“配置”，这里能够设置还原点所消耗的硬盘空间的容量，如图 7-30 所示。

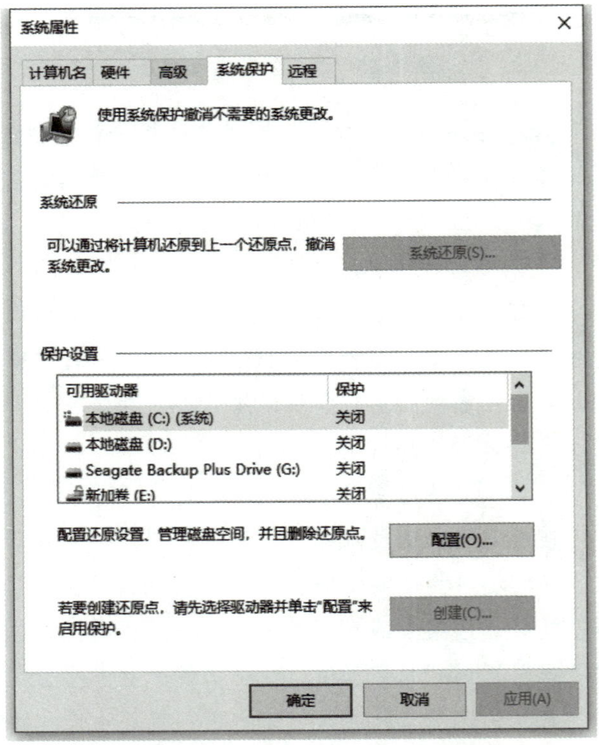


图 7-27　“系统属性”对话框

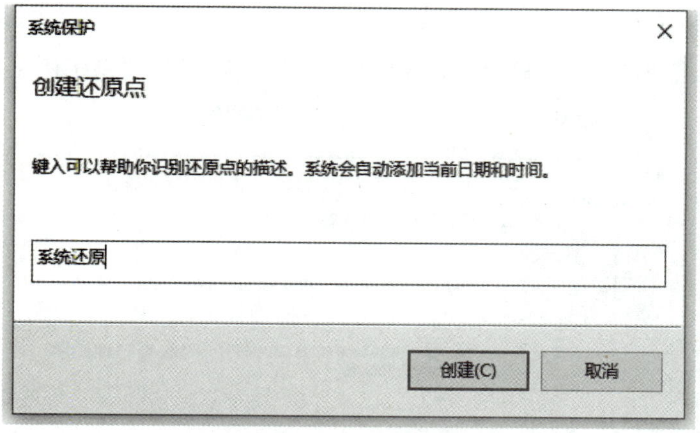


图 7-28　创建还原点

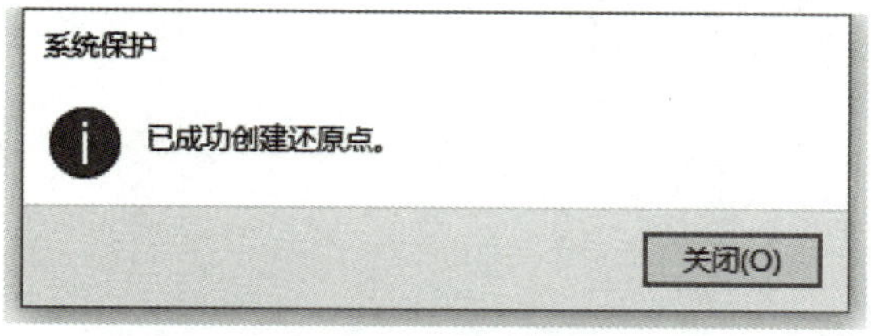


图 7-29　还原点创建完成

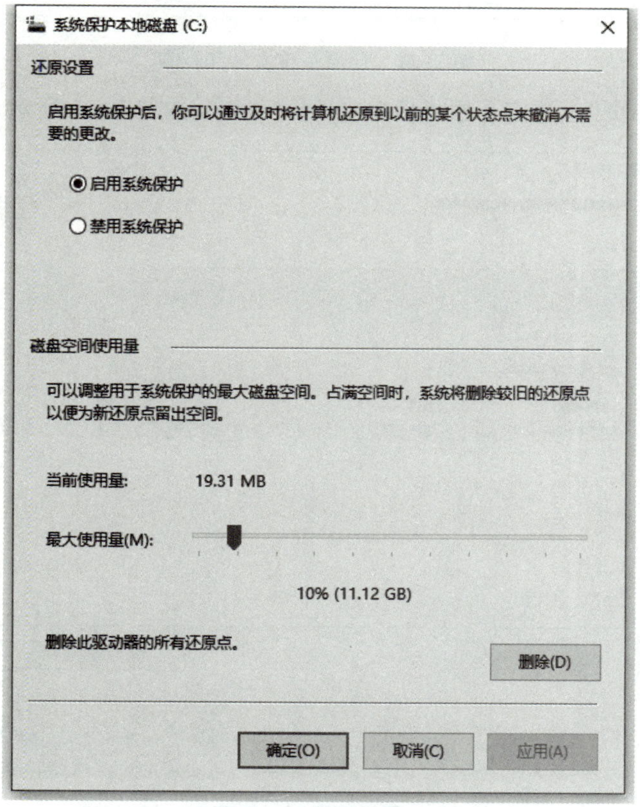


图 7-30　设置还原点所消耗的硬盘空间的容量

操作 2：系统还原。

（1）打开“系统属性”对话框后单击“系统还原”选项卡，单击“系统还原”按钮，如图 7-31 所示。

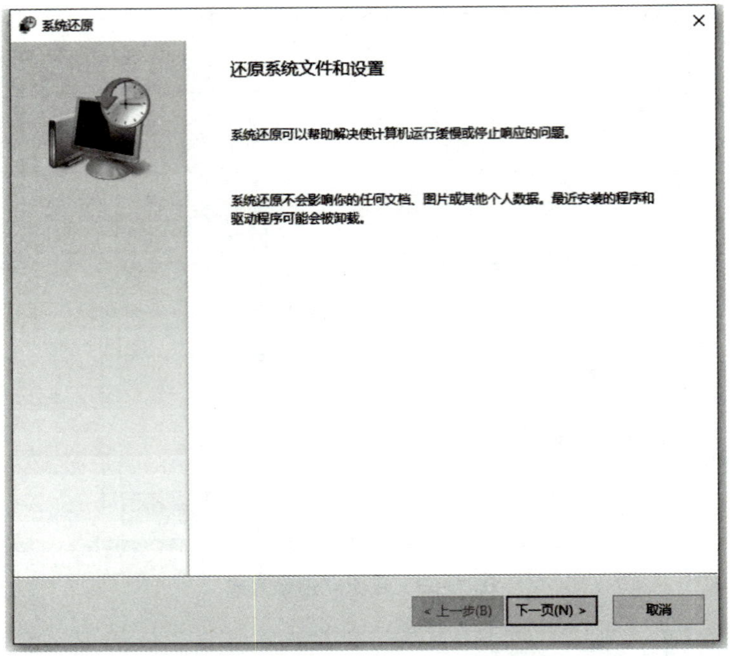


图 7-31　还原系统文件和配置

（2）单击“下一页”，选定还原点后单击“下一页”，如图 7-32 所示。

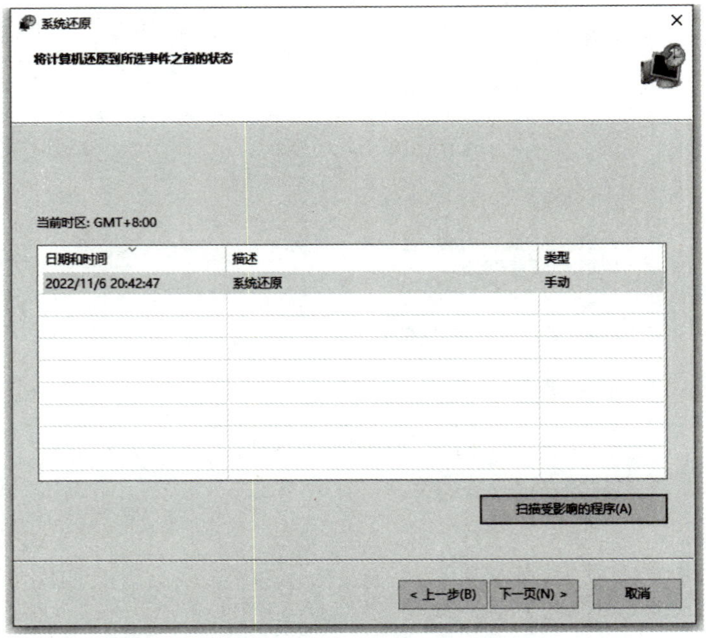


图 7-32　将计算机还原到所选事件之前的状态

(3)确认还原点，系统将还原到选定的还原点状态，再次确认后单击“完成”按钮，系统便进行还原操作，如图 7-33 所示。

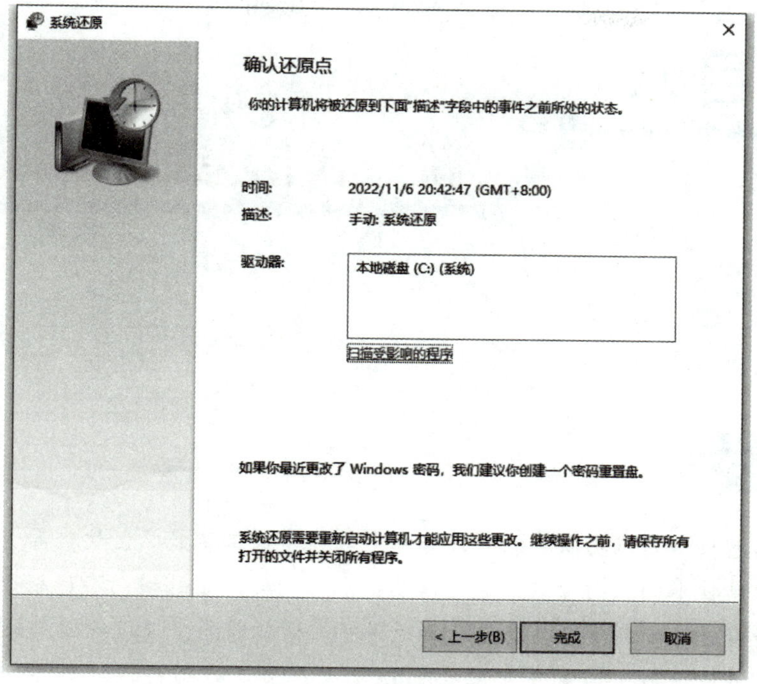


图 7-33　确认还原点

**【能力拓展】**数据备份是容灾的基础，是有效防止数据损坏、丢失的一种手段，我们应该养成对数据进行备份的良好习惯。就目前来看，数据备份常见的形式有备份到移动存储设备、其他计算机或云盘。

## 项目考核

1. 请在计算机下载安装腾讯电脑管家，对计算机进行优化设计操作。

2. 请利用 Windows 10 系统中自带的 BitLocker 驱动器加密功能，加密计算机的某一磁盘。

# 项目八 新一代信息技术

## 项目分析

新一代信息技术是以物联网、云计算、大数据、人工智能、区块链等为代表的新兴技术，它既是信息技术的纵向升级，也是信息技术与相关产业的横向渗透融合。新一代信息技术无疑是当今世界创新活跃，渗透性强、影响广泛的技术，正在全球范围内引发新一轮的科技革命，并以前所未有的速度转化为现实生产力，引领科技、经济和社会的高速发展。本项目的实施目标是通过几项任务的实施，让学生对人工智能、云计算、物联网、大数据、区块链的概念及应用有初步的认识和理解。

## 课程思政

通过了解新技术及发展趋势，提升科技报国意识；通过了解人工智能应用场景，提升学生为适应这样的变革做好准备，培养创新精神；通过了解新技术应用领域，让学生了解中国在信息技术行业发展中取得的巨大进步，以此增强学生民族自信心。

# 项目实施

## 任务一　人工智能

### 任务要求

通过人工智能的概念、特点、研究内容及典型应用等方面的学习。要求同学们去学习、研究、探索这门新技术，让未来我们的生活更加便捷。

### 任务实施

#### 1. 人工智能的概念

人工智能(Artificial Intelligence)，简称 AI，是研究、开发用于模拟、延伸和扩展人的智能的理论、方法、技术及应用系统的一门新的技术科学。

人工智能就是将人的智能行为，比如人的意识、思维的信息过程，模拟、研究、开发在机器或计算机上，从而实现仿人类的智能行为。简单来说，人工智能不是人的智能，但能像人那样思考，也可能超过人的智能。

#### 2. 人工智能的特点

(1)感知能力。

人工智能，可以像人一样通过听觉、视觉、嗅觉、触觉等接收来自环境的各种信息，对外界输入产生文字、语音、表情、动作等产生必要的反应。比如人脸识别、智能客服、智能音箱等。

(2)思考能力。

人工智能是人类设计出来的，按照人类设定的程序逻辑或软件算法等进行工作，能够自我判断、推理和决策。比如 AlphaGo 下围棋机器人等。

(3)行为能力。

人工智能能够自动规划和执行下一步工作的能力。比如常见的扫地机器人、灭火机器人、送餐机器人等。

#### 3. 人工智能的典型应用

大数据和深度学习等技术的不断进步，使得人工智能终于走出实验室，来到日常生产和生活中。目前，人工智能被广泛应用于工业、农业、交通、医疗、教育、文化、娱乐等领域。以下是几个常见的应用场景。

(1)智慧交通。

智慧交通是通过对人、车、物、事件、基础设施等感知对象多维时空信息的全面感知、高效共享，对感知信息的融合、挖掘、处理，提升现代城市管理的应急能力和服务水平的管理技术。

(2)智能客服。

许多网站都提供用户与客服在线聊天的窗口，但实际上并非每个网站都有人实时在线服务。许多时候和你对话的是人工智能聊天机器人，它们可以从网站等环境中进行学习，应用自然语言识别技术为用户提供服务。

(3)智慧物流。

智慧物流是指以物流互联网和物流大数据为依托，利用协同共享创新模式和人工智能技术，实现智能配置物流资源、智能优化物流环节、智能提升物流效率，如无人驾驶、无人仓储、无人配送、物流机器人等。

(4)智慧医疗。

智慧医疗是指利用人工智能技术自动找到医学影像中的重点部位，并进行对比分析，智能分析的结果可以为医生诊断提供参考信息，从而有效地减少误诊或漏诊；还能重建人体内器官的三维模型，帮助医生设计手术，确保手术更加精准。

## 任务二 大数据

### 任务要求

通过大数据的概念、特点、关键技术等方面的学习。希望同学们多去学习、探索这门新技术，未来为社会创造价值。

### 任务实施

#### 1. 大数据的概念

顾名思义，就是一个庞大海量的数据集，或称为巨量资料。也就是说，如果一个数据集，在一定时间范围内，无法用传统数据软件工具进行撷取、管理和处理，我们就把这样的一个数据集合称之为“大数据”。

#### 2. 大数据的特点

大数据的“大”，主要体现在下面 5 个方面，又称为大数据的 5V 特性。

(1) Volume (大量)。

数据的存储单位从过去的 GB 到 TB，乃至现在的 PB、EB、ZB 级别。例如，淘宝网近 4 亿的会员每天产生的商品交易数据约 20 TB；脸书 Facebook 约 10 亿的用户每天产生的日志数据超过 300 TB。

(2) Variety (多样)。

大数据包括结构化、半结构化和非结构化数据，非结构化数据越来越成为数据的主要部分。

结构化数据(关系型)的特点是先有结构，再有数据。例如二维表存储，如图 8-1 所示。

| 学号 | 姓名 | 性别 | 出生年月 |
|---|---|---|---|
| 200931010100101 | 倪一一 | 男 | 1991-7-5 |
| 200931010100102 | 陈三一 | 男 | 1992-7-18 |
| 200931010100207 | 王五六 | 女 | 1991-12-1 |
| 200931010100208 | 叶二 | 男 | 1991-1-20 |
| 200931010100321 | 陈一 | 女 | 1990-3-27 |
| 200931010100322 | 江三 | 女 | 1990-5-4 |
| 200931010190118 | 张一六 | 女 | 1991-5-24 |
| 200931010190119 | 林六 | 女 | 1991-9-8 |

图 8-1　二维表

半结构化数据的特点是先有部分数据。例如 XML，HTML 等的文档数据，树、图表示的数据结构类型数据，如图 8-2 所示。

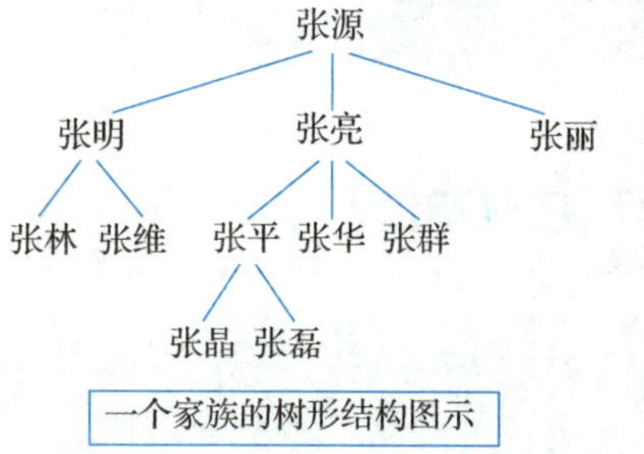


图 8-2　树表示的数据结构类型数据

非结构化数据的特点是先有数据，再有模式。例如文档、图片、音视频等。

(3) Velocity (高速)。

数据处理遵循“1 秒定律”，可从各种类型的数据中快速获得高价值的信息。

(4) Value (价值)。

价值指合理运用大数据，以低成本创造高价值。相比于传统的小数据，大数据最大的价值在于，对大量不相关的各类数据，通过机器学习、人工智能、数据挖掘等方法深度分析，挖掘出对未来趋势与模式预测分析有价值的数据，将发现的新规律和新知识，运用于各行各业，从而推动社会的发展。

(5) Veracity (真实)。

### 3. 大数据应用

(1)增强辅助决策。

大数据分析可以帮助企业和组织在更短的时间内做出更明智的决策。最好使用全域数据分析，包含第一方、第二方和第三方数据融合，它允许他们使用外部情报来增强它们的策略。大数据可以对未来的销售数据、库存数据、价格走向做预测分析作为辅助决策的工具。

(2)数据驱动的客户服务。

大数据对所有行业的另一个巨大影响是在客户服务部门。公司正在用数据驱动的解决方案取代传统的客户反馈系统。这样的解决方案可以更有效地分析客户的反馈，并帮助他们为消费者提供客户服务，比如智能客服系统、精准的目标客户定位、客户画像体系等。

(3)效率优化，提升效率。

组织使用大数据来识别其中存在的薄弱环节。优化整体的流程各个环节，他们使用这些数据结果来解决这些问题并显著增强他们的运营。例如，大数据通过生产流程的自动化，将数据用于机械手臂的学习，迅速提升生产线的生产效率。

(4)实时决策，加速决策时间。

大数据通过启用实时跟踪改变了多个领域，例如智能补货、库存预测管理、供应链优化、自动推荐系统就是实时决策系统的真实体现。大数据能让企业的决策权向前线转移就是得益于大数据平台的实时决策系统。

# 任务三 云计算

## 任务要求

21世纪，“云”已不再是天空虚无缥缈的自然现象，而是与计算机结合，成为新一代信息技术的专业术语“云计算”。主要从云计算的概念、特点、分类、应用等方面对云计算进行学习，也希望大家能够多多使用身边的云计算资源。

## 任务实施

### 1. 云计算的概念

云计算(cloud computing)是一种分布式计算。它通过网络“云”将巨大的数据计算处理程序，分解成无数个小程序，然后，通过多部服务器组成的系统，进行处理和分析，将得到的结果返回给用户。

“云”实质上就是一个网络，云计算就是一种提供资源的网络，“云”中的资源在使用者看来是可以无限扩展的，并且可以随时获取、按需使用、按使用量付费。就像自来水厂一样，我们可以随时接水，并且不限量，按照自己家的用水量，付费给自来水厂就可以了。

### 2. 云计算的特点

(1)虚拟化技术。

云计算的虚拟化突破了时间、空间的界限，支持用户在任意位置、使用各种终端获取应用服务。

(2)动态可扩展。

云计算的超大规模和高效的计算能力，可以根据应用和用户规模增长需要，实现动态扩展。

(3)按需部署。

云计算按需使用，按使用量付费。“云”就像一个庞大的资源池，按需购买，也可以像自来水、电、煤气那样计费。

(4)通用性。

云计算不针对特定的应用，在“云”的支撑下可以构造出千变万化的应用。

(5)灵活性高。

云计算的兼容性非常强，不仅可以兼容低配置机器、不同厂商的硬件产品，还能够外设获得更高性能计算。

(6)可靠性高。

“云”使用了数据多副本容错等多项高可靠性技术，比使用本地计算机可靠。

(7)性价比高。

云计算的公用性和通用性，提升了资源的使用率，降低了成本。对使用云计算的企业和用户来说，不必再负担高昂的软硬件基础设施和管理成本，就可以享用超值的云计算服务。

### 3. 云计算的分类

(1)按部署类型进行分类。

公有云，由某个组织拥有，其云基础设施对公众或某个很大的业界群组提供云服务。例如 Google、Amazon、微软、阿里云等。

私有云，云基础设施特定为某个组织运行服务，其特定的云服务功能不直接对外开放。例如政府机构、大型企业集团搭建的云平台等。

混合云，云基础设施由私有云或公有云等多个云组成，独立存在，但是通过标准的或私有的技术绑定在一起提供服务。实际应用较少。

公有云和私有云在技术上并没有本质差异，只是运营和使用对象有所不同：前者是指企业使用其他单位运营的云平台服务；而后者则是企业自己运营并使用云平台服务。介于两者之间还有混合云。

(2)按服务类型进行分类。

SaaS，软件即服务(Software as a Service)，通过互联网提供按需付费的应用程序，云计算提供商托管和管理这些软件应用程序。

PaaS，平台即服务(Platform as a Service)，为开发人员提供通过全球互联网构建应用程序和服务的平台。

IaaS，基础设施即服务(Infrastructure as a Service)，它向云计算提供商的个人或组织提供虚拟化计算资源，如虚拟机、存储、网络和操作系统。

### 4. 云计算的典型应用

(1)金融云。

金融云的发展服务旨在为银行、基金、保险等金融机构提供 IT 资源和互联网运维服务。例如，从网上银行、手机银行等完成的查账、转账、借贷、还贷、购买基金和保险等操作。

(2)医疗云。

医疗云平台可以对病人的信息进行统一的存储和管理，方便跨区域医疗共享，提高医疗工作效率，还能够构建完整的基础医疗服务系统，比如远程诊断、完善个人健康信息档案、实现远程挂号预约等。

(3)电子政务云。

电子政务云属于政府云，对政府管理和服务职能进行精简、优化、整合等。比如，实现网上办公、信息发布、行政审批、缴税、社保等功能。

## 任务四 物联网

### 任务要求

主要从物联网的概念、特点、体系架构、应用等方面进行学习，也希望同学们多去探索，创新物联网技术的新应用。

### 任务实施

### 1. 物联网的概念

(1)物联网的定义。

物联网概念最早出现于比尔盖茨 1995 年《未来之路》一书，在《未来之路》中，比尔盖茨已经提及物联网概念，只是当时受限于无线网络、硬件及传感设备的发展，并未引起世人的重视。

物联网(The Internet Of Things，简称 IOT)，是通过无线射频识别(RFID)、红外感应器、全球定位系统、激光扫描器等信息传感设备，按约定的协议，把任何物品与互联网连接起来，进行信息交换和通信，以实现智能化识别、定位、跟踪、监控和管理的一种网络。

物联网就是一个万物互联的网络，实现任何物体、任何人、任何时间、任何地点(4A)的智能化识别、信息交换与管理。

所以说，物联网体现出了“智慧”和“泛在网络”的含义。

(2)物联网与互联网的区别。

互联网是人与人之间的信息交互，是一个虚拟世界；物联网则是对现实物理世界的感知和互联，不仅可以实现人与人之间的互联，更实现了人与物、物与物的互联。

所以，物联网的核心和基础仍然是互联网，它是在互联网基础上的延伸和扩展，并在传感网和移动通信网上实现信息的交换和传输。

### 2. 物联网的特点

(1)全面感知。

物联网是各种感知技术的广泛应用。物联网上部署了海量的多种类型传感器，每个传感器都是一个信息源，不同类别的传感器所捕获的信息内容和信息格式不同。传感器获得的数据具有实时性，按一定的频率周期性地采集环境信息，不断更新数据。

(2)可靠传递。

物联网是一种建立在互联网上的泛在网络。物联网技术的重要基础和核心仍旧是互联网，通过各种有线和无线网络与互联网融合，将物体的信息实时准确地传递出去。在物联网上传感器定时采集的信息需要通过网络传输，由于其数量极其庞大，形成了海量信息，在传输过程中，为了保障数据的正确性和及时性，必须适应各种异构网络和协议。

(3)智能处理。

物联网不仅提供了传感器的连接，其本身也具有智能处理的能力，能够对物体实施智能控制。物联网将传感器和智能处理相结合，利用云计算、模式识别等各种智能技术，扩充其应用领域。从传感器获得的海量信息中分析、加工和处理有意义的数据，以适应不同用户的不同需求，发现新的应用领域和应用模式。

物联网(IoT)作为一种新型技术，既迷人又模糊，要从物联网中获得真正的商业价值，关键在于体系结构所有元素之间的有效交互，以便能够更快地部署应用程序，并以闪电般的速度处理和分析数据，以便尽快做出明智的决策。

### 3. 物联网的体系架构

物联网可分为感知层、网络层、应用层。

(1)感知层。

处于物联网体系结构的最底层，主要用于识别物体和采集数据，是实现物联网全面感知的基础。

感知层涉及的技术有：无线射频识别(RFID)技术、传感技术、多媒体信息采集技术、二维码技术、实时定位技术等。

例如，现在的高速公路使用 ETC 不停车收费智能系统，就使用到了射频识别技术 RFID。我们常见的自动识别的物件有：条形码(一维条码和二维条码)、磁卡、IC 智能卡、RFID 卡等。

(2)网络层。

网络层，处于第二层，使用感知层并向上为应用层服务，主要用于信息的可靠传输。网络层由各种互联网、有线和无线通信网、移动通信网络等组成。

(3)应用层。

应用层，处于物联网的最上层，是物联网的核心，是物联网和用户的接口。它与行业需求相结合，实现物联网的智能应用，比如智能交通、智能物流、智能医疗等。应用层的关键技术包括中间件技术、云计算、数据挖掘等。

## 任务五 区块链

### 任务要求

主要从区块链的概念、特点、应用等方面进行学习。希望同学们学会商品的追踪溯源，抵制不良商品。

### 任务实施

#### 1. 区块链的概念

区块链从本质上讲，它是一个分布式的，去中心化的共享数据库，通过密码学方式构造不可篡改、不可伪造、可追溯的一串块链式数据结构，来管理和操作数据的全新的计算范式。

或者可狭义地理解为，区块链是按照时间顺序，将数据区块以顺序相连的方式组合成的链式数据结构，并以密码学方式保证的不可篡改和不可伪造的分布式账本。

#### 2. 区块链的特征

(1)去中心化。

区块链技术没有第三方中心管制，它的各个节点实现了信息自我验证、传递和管理，形成了自成一体的区块链技术。去中心化是区块链最突出、最本质的特征。

(2)开放性。

区块链技术基础是开源的，除了交易方的私有信息被加密外，区块链的数据对所有人开放，任何人都可以通过公开的接口，查询区块链数据和开发相关应用。

(3)独立性。

基于协商一致的规范和协议，整个区块链系统不依赖其他第三方平台，所有节点能够在系统内自动安全地验证、交换数据，不需要任何人为的干预。

(4)安全性。

只要不能掌控全部数据节点的51%，就无法肆意操控修改网络数据，这使区块链本身变得相对安全，避免了主观人为的数据变更。

(5)匿名性。

除非有法律规范要求，单从技术上来讲，各区块节点的身份信息不需要公开或验证，信息传递可以匿名进行。

基于以上特征，区块链有两个很明显的优势：

(1)容灾能力。区块链的分布式计算，让它的每个交易或记录会存在任何一个计算节点。如果某个计算节点出现故障，其他节点仍然会有交易记录的完整备份。

(2)防篡改机制。由于区块链的每个交易记录会完整备份到每个计算节点，如果要修改信息的话，只能让全世界所有节点的信息都同步修改才能成功，因此信息不可能被单方面的篡改。

### 3. 区块链类型

(1)公有区块链。

公有区块链(Public Block Chains)，世界上任何个体或者团体都可以发送交易，且交易能够获得该区块链的有效确认，任何人都可以参与其共识过程。公有区块链是最早的区块链，也是应用最广泛的区块链，各大 bitcoins 系列的虚拟数字货币均基于公有区块链，世界上有且仅有一条该币种对应的区块链。

(2)行业区块链。

行业区块链(Consortium Block Chains)，由某个群体内部指定多个预选的节点为记账人，每个块的生成由所有的预选节点共同决定(预选节点参与共识过程)，其他接入节点可以参与交易，但不过问记账过程(本质上还是托管记账，只是变成分布式记账，预选节点的多少，如何决定每个块的记账者成为该区块链的主要风险点)，其他任何人可以通过该区块链开放的 API 进行限定查询。

(3)私有区块链。

私有区块链(Private Block Chains)，仅仅使用区块链的总账技术进行记账，可以是一个公司，也可以是个人，独享该区块链的写入权限，本链与其他的分布式存储方案没有太大区别。传统金融都是想实验尝试私有区块链，而公链的应用例如 bitcoin 已经工业化，私链的应用产品还在摸索当中。

### 4. 核心技术

(1)分布式账本。

分布式账本指的是交易记账由分布在不同地方的多个节点共同完成，而且每一个节点记录的是完整的账目，因此它们都可以参与监督交易合法性，同时也可以共同为其作证。

跟传统的分布式存储有所不同，区块链的分布式存储的独特性主要体现在两个方面：一是区块链每个节点都按照块链式结构存储完整的数据，传统分布式存储一般是将数据按照一定的规则分成多份进行存储。二是区块链每个节点存储都是独立的、地位等同的，依靠共识机制保证存储的一致性，而传统分布式存储一般是通过中心节点往其他备份节点同步数据。没有任何一个节点可以单独记录账本数据。也由记账节点足够多，理论上讲除非所有的节点被破坏，否则账目就不会丢失，从而保证了账目数据的安全性。

(2)非对称加密。

存储在区块链上的交易信息是公开的，但是账户身份信息是高度加密的，只有在数据拥有者授权的情况下才能访问到，从而保证了数据的安全和个人的隐私。

(3)共识机制。

共识机制就是所有记账节点之间怎么达成共识，去认定一个记录的有效性，这既是认定的手段，也是防止篡改的手段。区块链提出了四种不同的共识机制，适用于不同的应用场景，在效率和安全性之间取得平衡。

区块链的共识机制具备“少数服从多数”以及“人人平等”的特点，其中“少数服从多数”并不完全指节点个数，也可以是计算能力、股权数或者其他的计算机可以比较的特征量。“人人平等”是当节点满足条件时，所有节点都有权优先提出共识结果、直接被其他节点认同后并最后有可能成为最终共识结果。以比特币为例，采用的是工作量证明，只有在控制了全网超过51%的记账节点的情况下，才有可能伪造出一条不存在的记录。当加入区块链的节点足够多的时候，这基本上不可能，从而杜绝了造假的可能。

(4)智能合约。

智能合约是基于这些可信的不可篡改的数据，可以自动化地执行一些预先定义好的规则和条款。以保险为例，如果说每个人的信息(包括医疗信息和风险发生的信息)都是真实可信的，那就很容易在一些标准化的保险产品中，去进行自动化的理赔。在保险公司的日常业务中，虽然交易不像银行和证券行业那样频繁，但是对可信数据的依赖是有增无减。因此，笔者认为利用区块链技术，从数据管理的角度切入，能够有效地帮助保险公司提高风险管理能力。具体来讲主要分投保人风险管理和保险公司的风险监督。

### 5. 区块链的典型应用

由于区块链是一个共享数据库，存储于其中的数据或信息，具有“不可伪造”“全程留痕”“可以追溯”“公开透明”“集体维护”等特征。所以，区块链技术奠定了坚实的“信任”基础，创造了可靠的“合作”机制，具有广阔的运用前景。

(1)金融+区块链。

金融方面，区块链在国际汇兑(dui)、信用证、股权登记和证券交易所等金融领域有着潜在的巨大应用价值。

(2)物联网+物流+区块链。

区块链在物联网和物流领域也可以天然结合。通过区块链可以降低物流成本，追溯物品的生产和运送过程，并且提高供应链管理的效率。

(3)保险+区块链。

保险方面，在保险理赔方面，保险机构负责资金归集、投资、理赔，往往管理和运营成本较高。通过智能合约的应用，既无须投保人申请，也无须保险公司批准，只要触发理赔条件，实现保单自动理赔。

(4)公益+区块链。

公益方面，公益流程中的相关信息，如捐赠项目、募集明细、资金流向、受助人反馈等，均可以存放于区块链上，并且有条件地进行透明公开公示，方便社会监督。

## 项目考核

### 一、单选题

1. (　　)与 SaaS 不同，这种“云”计算形式把开发环境或者运行平台也作为一种服务给用户提供。

A. 软件即服务　　B. 基于平台服务

C. 基于 WEB 服务　　D. 基于管理服务

2. 与网络计算相比，不属于云计算特征的是(　　)。

A. 资源高度共享　　B. 适合紧耦合科学计算

C. 支持虚拟机　　D. 适用于商业领域

3. 将平台作为服务的云计算服务类型是(　　)。

A. IaaS　　B. PaaS　　C. SaaS　　D. 三个选项都是

4. 将基础设施作为服务的云计算服务类型是(　　)。

A. laaS　　B. PaaS　　C. SaaS　　D. 三个选项都是

5. 大数据的特征不包括(　　)。

A. 大量化　　B. 多样化　　C. 快速化　　D. 结构化

6. 物联网(Interne tof Things)这个概念最先是由谁最早提出的(　　)。

A. MITAuto-ID 中心的 Ashton 教授　　B. IBM

C. 比尔盖茨　　D. 奥巴马

7. RFID 属于物联网的哪个层(　　)。

A. 感知层　　B. 网络层　　C. 业务层　　D. 应用层

8. 关于区块链的特点，不正确的是(　　)。

A. 去中心化　　B. 公开透明　　C. 安全可靠　　D. 效率高

9. (　　)是区块链最核心的内容。(　　)。

A. 合约层　　B. 应用层　　C. 共识层　　D. 网络层

10. 家庭入户门安装的指纹锁，属于人工智能的哪个研究领域。(　　)

A. 自然语言理解　　B. 模式识别　　C. 双向翻译　　D. 数字处理

11. 下列不属于人工智能应用范畴的是(　　)。

A. 人脸识别考勤系统　　B. 语音识别门禁系统

C. 使用计算机翻译软件　　D. 编写程序

12. 人工智能的英文缩写是(　　)。

A. IT　　B. AT　　C. AI　　D. NET

13. (　　)是负责对物联网收集到的信息进行处理、管理、决策的后台计算处理平台。

A. 感知层　　B. 网络层　　C. 云计算平台　　D. 物理层

14. 实施"中国制造 2025"，促进两化深度融合，加快从制造大国转向制造强国，需要电子信息产业的有力支撑，大力发展新一代信息技术，加快发展(　　)和工业互联网。

A. 大数据　　B. 云计算　　C. 智能制造　　D. 区块链

## 二、填空题

1. 物联网包含体系结构有三层，它们分别是________、________和________。

2. 在物联网体系结构中，相当于人体的中枢神经，用来传递信息的是________。

3. 区块链可用于可信数据存证，主要是由它的________技术特征所奠定的。

4. IBM 提出，大数据具有"5V"特征，其中包括大体量、多种类、高速度、低价值密度、________________。

5. 通过平台为客户提供服务的云计算服务类型是________________。

6. 云计算是一种商业计算的模式，它将任务分布在大量计算机构成的________上，使用户按需获取计算能力、存储空间和信息服务。

# 参考文献


[1]霍成义，王小明．计算机应用基础项目化教程[M]．西安：西安交通大学出版社，2014.

[2]丁爱萍．信息技术[M]．北京：北京出版社，2022.

[3]黄红波．计算机应用基础项目化教程[M]．北京：科学出版社，2019.

[4]石忠，杜少杰．计算机应用基础[M]．北京：北京理工大学出版社，2019.

[5]张金娜，陈思．信息技术基础项目式教程[M]．北京：人民邮电出版社，2022.

[6]周柏清，郭长庚．计算机基础项目化教程[M]．浙江：浙江大学出版社，2011.